Buildingmaterials

Buildingmaterials

家庭装修建材选购大全

苹果日报地产中心　著

江西科学技术出版社

编者序

绝对实用的建材宝典

装修这档子事，非亲历者或许难知其中水深，整体布局、建材选用、细枝末节，哪一处的坑都防不胜防。设计师开个小差、建材商撒个小谎、装修工偷个小懒，看似无关紧要，你的“完美之家”可能就要与梦想越来越远了……

虽不敢妄言绝对全面，但此书的特点便是深入浅出地为你理清家装中所需的全部建材。与许多华而不实的家装书不同，本书绝对具有实用性。无论是市场价位、建材特性，还是施工手法、后期保养，都将一一道来，带你走出装修陷阱，构建理想之家。

对于喜爱 DIY 的读者来说，建材须知版块不得不看。教你如何计算用料，为你详解细致步骤，轻松动手打扮爱家，维护维修从此也不再是难题。对于用材用料的数量或注意事项等，多是咨询了名牌商家、市场店主后而得出，相信这些专业人士的建议，会减少您在装修过程中的烦恼。另有一些小常识，我们同样询问了常年工作于装修一线的施工人员，所得信息具体、翔实。

建材的价格是大家关注的焦点，由于本书为版权引进，原价格单位为台币，价格区间也与中国大陆市场有所差别，所以在后期的编辑整理过程中，我们对此进行了特别处理。我们曾多次走访建材市场调查价格，就是为了尽量保持数据的准确。毕竟，实用性之于建材书，正如艺术性之于歌舞，地位实在重要。特别要注意的是，书中所涉价格，全为汇集了全国各大建材市场、网上商店资讯而得出，然而建材的价格会随市场需求随时变动，因此，虽不能保证绝对准确，但仍具参考价值。

本书所介绍的建材适合大部分家庭选购与施工。另有一些进口的稀有建材目前我国大陆还未完全普及，近期不易购得。此类建材我们在文中都已做特别标注。

本书精选 188 种装修必看建材，搭配 2000 张照片图解，是国内较为完整的建材百科全书。全书分为壁面、地面、顶面、门窗、厨房和卫浴等六大单元。大到砖石间隔，小到龙头门把，全部为您倾力呈现。本书语言轻松朴实，避免了华丽堆砌，建材介绍客观鲜明，明指优缺点，告知您哪种建材最适合您的爱家，实用性颇强。无论用于 DIY 装修，还是作为监工手册，都可称为不可或缺的实用宝典。

DIY 装修网友有感而发，齐心推荐！

包山、包海，保证省掉 1/3 工期的宝典

装修对小弟来说，是没有标准答案的，因为不懂，一切一切只能自己 DIY 摸索，设计图只画在我的脑海中，所要用的材料、材质、颜色、尺寸……一切只能靠着网络寻找，或到建材行询问，连建材名称都不知道，在购买时还常常碰壁，虽然最终还是打造出我的梦想王国，但却浪费了很多时间在寻找建材跟认识建材、五金中。

很荣幸能看到本书，内容专门介绍建材，让人深入了解建材，连施工方式、保养方式都教授，看完之后只能感叹为何此书不早一点问世，如果能有此书，我的工期绝对能省掉 1/3 的时间，这一点都不夸张。

无论找专业设计师或自行 DIY，了解建材种类、用途、功能跟保养都是一门学问。这本书让我这位门外汉轻松入门，就算是找专业装修人员来施工，也能为自己长久居住的房子把关；对爱好 DIY 人士，更是轻松认识建材及购买建材不可或缺的宝典。

网友摄香小白：DIY 装修分享《屋龄 38 年省钱 DIY 大改造》

http://www.mobile01.com/topicdetail.php?f=360&t=1962440

为 DIY 装修量身定做的全能建材懒人包

拜读此书之后，觉得这真的是造福人群之作，对许多有志于自己构思、设计或监工的屋主，这本书简直是 Bible！房屋装修真的是一门大学问，在自己走过一遭后才知道看起来同样的东西，为何价钱会差那么多。除了设计师的建议及专业知识分享之外，我自己花了非常多的时间搜集资料，如果早一点看到这本书的话，可以节省许多整理资讯的时间，尤其在书中不同建材的优缺点比较，以及大概价格参考等，真的非常实用！我强力推荐！

网友林小宇：DIY 装修分享《北欧风新家开箱 • 欢迎光临！！》

http://www.mobile01.com/topicdetail.php?f=360&t=2294897

买一本抵一套，装修建材的所有解答就在这里！

终于有一本关于装修 DIY 的秘籍。喔，是“万用工具书”问市了。

想起在购房后直至装修完成入住这段时间，跑图书馆翻资料是我必做的事（当学生时都没这么用功），上网搜索网友们的装修辛酸血泪史，更是我必做的功课。但市面上关于 DIY 装修的书籍太散了，也不多，大多都是单一企划。

例如如何找工班，回乡下盖房子等，要不就是单一品项，例如客厅、卫浴、厨房……（一个家想要从无到有，可能要买全套了），且大多数都是以图片居多，读者们只能以看图片来决定自己的喜好，但关于建材、物料本身适不适合自己，可能一无所知。

所以，在 Mobile01 的开箱文里常收到网友关于建材的提问：文化石、板岩砖、南方松、美耐板等，因为能从书籍上获得的资料很有限，大家只能借此平台来获得更多的资讯。我大多以自身了解及建材使用的状况与网友们分享，但最终还是需要他们勤搜索！

现在这本实用性强的万用工具书的出版，真的是让大家受益无穷，内容丰富而详尽且浅显易懂，不只让想 DIY 装修的读者们了解建材的特性、施工时该注意的细节等，也让外包给设计公司装修的读者们对建材有大致的概念，了解什么建材才是适合自己的，而不是一味地跟着设计师的品位走。

非常开心能将本书介绍给身边好友们及网友，因为关于建材装修方面的疑惑，在书中几乎都找得到答案！

网友 kaen168：DIY 装修分享《将空间变大了……10 坪北欧风 LOHAS 住宅》

http://www.mobile01.com/topicdetail.php?f=360&t=2029264

再也不用大海捞建材了！

自行装修设计自己的家时，除了设计风格的决定之外，最难的地方，其实是各种建材的挑选。百款的材质用料，如何在预算内找到最适合自己的选择？该书挑选了市面上常见的素材，从优缺点特色到价位，做了通盘的比较，让我们在选购前，至少能有个最基本的了解，才不会无辜浪费时间及金钱。

网友 chikm：DIY 装修开箱分享《一点一滴打造我们的缤纷小宅》

http://www.mobile01.com/topicdetail.php?f=360&t=2398825

Building Materials Index

家装建材速查表

精选 100 种建材
轻松速查

壁面加工

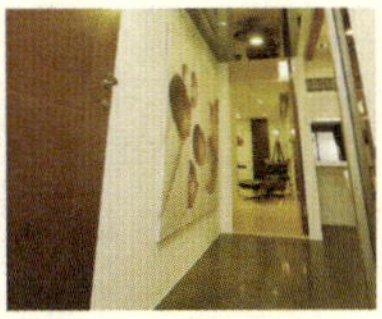

木质地材

砖石地材

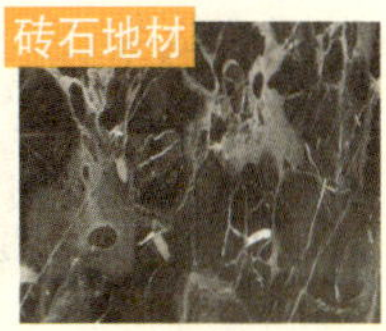

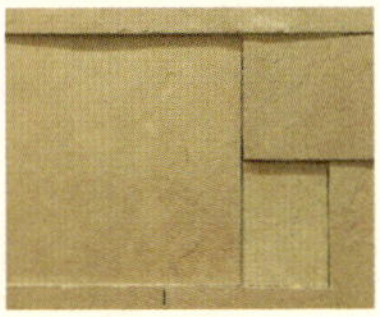

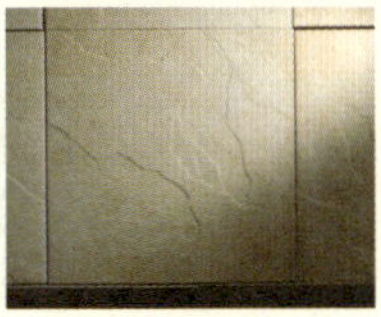

其他地材

地材加工

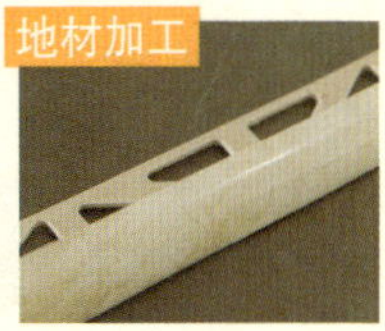

顶面

灯具

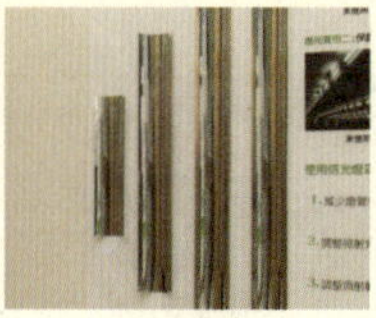

门

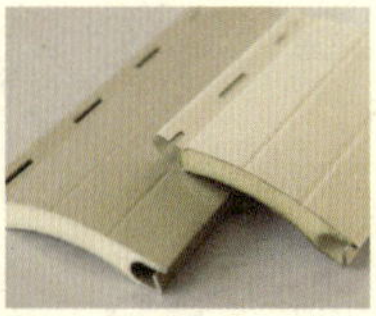

窗户

厨具

厨房配件

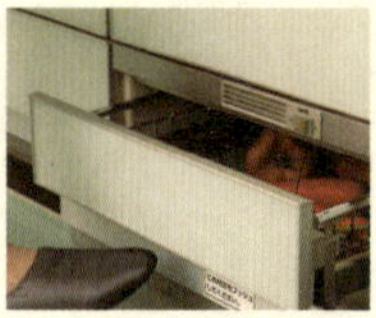

卫浴壁地面

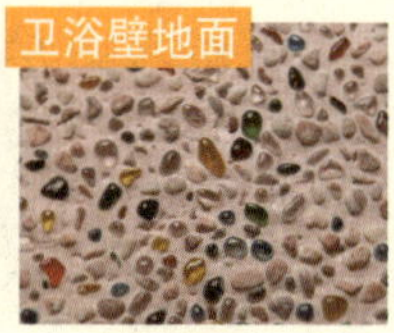

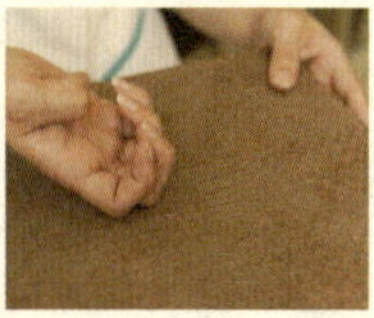

卫浴设备

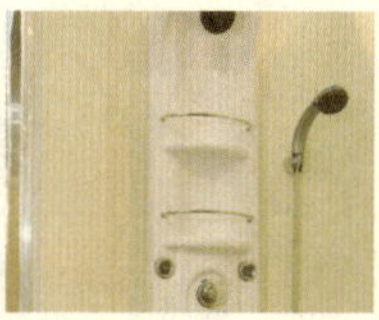

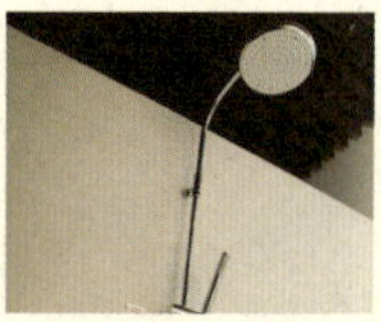

Contents

018 Chapter 1

壁面建材大观

砖石

板材 / 间隔

漆及涂料

壁面加工

146 Chapter 2
地面建材大观

木质地材

砖石地材

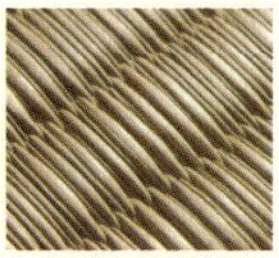

其他地材

地材加工

230 Chapter 3 顶面建材大观

顶面

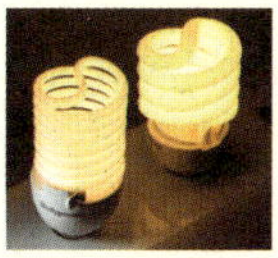

灯具

252 Chapter 4 居家门窗建材大观

门

窗户

292 Chapter 5 厨房建材大观

厨柜

厨房配件

314 Chapter 6

卫浴建材大观

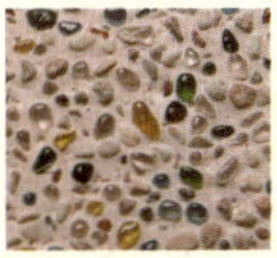

卫浴壁地面

卫浴设备

营造居家风格，

细至一砖一瓦，

处处都是关键，

想要控制预算、聪明运用，

唯有彻底了解各式建材，

究竟一面墙有多少学问，

就从这里开始吧！

Wall ×

壁面建材大观

Chapter 1

- 砖石 Bricks and Stones
- 板材 / 间隔 Board/Compartmented
- 漆及涂料 Paint and Coating
- 壁面加工 Wall surface Decoration

Bricks and Stones

人造石

保养方便不留脏污

易褪色及腐蚀，不适用于户外

喜欢石材的温润自然，但又怕天然毛细孔残留细菌和污垢，不妨试试人造石。天然石粉为主要成分，占九成以上，再添入树脂制成，保留石材的朴实触感，硬度与石材相当，但表层无毛细孔，不易残留脏污，保养方便。但因为是人工制成，纹路不若天然石材自然，不适合用于户外，易褪色，表层易腐蚀。

朴实触感，硬度与石材相当

天然石材的自然触感，一向被人喜爱。唯独表层有天然毛细孔，不论怎么擦拭和清洁，仍无法抵抗无孔不入的细菌和灰尘。但是人造石主要是由天然石粉和树脂经过高温挤压后制成，表层光滑平整。不但硬度与石材相当，而且不像天然石材那样，它的表层没有细微毛细孔，不易残留灰尘。

易褪色，不适合户外

人造石的成分——石粉，来自采拾或切割天然石材时的废料，所以人造石的价格比天然石材便宜至少一半。根据加工处理的技术，可再分成颗粒大小不一的石粉制成的产品。制作上，因为颗粒越大，使用的树脂越少，所以单价越便宜，不同颗粒大小的单价差距，每平方米最多几百元。

如果想要天然石材的自然，又希望兼具人造石的光滑表层，可以考虑使用以天然小石头和树脂制成的人造石。但因为采用天然石材，每块石头制作时要预留的缝隙较大，因此使用的树脂量较多，反而昂贵。

大多数人较熟悉将人造石用于台面，不过由于人造石的硬度比大理石略硬，也很适合做地板或壁面，许多卖场或饭店的地板，为了好保养，都是铺设人造石。人造石如果运用在厨房地板或台面，记得表层要喷上一层防护剂，能有效避免沾染油烟。但人造石不适合用在户外，因为雨水会侵蚀表层，长期照紫外线则会造成建材褪色。

↑使用科技水泥后，人造石还可粘在玻璃上。

KNOWLEDGE BUILD UP

建材须知▲热胀冷缩预留 0.2 厘米缝隙

人造石的纹路虽然不似天然石材的纹路自然，但有个优点，因为可加工处理，所以不管是颜色或纹路，可以达到视觉上较一致的效果。铺设时，因为表层光滑，要使用具有胶性的水泥，才能强力附着，不易脱落。如果铺设地砖，要考虑到热胀冷缩，须预留至少 0.2 厘米的缝隙。

人造石小档案

*本书所列价格仅供参考，实际售价请以市场现况为准。

		特点	价格（每平方米）
颗粒较粗		价格最便宜，但属于较早期产品，很少人选购。	约 190 元
颗粒较细		有精美花纹，常用于地板或壁面。	约 250 元
颗粒适中		使用较普遍，地板、壁面和台面都适合。	约 270 元
颗粒极细		无纹路，但颗粒极细，视觉美观。	约 350 元
有天然小石头		产量少，具独特性。	约 420 元

Bricks and Stones

洞石

天然矿味原始风

凹凸纹理有层次，可换色重新上漆

洞石是种天然石材，多孔表面是最大特点，因其纹理特殊，搭配其他建材使用，可凸显材质的对比效果，不过，也因为表面有洞，容易脏污。价格每平方米约 600 元，依产地不同，会有差别。

材质自然，保留原始感

洞石属于天然石材，表面的洞孔是地壳变动的过程中，挤压、碰撞所产生的。表面部分还会经过处理，若喜爱粗糙感，可选未经处理的毛面，另外也有光面和复古面等不同款式。若担心卡灰尘、脏污，也可将洞补起来，虽然这样不容易残留脏东西，但自然感相对也较低。

切割拼贴变化多

洞石色系上，除米白色、咖啡色外，还有黄色与红色。另外，每片洞石，能依设计来切割尺寸，还有对纹或不对纹的拼贴方式可选择，也可进行不规则交错拼贴，塑造不同的风格。

挑选洞石时，最好亲自到石材厂挑选。因为在店铺中看到的都是洞石的样板，只是整片石材的局部，加上每块洞石的花纹不同，洞孔的凹凸大小、位置也不同，因此选购时，最好看到整片石材的花纹、色泽后再购买。

若用洞石装饰壁面，因表面渐色凹凸纹理很有特色，又有洞孔，能呈现自然纹理与视觉层次感。如果墙壁的颜色与洞石本身颜色不搭，也可再重新上漆处理，不但有自然味道，也可统一色调与风格。

↑米白洞石色调柔和，是较多人使用的款式。

咖啡洞石纹路均匀，花纹像散开的卡布其诺咖啡。

黄金洞石色调较鲜明，纹理也较为清晰。

红洞石有深浅不一的红色色泽，展现不同的石材美。

侧面有凹凸洞孔，呈现自然纹理与层次。

KNOWLEDGE BUILD UP

建材须知▲可用吸尘器清理

洞石表面有凹凸洞孔，容易卡脏，但不可使用清洁剂，因清洁剂含有化学成分，对天然石材有害。清理时表面可用布蘸清水擦拭处理，洞孔部分可用吸尘器吸出脏物，或用刷子蘸水刷一刷即可。

洞石小档案

材质	天然石材。
色彩	米色、咖啡色、黄色、红色。
运用	玄关、电视主墙。
价格（每平方米）	连工带料约 600 元。

*本书所列价格仅供参考，实际售价请以市场现况为准。

Bricks and Stones

文化石

营造自然风

纹路深、质感佳，深受欢迎的创新建材

文化石是一种人造石，仿造自然石材的外形，以水泥掺硅砂石等轻质材料，灌入模具而成。成品几可乱真，可减少开采原料的需求，且与自然石材相比，重量还轻了 1/3 至 1/2，是营造室内外空间特色的热门元素。但缺点是表面粗糙有创伤风险，若家有幼儿，不建议大量使用。

仿各式原石的新兴建材

文化石为美国建材公司 Culture Stone 的发明，该公司研发仿造各式原石的模具，并以水泥灌模生产，故有“文化石”之称。

文化石的造型非常多样，以原石造型为例，单一品项就有 40 ~ 50 种模具，且造型逼真，远看真有乱石堆砌的效果，可取代石材运用在居家装潢，不仅可减少开采天然原石，还解决了原石使用时会在室内产生落尘的问题。

与原石相比，文化石施工便利，同样的尺寸，文化石的重量约比原石轻 1/3，可像铺瓷砖一样来施工，施工速度快，价格也相对便宜；且因外观逼真，样式选择多，故常被用来当壁炉的壁材，装饰客厅电视主墙面，让空间增添自然气息。

模拟真石的自然原味

目前文化石依外观分成很多种，如砖石、木纹石、莱姆石、鹅卵石、石材乱片、洞石、风化石、层岩石、火山岩等，只要想得到的石种，几乎都有相对应的文化石，甚至还可仿木头年轮。但主要成分都是水泥与硅砂石，再利用氧化铁改变色彩，做出天然原石的纹路与色调，减轻文化石重量。

与原石相比，文化石的优点就是价格便宜，大约只有原石的一半，且重量轻、花色均匀。不过，虽然文化石十分逼真，但其缺点是会吸水吃色，且终究不及原石那种自然的质感；除此之外，因文化石质轻，不够坚固，破裂即会露出里头的材质，影响美观。故家中若使用文化石用于户外或当地板，建议可每两年上一次防护剂，以保护建材。

因文化石素以效果自然自居，可随兴拼贴，用水泥砂浆涂抹壁面，即可粘牢文化石。处理有转角的墙面时，应先从转角砖贴起，再向两侧延伸拼贴平面砖。

↑文化石亦常被用来当壁炉的壁材，装饰客厅电视主墙面，增添自然气息。

质感近似原石的各式文化石

样式 1：莱姆石

样式 2：层岩石

样式 3：乱片石

样式 4：黄色竹片石

样式 5：红砖石

样式 6：仿年轮木纹石

样式 7：青色竹片石

样式 8：不规则红砖石

样式 9：长方形木纹石

KNOWLEDGE BUILD UP

建材须知▲乡村风搭红黄色，现代风配冷色调

文化石给人自然、粗犷的感觉，外观种类很多，可依家中的风格搭配。一般乡村风的居家，运用文化石最多。色调上可挑红色系、黄色系，图案则是木纹石、乱片石、层岩石等都较为普遍。但若是现代风格，则最好挑黑白色等冷色调，维持中性的调性。

文化石若用于室内，为求自然粗犷之感，平时不需刻意清洁表面，偶尔掸去灰尘即可。建议可挑选电视墙或沙发墙当主墙，贴文化石提升空间设计感，又能减少触碰摩擦的概率。

木质墙须加铁网铺设

文化石的施工不难。首先，壁面须先弄成粗糙面。油漆粉光墙要把粉光层刮除，瓷砖墙要打掉瓷砖，若是木质墙，则要先加层铁网，如此可增加附着力，文化石会粘贴得更牢。接着，混合好水泥砂浆，在墙面涂上约1厘米厚的水泥浆，直接粘贴文化石上去，让水泥浆浸到石缝间，最后，趁未干前用竹片刮平水泥浆，保留原始的粗犷味。

至于文化石拼贴技巧，可概分为密贴和留缝两类。仿层岩的文化石，适合以密贴方式堆栈成形，底浆不宜过厚，以免自细缝溢出破坏岩面效果。仿红砖的文化石，则须采用交错排列的铺设方式，并留缝才行。

在木质墙面上施工，涂水泥浆前，需加上铁网以增加附着力。

图为鹅卵石，亦属于文化石的一种，粘贴时，水泥浆厚度要够，才能填满石缝。

品质价格比一比

好的文化石，表面纹路较明显，色彩对比性也高，在比较的时候，有时可发现有些文化石表面纹路较不明显，有可能是某些工厂模具不换，一用就是十几年，导致产品表面会产生模糊的纹路，此即为品质较差之文化石。

进口产品的价格约是国内产品价格的两倍，但色彩及外观的质感较好。市场上，文化石价格每平方米60~140元。

较贵的是转角砖和转角石，因生产机器昂贵，且转角制作不易，易有瑕疵，产生废料。每延米约80元。虽然价格较贵，但转角砖、转角石能使文化石墙转角处没有接缝，就像真的用砖或石头来砌的一样，很自然，因此在室内装潢上仍很常用。

好坏文化石比较：左边的纹理质地清楚拟真；右边的质地平滑无立体感。

文化石小档案

*本书所列价格仅供参考，实际售价请以市场现况为准。

	特点	运用	价格
城堡石 	仿城堡外墙石材感，表面大小不一排列，颜色深浅不一，多为棕、灰两色。	多用于电视主墙与一般居家壁面。	每平方米约110元
层岩石 	仿层岩的石片感，亦是很常见的文化石种类。有灰、棕、米白等色彩。	常用于电视主墙。	每平方米约140元
仿砖石 	仿砖头的样貌、质感，并可做出色彩不一的效果。有红、橘、土黄、暗红等色，是最便宜的文化石。	打造乡村风壁炉。	每平方米约60元
木纹石 	表面仿年轮图样，表面不平滑，有凹凸感，具防滑效果，有灰、棕和藕色可选。	适用庭院地板。	每平方米约64元
转角砖 	仿砖的转角砖，有多种文化石种类与颜色可选。	仿砖文化石墙的转角处。	每延米约80元
转角石 	仿石材的转角石，可搭配各种文化石种类和颜色。	仿石文化石墙的转角处。	每延米约80元

 注：此类建材在中国台湾地区较为多见，目前中国大陆尚未普及。

Bricks and Stones

盖膜陶砖

吸水率低，防脏污

质地坚硬，抗折、抗压

陶砖采用大自然的陶土烧成，一般陶砖吸水率略高，约 16%，容易热胀冷缩或沾染脏污。但盖膜陶砖特殊之处就在于吸水率低，仅 5%，所以没有传统陶砖所产生的困扰。

烧成温度不同，质地更坚实

其实盖膜陶砖与一般陶砖造成差异的主因是因为烧成温度不同，一般陶砖烧成温度约 800 ~ 1050℃，盖膜陶砖则是 1100 ~ 1200℃。经过高温烧成的陶砖，质地变得坚硬踏实，抗折、抗压，一般铺设在车库、游泳池畔或当室内间隔墙皆可。

↑澳大利亚盖膜陶砖（上）和一般陶砖（下）各滴一滴清水测试吸水率，可看到盖膜陶砖未吸水，维持水滴状，而一般陶砖则已渗透进去。

KNOWLEDGE BUILD UP

建材须知▲表层粗，可防滑

陶砖要检查吸水率，可以在上头滴几滴清水。若吸收速度快，就代表吸水率高。盖膜陶砖的吸水率极低，几乎等同于石英砖，但因为表层较粗，具防滑效果。盖膜陶砖可选择颜色丰富，约有 60 种颜色可选，包含黑、白等特殊颜色，运用范围广。

盖膜陶砖小档案

材质	陶土。
特点	吸水率低、抗折、抗磨、防滑。
价格（每平方米）	约 300 元

＊本书所列价格仅供参考，实际售价请以市场现况为准。

Bricks and Stones

仿石瓷砖

漂亮易保养

表面平滑明亮，不易吸附脏物

由于天然石材质感极佳，但易脏，不好清理，于是有了仿石瓷砖的诞生，纹理与天然石材相当接近，表面却不易吸附脏物。不过，光面仿石材砖，表面光滑明亮，要注意防滑问题；烧面或岩面仿石材砖，表面粗糙，虽有防滑作用，但较容易产生小污垢。

毛孔较细，吸水率低

过去将天然石材切割成片状，再经机械研磨，呈现自然纹理，不过，天然石材的毛细孔较大，吸水率相对高，容易吸附脏物，较不易清理；仿石材砖类保有石材纹理，但毛细孔较小，吸水率低，不易卡脏物，容易保养。

仿板岩石材可做成多种磨面瓷砖。

制作方式多元，质感略有差异

仿石瓷砖强调花色、花案的制作，分有制版、滚筒印刷，以及运用微粉（色彩颜料）多管、多层次下料等不同印刷图案的方式。

制版是在既定模版上涂上色料，所以每块图案较相似，差别只在于图案所在位置不同；若以微粉多管下料方式，色料分布则比较无法控制，不易有相似的图案，较接近天然石材的纹理。

清水擦拭即可清理

仿石瓷砖表面，除了常看到亮面、雾面的种类外，还有烧面与岩面。烧面处理是在表面以火加热，呈现粗糙质感；

仿石瓷砖不易卡脏物，容易清理。图为雪白银狐瓷砖。

岩面则是凹凸纹理处理得较明显，呈现出石材的斑驳美感。

烧面或岩面的砖类，可用在地砖、壁砖上，适用于浴室，可防滑。但表面较容易附着脏污。至于清理保养上，只需用清水擦拭即可。平时不要拿尖锐东西去敲击，在正常使用下，是可以使用很久的。

⬆设计时，可适当选用仿石材砖，来营造空间质感。

KNOWLEDGE BUILD UP

建材须知▲切边平整才能完全黏合

挑选砖类时，瓷砖切边是否平整是重要的考虑因素之一。如果切割平整，粘贴时才能完整黏合，不会造成不平整的状况。另外，粘贴时，中间的缝至少留 1 毫米，这样瓷砖因天气因素热胀冷缩时，才能有伸展的空间，不易膨起；即便发生地震时，缝隙也可让挤压的压力得以释放，不至于让整片瓷砖碎裂。

仿石瓷砖比一比

*本书所列价格仅供参考，实际售价请以市场现况为准。

	亮面砖	雾面砖	岩面砖	烧面砖
种类				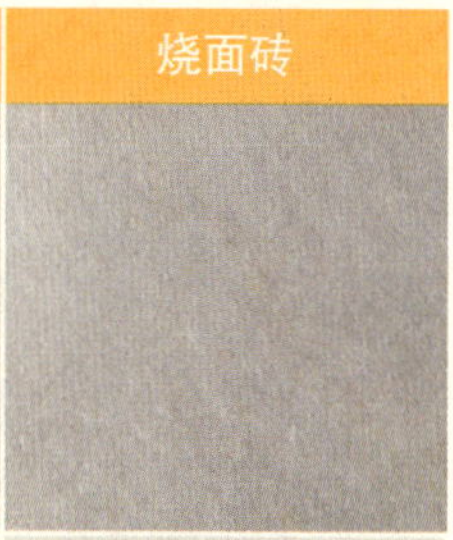
特点	表面光滑明亮。	光亮度不及亮面瓷砖。	凹凸纹理处理得较明显，呈现出石材的斑驳美感。	在瓷砖表面以火加热，呈现粗糙质感。
价格（每平方米）	大陆产仿石瓷砖在 78~100 元，其中亮面砖价格较低；进口仿石瓷砖价格基本上在 130 元以上。			

Bricks and Stones

马赛克砖

缤纷多变

图案拼花，能凸显设计感，丰富空间表现

一般人对马赛克砖的印象是尺寸很小，将一块块砖做图案拼贴。马赛克其实是尺寸名称，不分材质，凡是用小于10厘米 ×10厘米的砖做拼贴，就叫“马赛克”。优点是可以拼接图案花样，强化设计感，缺点是价格不便宜。

材质选择多

马赛克砖的材质繁多，喜欢缤纷多变的色彩可选择玻璃、琉璃、玻璃水晶马赛克砖；希望自然质感可选择石材或未上釉料的陶、瓷马赛克砖；带华丽感的则选金属马赛克砖。想创造更健康的居家环境，可使用硅藻土马赛克砖。

上釉料瓷质，使用广泛

马赛克砖的市场价格约为每平方米65 ~ 480元，价差极大。最广泛使用的是上釉的瓷质马赛克砖，每平方米约190元。最便宜的是玻璃马赛克砖，每平方米60元起，若使用红、橘、黄、金、银等色料成本较高的颜色，会再贵些。陶质马赛克砖，未上釉的每平方米220元左右，上釉的190 ~ 260元。陶质马赛

↑马赛克砖做图案拼花，能凸显设计感，丰富空间表情。

马赛克砖常使用于居家墙面，可选择亮丽色彩或造型拼花，装点墙面成漂亮风景。

克砖因量少，所以价格较贵。上釉的陶质马赛克砖，釉料多为特殊色，一块砖上有多层次色彩，因此比未上釉的精致。硅藻土马赛克砖，目前仅日本有生产，每平方米 270 ~ 380 元。

居家应用上，马赛克砖最常使用在墙面、地板，也可见于天花板、家具及拼画。玻璃、琉璃、玻璃水晶等玻璃类的马赛克砖，不适合用在地板。以玻璃马赛克砖为例，因边缘较锐利，若施工不平整或日后地砖发生损害，易割伤人。玻璃水晶马赛克砖用来铺地板，表面易刮伤。未上釉的陶、瓷马赛克砖，须注意吸水后易龟裂或卡垢问题，若想用在浴室，建议上防护漆。

硅藻土马赛克砖，忌防护剂

以健康为诉求的硅藻土马赛克砖，记得千万不要上防护剂，会阻绝硅藻土吸附有害物质、调节空气湿度功能。施工时，宜使用非水泥黏着剂，以免水泥中的水分被吸走而脱落，造成危险。硅藻土马赛克砖不适用于浴室、流理台壁面等处，一旦吸水后会降低除湿效果。

马赛克砖的造型变化多，有方块、三角、圆形、爱心和不规则形等，应有尽有。

这幅马赛克砖拼画，图案来自于奥地利知名画家克林姆的画作《拥抱》。

左为室外防护剂，每升约 340 元；右为室内防护剂，每升约 220 元。

未上防护漆的马赛克砖（左），水会渗入砖内，易脏污。

Bricks and Stones

贝壳马赛克砖

居家自然风

表面防水，但硬度低不适合做地砖

贝壳马赛克砖，取自深海贝壳或人工养殖贝壳，有着天然孕育而成的光泽，比如珍珠白、黑、粉红等色，装饰居家空间，不论是壁面或桌面，其温润触感和色泽，比起人工建材，多了几分亲切感。唯独硬度不够，不适合做地砖。

深海采拾贝，色泽美丽

目前市面上的贝壳马赛克砖，是近年研发的。贝壳取自深海采拾的贝壳和人工养殖贝。深海贝壳货源少，且采拾危险、单价较高，每平方米约 1000 元。而人工养殖贝，数量多单价较便宜，每平方米 约 380 元。深海采拾的贝类，大多由大溪地、澳大利亚、印度尼西亚和越南等地进口，再以人工裁切，制成马赛克。产品种类目前有黑蝶贝、白蝶贝、黄蝶贝、粉红贝、奶螺贝等。因为在大自然怀抱下慢慢孕育，因此长成尺寸较大，色泽也较美丽。比如产自澳大利亚的白蝶贝，最大尺寸宽度可达 25 厘米。

人工养殖的贝壳，目前仅有珍珠母贝。因为是人工繁殖，养成速度快，贝壳尺寸都不大，且色泽不似深海贝清透圆润，因此单价较低。不过，经人工裁切，保留最精华部分来拼凑成马赛克砖，若非专业人员，也无法区分和天然贝壳的差别，因此较受消费者喜好。

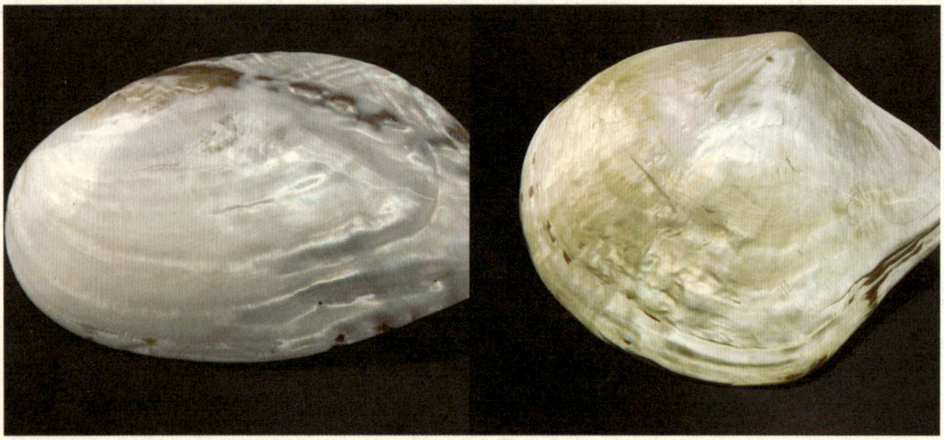

左为深海贝壳，右为人工贝壳。

施工后须磨平表面

施工上，因为贝壳硬度不高，不建议做地砖，适合装饰壁面或使用在家具上；因其表面防水，也可用在卫浴空间。但因贝壳表层不平整，所以施工后需要再用机器加以磨平，才能拥有光滑表层。

经加工制作而成的各式贝壳马赛克砖。

KNOWLEDGE BUILD UP

建材须知▲干布擦拭保持清洁

因为贝壳的长成大小无法掌握，所以只能裁切成马赛克砖，且尺寸大小无法超过 3 厘米，目前市面上的尺寸大多是 1 厘米、1.5 厘米、2 厘米和 2.5 厘米这四种。因为贝壳的表层大多不平整，施工时较困难，建议找经验丰富的老师傅粘贴比较好。保养上，贝壳表层无毛细孔，本身防水且不会残留灰尘，以干布擦拭即可保持表面光滑。

贝壳马赛克砖小档案

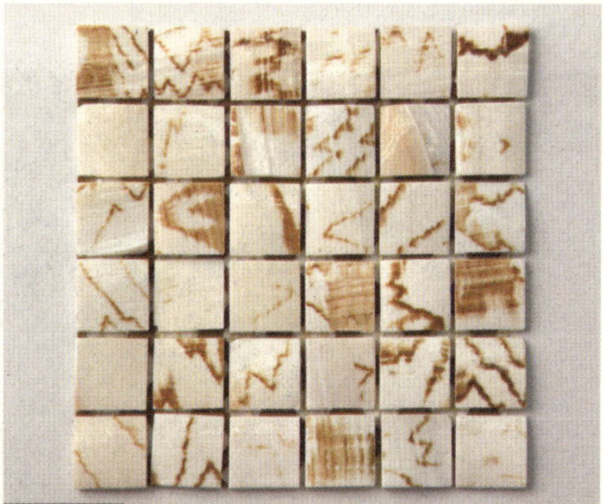

材质	人工采拾的贝壳和人工养殖贝。
特点	深海采拾贝尺寸较大，色泽也较美丽。人工繁殖贝尺寸小，色泽不似深海贝清透圆润，因此单价较低。
价格（每平方米）	深海贝壳：1000 元起。 人工养殖贝壳：约 380 元。

*本书所列价格仅供参考，实际售价请以市场现况为准。

Bricks and Stones

夜光马赛克

越夜越美丽

可发光 8 ~ 12 小时，较传统瓷砖贵 1 倍

大家对马赛克瓷砖一定不陌生，马赛克可营造空间活泼感，是居家常用建材。近来有商家研发出夜光马赛克，在夜晚时散发光芒，可随消费者喜好拼凑形状，可以是著名建筑，也可以是浪漫心形，让消费者多了选择空间。

制造浪漫，价格不菲

夜光马赛克的价格比传统马赛克瓷砖贵上 1 倍，但是可让家里壁面在夜间散发光芒，营造浪漫空间感。夜光马赛克的规格与大小都依一般马赛克传统规格，在光源下观看和普通马赛克一样。

以台北 101 为主题形状的马赛克设计。

无限次循环使用

制作上，是在待窑烧的瓷砖背面涂抹一层发光颜料，再和瓷砖一同经过温度高达 850℃的窑烧过程，和瓷砖紧密结合。使用的材料属于蓄光型发光材料，而所谓的夜光技术，是指瓷砖在光源底下吸收光源，达到储蓄功能，当光源消失，就会自动发光，达到夜光效果。通常，夜光马赛克在光源下持续吸收半小时后，在无任何光源环境下，发光时间可达 8 ~ 12 小时。且蓄光型材料无使用次数限制，可循环使用。

可运用发光颜料，展现多元化

夜光马赛克瓷砖目前只有蓝、黄两色可选择，黄色明亮度较高，但时间持久性则略低于蓝色。虽然夜光色泽选择性少，不过，在使用时，可先在砖体背后粘贴色纸，再涂抹发光颜料，就能让马赛克拥有多彩面貌，保养上也不需特别处理。建议可将夜光效果马赛克拼凑在一般马赛克中，以点缀方式呈现，若整面墙都是夜光效果，视觉上不仅太过突兀，还少了些美感。

⬆夜光马赛克的规格与大小都依照传统马赛克规格，在光源下观看和普通马赛克一样。

⬆可在砖体背后粘贴色纸，再涂抹发光颜料，就能拥有多彩面貌。

KNOWLEDGE BUILD UP

建材须知▲美观兼具照明效果

夜光马赛克的图样，可以依据消费者需求加以规划。比如台北 101 图样的马赛克拼图，在白天就像一幅画作，但是，关掉灯源后，就能看到好像在星空下的台北 101 的模样。透过计算机绘图技术，先打造出图样模型，再规划出填放夜光马赛克的位置，请师傅施工后，就完成了作品。虽然单价较高，比一般马赛克瓷砖贵上 1 倍，不过，可以在黑暗中具有照明功能，又兼具美观，才是夜光马赛克给予的最大价值。

夜光马赛克小档案

材质	蓄光型发光材料。
特点	通过吸收光源，黑暗中可发光，增添居家浪漫气氛。
价格（每平方米）	340~410 元

＊本书所列价格仅供参考，实际售价请以市场现况为准。

马赛克砖比一比

＊本书所列价格仅供参考，实际售价请以市场现况为准。

		特点	产地	运用	价格（每平方米）
玻璃马赛克砖		价格最便宜，色彩鲜艳，适合拼花。色料影响价格，红、橘、黄、金、银等色较贵。	中国大陆、意大利	室内墙面。	60 元起
琉璃马赛克砖		将色料搅拌融入玻璃，做出水彩效果，因制程较费工，比玻璃马赛克砖贵。	中国大陆、意大利	室内墙面。	约 380 元
玻璃水晶马赛克砖		折亮度强，视觉效果佳，怕刮伤。价格因色料成本、厚度、产地差异而不同。	中国大陆、意大利	室内墙面。	160 ～ 330 元
上釉瓷质马赛克砖		使用最广泛的马赛克砖，光泽度高，上釉次数越多，色彩越饱和。	欧洲、日本、中国台湾地区	室内墙面。	190 ～ 260 元
不上釉瓷质马赛克砖		质感粗犷自然，卡垢亦不影响外观。	欧洲、日本、中国台湾地区	多局部用于户外墙面、地面；用在浴室地板，可防滑。	约 220 元

Knowledge Build Up

建材须知▲用海绵蘸水清洁即可

马赛克砖施工时要注意，砖和附着面都须上黏着剂，且要上得均匀，砖块才不易脱落。施工结束后，建议上水渍防护剂，就不怕缝隙会卡垢，日后也好清洗。平常用海绵、软布蘸水清洁即可，特别脏污才需使用中性清洁剂。

	特点	产地	运用	价格（每平方米）
上釉陶质马赛克砖 	价格较贵，釉料特殊，多做特殊色，如青花蓝、古铜等。制程繁复、量少。	欧洲、日本	室内墙面、地面。	260~650 元
不上釉陶质马赛克砖 	质感自然纯朴，可回收，对环境不会造成伤害。易卡垢，可先上防护剂保护。	日本	室内墙面、地面及桌面。	约 190 元
石材马赛克砖 	质感天然，易吃色，有大理石、砂岩、锈石、观音石、花岗岩等不同种类。	欧美、中国大陆、印度、东南亚	常用于玄关墙、户外墙面。	约 480 元
金属马赛克砖 	金属马赛克砖有两种，一为瓷砖表面上金属釉料，一为套上金属壳，后者较贵。	中国大陆、欧洲	室内墙面、家具，做局部装饰。	220 ~ 360 元
硅藻土马赛克砖 	可调节空气湿度、抗菌、吸附有害物质，不适合上防护剂。	日本	室内墙面，但浴室、厨房、流理台等处壁面不适合。	270~380 元

KNOWLEDGE BUILD UP

价格破解▲陶瓷马赛克台制便宜

价格除受材质影响，也会因产地和施工不同有差异。以产地分，玻璃、琉璃、玻璃水晶马赛克砖主要来自意大利和中国大陆。陶、瓷马赛克砖多为欧洲、日本、中国台湾地区生产，日本制的因造型多变，价格较贵，中国台湾制最便宜。石材马赛克砖则受运费影响，欧美较中国大陆、印度和东南亚便宜。

Bricks and Stones

金属砖

提升居家现代感

色泽抢眼，点亮空间

金属砖质感冷冽，适合营造现代感居家空间。因为价格较贵，如果预算不够，点缀应用在空间内即可秀出质感。目前市面上所售的产品，一种是仿金属色泽的瓷砖，分为仿铁、仿铜、仿铝三类，能营造金属质感氛围，价格也比较便宜；另一种则是将不锈钢裁切成各式形状，科技感十足，但单价偏高。

釉彩金属砖，质感温润

金属砖早在多年前就在欧美开始销售，在近几年来才引进国内市场。不过因为价格较高而且质地较冷，故大多数人使用时，会将金属砖以墙腰的形式点缀在空间内。

建议在购买时，可以选购仿金属色泽的釉砖，价格比较便宜，而且呈现出来的金属质感也比较温润，适合铺在面积比较大的空间，因制作时并未添加真实金属材质，故价格上较低。

锈铁砖最便宜

多数金属砖是在石英砖表面上一层金属釉，少部分是在瓷砖胚底原料中，加入金属成分。金属砖可呈现金、银、不锈钢或锈铁色调，依表面图纹不同，有不同变化，有的表面亮光点点，有的呈涟漪、格纹状等图样。各种金属砖中，价格最便宜也最常见的是锈铁砖，且金属砖的价格也会因产地而不同，一般来说，越南和印度尼西亚金属砖最便宜，中国台湾地区次之，西班牙再高些，意大利最贵。

除此之外，金属的等级与施釉复杂度，都会影响价格。像钛金属的金属砖每平方米约 1000 元；立体施釉因为制作立体感的彩釉金属花砖，须在素烧瓷砖上先上一层玻璃结晶，中间再经过上釉彩底色、熔铸玻璃结晶熔块及表面上金属釉彩等过程，相当繁复，加上生产机器昂贵，所以价格最贵。

如果添加金箔、铂金等真实金属材质在内，上头再加一层玻璃砖，其呈现出的质感更加真实。至于有利用不锈钢材质裁切各式造型的产品，造型选择上有圆形、长方形、不规则形状等供选择。

↑加入金箔的马赛克金属砖，小面积展示高贵感。

➊仿铁的色泽，能营造居家现代感及宁静氛围。

➊仿铜砖每片色泽不一，铺陈在空间自然呈现铜的质感。

➊仿铝色彩，因为贴近金属质感，视觉上较冷冽。

➊不锈钢材质的金色马赛克金属砖，压纹具有装饰及防滑效果。

➊可使用硬币，对方格交错而成的马赛克金属砖进行刮伤测试。除了立体釉彩金属砖以外，其他金属砖皆具耐刮磨的优点，可做地板。

施工留意黏胶品质

如果使用真实金属材质，因为仅在背后铺设一层网状薄膜，再利用特殊黏胶粘贴在空间内，故施工上要留意黏胶质量，建议寻找经验老道的师傅施工，或请选购店家推荐施工师傅进行施工。

如果不想只单纯铺设瓷砖，也可以选择添加金属光泽，而具有图样的产品，就能让瓷砖像一幅画般融入空间中，增添视觉丰富度。由于金属砖富有强烈的装饰感，在不同光线照射下，呈现的色泽都不一样，视觉吸睛度超高。而且材质有现代科技感，最适合营造简约风格居家。

添加金属在图样上的瓷砖，可让瓷砖兼具空间装饰效果，图为人体构造造型金属砖。

KNOWLEDGE BUILD UP

建材须知▲敲打声音越清脆，硬度越高

想挑选耐磨金属砖，可试敲瓷砖，声音越清脆、扎实，表示硬度越高、越耐磨。在保养上，仿金属色泽产品，因为表层是金属釉，平时用清水保养即可。

而若是使用真实金属材质，由于已经过抗氧化处理，故不用担心变色的问题，平时可用铜油加以保养，每两周保养一次，便能保持表面光泽，但切忌接触强酸或强碱。另外，添加金箔和铂金材质的瓷砖，因为表层是玻璃砖，平时除了用清水擦拭外，也要避免重物撞击，以防止玻璃表层破裂。

各式金属砖小档案

*本书所列价格仅供参考，实际售价请以市场现况为准。

		特点	价格（每平方米）
亮点金属砖		砖面闪烁点点亮光，常见灰、金两色，不怕刮。另因整片皆含金属成分，价格较高。	220 元以上
涟漪纹金属砖		表面有涟漪般的纹路，常见香槟金、灰金与白金三色。	180 元左右
仿锈金属砖		表面仿铁锈或铜锈，是最便宜的金属砖。	160 元左右
金属花砖 立体釉彩		因生产设备昂贵且制作复杂，价格最贵。表面釉彩怕刮伤，不耐磨，适合局部点缀。	420 元以上
钛金属花砖		银色花纹为钛金属釉彩，因金属贵加上表面釉彩施工难度高，价格较高。	330 元以上

Bricks and Stones

空心砖

便宜耐用的自然素材

收纳间隔效果棒

空心砖是由水泥砂、碎石制成，粗糙的表面，带着大自然的原始风貌，色泽刚毅，耐用度高，运用范围很广，可砌成书柜、鞋柜、墙面等，空心的部分还可当收纳空间，且单价只要 1.30~3.00 元，花一点点钱，就可 DIY 成为自我风格强烈的装饰元素。不过，空心砖很重，不易搬动，且粗糙的表面也易剐伤人。

别具风格，有 4 种厚度可选择

空心砖有隔音、隔热、防火、抗震等 4 大特点，因为组成原料为碎石、水泥砂，本身不易燃，所以防火效果优于轻间隔。若加上钢筋与特制铁网结构，耐震度甚至大于传统砖墙。

空心砖尺寸选择不多，一般长 39 厘米、宽 19 厘米，厚度则有 9 厘米、11.5 厘米、14 厘米、19 厘米等 4 种选择。一般坊间出售的空心砖厚度为 19 厘米，常被用来砌成电视架、杯架、鞋柜、书柜、花园层架、盆栽底座等，厚薄可视需求搭配应用，最薄的空心砖则常用来垫高地板，或平铺在屋顶上，有隔热的功能。

空心砖也可灌浆连结砌成间隔墙，若是当外墙，则须另外漆上防水漆。空心砖墙的砌法有两种：一是交错相迭的英式砌法；一是对齐式平直向上的日式砌法。一般居家的室内间隔墙面积不大，两种砌法的稳定度都够，但若要砌成建筑外墙，则需要由专业施工队处理，结构才能稳固抗震。

➡ 空心砖以滚轮刷水泥漆上色，展现不同风格。

↑利用木板与空心砖叠成层架，就成为简单的收纳空间，可当书架或鞋柜。

↑空心砖砌墙的两种工法：对齐平直而上的日式砌法（左）与交错重叠而上的英式砌法（右）。

↑空心砖有 4 种厚度可选择。

KNOWLEDGE BUILD UP

建材须知▲上色用滚轮刷水泥漆

若大面积使用空心砖，可将面积（平方米）×13，就是购买块数。如 4 平方米，就是 4×13，共 52 块。空心砖有孔隙，若要上色不要用喷漆，会被孔隙吸收而不易显色，以滚轮刷水泥漆较佳。

空心砖小档案

材质	水泥砂、碎石。
尺寸	长宽各 39 厘米、19 厘米，厚度有 9 厘米、11.5 厘米、14 厘米、19 厘米 4 种选择。
价格（每块）	1.30~3.00 元
运用	简易间隔、矮墙、书架、层架、收纳柜。

＊本书所列价格仅供参考，实际售价请以市场现况为准。

Bricks and Stones

玻璃砖

透明彩色选择多

兼具美观与实用性

玻璃砖具有透光性佳、隔热、隔音、防火，装饰等特点。玻璃砖可依尺寸、样式和颜色做出多变设计，除楼梯间、窗户、廊道等常使用外，在室内间隔、造型上，也很受欢迎。

透亮空间，营造居家活泼气氛

中国台湾地区的玻璃砖市场以进口为主。由于玻璃砖采光效果佳，加上可有效阻隔噪音和高温，故经常被应用在室内间隔、墙面点缀，甚至也有使用在整片墙面，或用玻璃砖造屋的案例，可增添室内活泼气氛。

玻璃砖是两块厚度各约 1 厘米的玻璃制作合成，中间约 6 厘米的中空，在采光上，清玻璃透光率约为 75%、有色玻璃透光率约为 50%。加上玻璃具有一定厚度、砖身也经过特殊处理，可隔绝室外温度约 50%，在隔音上，也能有效降低约 40 ~ 45 分贝。

玻璃砖以长 19 厘米、宽 19 厘米、厚 8 厘米大小的最普遍、使用率最高，另外，也有长 9 厘米、宽 19 厘米或长 24 厘米、宽 24 厘米长方形、正方形大小等形状。颜色上，除最普遍的无色，亦常见粉绿、粉蓝、粉红色或增加雾面处理，而斜纹、小方格、水波纹、气泡等造型也很常见。除此之外，由于玻璃砖都做在内层，无论花色、纹路为何，玻璃外侧表面都还是光滑、平整，不仅美观，亦容易清洁。

↑彩色玻璃砖以欧洲进口为主。

↑玻璃砖用途以间隔、外墙居多，尺寸以 19 厘米 ×19 厘米 ×8 厘米最普遍。

↑无论纹路为何，其玻璃外侧表面都还是光滑、平整。

德国生产，材质最佳

目前市场以进口为主，特别是以德国生产的材质最佳。至于在价格上，以最普遍的无色来看，大陆产的和从印度尼西亚、捷克进口的每块约15元；德国、意大利进口每块约35元。有色玻璃砖以德国、意大利进口为主，每块约45元，而特殊的防弹玻璃砖每块至少要60元。

铺设玻璃砖须请专业施工人员施工，以块计价，使用一般黏着、填缝剂（例如水泥），每块工钱10~20元，若用用矽利康（Silicon）填缝，每片玻璃砖还须另加费用。

KNOWLEDGE BUILD UP

建材须知▲选砖留意灯光颜色

一般住家使用玻璃砖，多以小部分间隔、窗户或装饰为主，消费者选购时，可从玻璃砖外表作简单区分。首先，看玻璃砖色泽、纹路，即可简单分辨出产地：从德国、意大利进口的玻璃砖，因细砂成分佳，会带点淡绿色，而来自印度尼西亚、捷克、大陆等地价格较低的无色玻璃砖，会有点偏家中玻璃窗户的颜色，感觉较苍白。另外，检视透光率时，除端详玻璃砖有无杂质、细不细致外，也要注意灯光的颜色，玻璃砖在黄色灯光和白色灯光下会有不同的感觉，要特别注意。

↑一般住家使用玻璃砖，多以小部分间隔、窗户或装饰为主。

玻璃砖小档案

*本书所列价格仅供参考，实际售价请以市场现况为准。

		特点	价格（每块）
磨砂玻璃砖		德国进口雾面玻璃砖，两面皆已磨砂，品质较佳。市场上有部分磨砂玻璃砖，是先进口无色砖，在中国台湾地区找工厂加工，部分只磨单面。	15～35元，进口价格更高。
防弹玻璃砖		防弹玻璃砖，两面玻璃厚度皆至少2厘米，玻璃密度、强度也较佳。	至少60元。

Bricks and Stones

高量釉砖

纹路细致、亮眼如新

表层光滑，不适合做地砖

高量釉砖，乍听到这名字并不感到特别稀奇，但看到高量釉砖铺陈在空间里，像壁纸般美丽的质感，那可就令人好奇了。高量釉砖之所以能呈现细腻质感，关键在瓷砖表层涂抹了高量的釉料，比一般瓷砖厚了约 1 毫米，表层特别光滑，但也因此不具防滑效果，较适合当壁砖，不适合做地砖。

质感宛如壁纸

瓷砖，是普遍常见的建材，若想要让居家有不一样的面貌，不妨试试看在视觉上宛如壁纸质感的高量釉砖。模样细腻且色泽饱满的高量釉砖，通常表层纹路细致，且能拼凑完整图案，空间视觉较具一致性，依据制作过程的技术不同，单价落差颇大，每平方米 400~1000 元不等。

让高量釉砖表层呈现饱满视觉感的关键，在于表层涂抹了一层又一层的釉料，颜色特别明亮细腻。再结合纹路优美、图样精致等优点，让高量釉砖铺陈在空间时，呈现壁纸般的质感。

↑纹路优美、图样精致，让高量釉砖铺陈在空间时，呈现壁纸般的质感。

不防滑，不适合做地砖

一般壁纸容易受潮，每隔5～10年就需重新粘贴，而高量釉砖则可常保如新，成了颇受好评的主要原因。由于高量釉砖为表层上釉，经过高温高压等技术生成，上头的釉彩不易脏污，表层特别光滑，但也因此不具防滑效果，不建议做地砖。除非是专为地砖而设计的高量釉砖，但这种瓷砖单价相对也高昂，每平方米几千元起。

选购高量釉砖时，建议消费者要考虑产品在空间内的使用效益。毕竟瓷砖一旦铺设，使用年限长远，且拆除不易，应先思考清楚空间用途和自身喜好。保养上，因为表层涂抹高量釉料，不易残留脏污，只需定时用清水擦拭即可。

KNOWLEDGE BUILD UP

建材须知▲请店家当场测试耐磨度

挑选高量釉砖时，不仅要挑选自己喜爱的花色，还要留意耐磨度和抗酸碱度。单就产品本身，并无法看出优劣性，可请店家示范，用锐利物品在瓷砖上头刮抹，测试其耐磨度；而抗酸碱度，因无法现场测试，必须看产品的文件证明，可请店家出示。

高量釉砖小档案

*本书所列价格仅供参考，实际售价请以市场现况为准。

		特点	价格（每平方米）
古典图样		巴洛克式图样，适合喜好古典质感的居家空间。	400元起，进口的要2000元以上。
玫瑰花图样		细腻玫瑰花图样，铺设空间呈现浪漫气息。	400元起，进口的要2000元以上。
仿金属光泽		深色光泽营造了略带科技感的前卫氛围。	400元起，进口的要2000元以上。
水墨质感图样	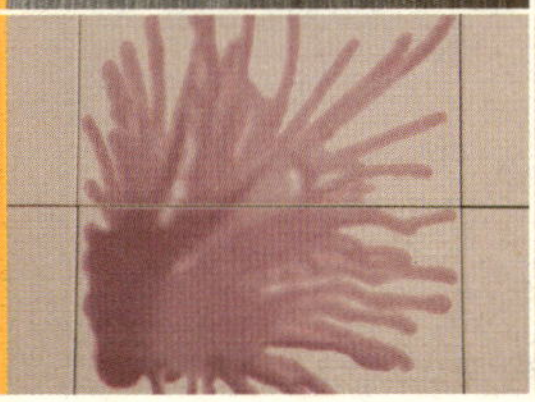	豪放的水墨笔触表达出简约大方的意念。	400元起，进口的要2000元以上。

Bricks and Stones

特殊尺寸瓷砖

好看又新潮

图案设计多元化，赋予瓷砖更多风采

近年来，瓷砖配合居家装潢款式多样且新潮，不过，特殊尺寸瓷砖开模成本较高，比一般瓷砖贵。特殊尺寸瓷砖包括 15 厘米 ×90 厘米、49 厘米 ×49 厘米、32 厘米 ×90 厘米等，花样或造型极具设计感，有模拟逼真的木纹，或仿照钢琴烤漆般的光滑表层，赋予瓷砖更多风采。

不同尺寸，强调设计感

近几年来，欧美国家开始在尺寸上突破传统模式，开发尺寸特殊的模具，于是开始有 49 厘米 ×49 厘米、32 厘米 ×90 厘米、40 厘米 ×80 厘米等大小的瓷砖。特殊尺寸瓷砖拼贴出来的视觉效果明显不同，特别重视设计感，商品较独特。特殊尺寸瓷砖因为是特殊开模，成本较高，产品选择上，也比常见尺寸的瓷砖更具设计感。比如模拟钢琴烤漆质感的瓷砖，有玻璃清亮晶透的质感，硬度却胜过玻璃，且具耐磨性。

此外，还有菱格状的立体造型砖、触感宛如壁纸的金属砖、刻意不对纹的条纹砖等，花色丰富且造型感强烈。近年还流行 60 厘米 ×120 厘米的大面积瓷砖，更能凸显花纹完整度，视觉上大气美观。

➡上图为模拟钢琴烤漆质感的咖啡色瓷砖，搭配花朵图案瓷砖，提升室内质感。下图为大面积无接缝瓷砖。

局部使用更能聚焦

瓷砖变化丰富，颜色选择多，运用在空间内，能增添美感。特殊尺寸瓷砖虽较贵，但可局部使用，比如运用在客厅中央的地面、玄关墙面或卧房主墙面，营造视觉丰富感，其余使用常见尺寸瓷砖即可。

由上至下分别为：60 厘米 ×120 厘米条纹状瓷砖、40 厘米 ×80 厘米菱格状黑白立体砖，及 49 厘米 ×49 厘米黑色仿壁纸瓷砖。

KNOWLEDGE BUILD UP

建材须知▲须请专业师傅施工

特殊尺寸瓷砖粘贴技巧和常见尺寸瓷砖大同小异，不过像 60 厘米 ×120 厘米的大面积瓷砖，因面积较大，特别重视壁面和地板的平整度。居家装修使用精品瓷砖时，建议请专门粘贴大理石的师傅施工，他们习惯处理的石材，大多是大面积且厚重的材料，较能控制力道和留意平整度，不然壁面容易有不平整的状况。

特殊尺寸瓷砖小档案

特点	特殊尺寸所构筑的视觉效果比普通尺寸瓷砖别致，且造型较具设计感。
尺寸种类	49 厘米 ×49 厘米、32 厘米 ×90 厘米、15 厘米 ×90 厘米、60 厘米 ×120 厘米、35 厘米 ×70 厘米等。
保养方式	用清水或中性清洁液保养即可。
价格（每平方米）	88 ~ 110 元

*本书所列价格仅供参考，实际售价请以市场现况为准。

Board / Compartmented

陶板外墙

冬暖夏凉

热门环保建材，可回收再利用

由土及水库淤泥制成的陶板，是种外墙建材，因表面有毛细孔加上内部中空，散热及排水效果都不错，具隔热、透气及节能优点，加上材料可回收再利用，为近几年热门环保建材。但缺点为造价昂贵，比起普通瓷砖贵 1.5 倍。

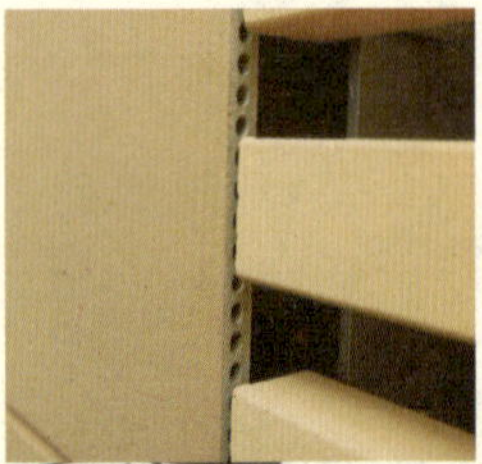

←（左）陶板为外墙建材，具隔热、透气及节能等优点，还能回收利用。（右）水气可从毛细孔通透，或从内部中空排出，解决湿气问题。

↓使用陶板外墙，具冬暖夏凉的效果。

原料天然，可调节室内温度

陶板来自天然土壤，调节功能不错，例如夏天室外温度 35 ~ 38℃，室内可减 5 ~ 8℃，维持凉爽，冬天则有保温效果；而瓷砖经多道程序上釉、涂色等，毛细孔已被破坏，表面相当光滑但不透气，吸放湿气功能不佳、不通风。

瓷砖表面无毛细孔，无法处理水气，会不透气；有毛细孔的陶板，水气可从毛细孔通透，或从内部中空排出，解决湿气的问题。除此之外，陶板也有良好调湿性，室内冬暖夏凉，减少冷气或暖气运行耗能。

进口产品价格高

以美观来说，陶板表面保留土壤偏红或橘色系，提供自然居家感受，中国台湾地区产的每平方米约 130 元，其他外墙建材如花岗石、大理石也不错，外观、价格与陶板不相上下，但花岗石、大理石用于高楼层有掉落风险，通常 20 层楼以上不适用花岗石及大理石。

产地分大陆产、中国台湾地区产及欧美进口，中国大陆产及台湾地区产的价格差不多，但大陆产质量不稳定且不良率高；进口产品质量不错，但每平方米原料约 400 元，甚至更高，比国产的贵得多。

↑陶板表面大多保留土壤偏红或橘色色系。

KNOWLEDGE BUILD UP

建材须知▲原色陶板，较透气

为了丰富外墙色系，不少消费者想要在陶板上涂色或上釉，增加视觉丰富度，但以透气功能来说，建议选购原色比上釉料或涂色好，能保持毛细孔呼吸，维持良好调湿性，可冬暖夏凉。

陶板小档案

运用	外墙建材。
优点	环保：材料可多次使用。 隔冷热：室内外温差 5℃ ~ 8℃，冬暖夏凉。 透气：有毛细孔，适时吸附或释放水汽。 节能：调节得宜，减少冷气或暖气运行耗能。
缺点	造价昂贵。
价格（每平方米）	130 ~ 400 元
注意事项	1. 原色比上色及涂釉好，避免遮盖毛细孔，维持调节功能。 2. 城市住户：雨水冲刷表面粉尘，无卡垢问题。 3. 郊区住户：易有青苔，每半年应用高速喷水冲洗一次。

*本书所列价格仅供参考，实际售价请以市场现况为准。

Board / Compartmented

隔音玻璃 隔热兼节能

有效降低噪音干扰，附加功能多

不间断的噪音，不只传达了现代世界的忙碌与喧嚣，更影响生活质量。隔音玻璃不但是可以有效阻绝噪音干扰的建材之一，还可针对隔音、节能、隔热等需求，来做材质的选搭。不过，虽能减少 85% ~ 90% 的噪音，但是并不能达到 100% 隔音。

阻隔噪音，增进生活品质

隔音玻璃的构成以胶合玻璃与复层玻璃为主。胶合玻璃是在两片玻璃间，夹着热可塑性树脂（PVB）组合而成，具有隔音、节能、防紫外线等功能；复层玻璃则在两片玻璃间，运用特殊胶条来间隔干燥空间，具高效节能、隔热效果，此外还有波浪形铝条材质。

不过，因为声音具穿透能力，其传导最佳途径是“空气”，所以隔音玻璃与门或窗户之间的密合度就很重要，这样才能减少声音外漏。隔音玻璃本身有隔音功能，也具备吸音功能，让声音在碰撞间有效被阻隔与吸收，隔音性便能有效提升。减少 85 % ~ 90% 噪音。

选用不同厚度玻璃，隔音效果更强

消费者或许会以为，只要增加玻璃厚度，隔音效果就会相对加强，其实并不尽然。同厚度的玻璃增加片数，阻隔率只会提升一些；其实应该要选不同厚度的玻璃做加工，阻隔率才会提升较多。

⬇ 隔音玻璃的使用，不仅能隔绝噪音，还能依节能隔热等不同需求，做材质的选搭。

如单片的玻璃厚度是 5 毫米，要加强隔音，就不要再加 5 毫米厚的玻璃，改用 8 毫米厚玻璃，隔音效果会更好。

隔音玻璃没有办法达到 100% 的完全阻隔声音，但各结构严密扣合，噪声阻隔率能达到 85% ~ 90%，还是对阻隔噪声有相当大的帮助。

↑建筑结构与材质的相互扣合，噪音阻隔率能达到 85% ~ 90% 的成效。

KNOWLEDGE BUILD UP

建材须知▲有认证，保权益

由于隔音玻璃算是较不易辨识的建材，希望消费者选择有国家标准认证的品牌，才能保障自己的权益。至于隔音玻璃的平时维护，只要用布擦拭即可，不要用铁器去敲打，也不要用洗碗布刷洗。

隔音玻璃小档案

*本书所列价格仅供参考，实际售价请以市场现况为准。

		中间材质	厚度	价格（每平方米）
胶合玻璃		胶膜	6 ~ 24 毫米	260 元以上
双层玻璃		胶膜	12 ~ 36 毫米	300 ~ 500 元
双层玻璃	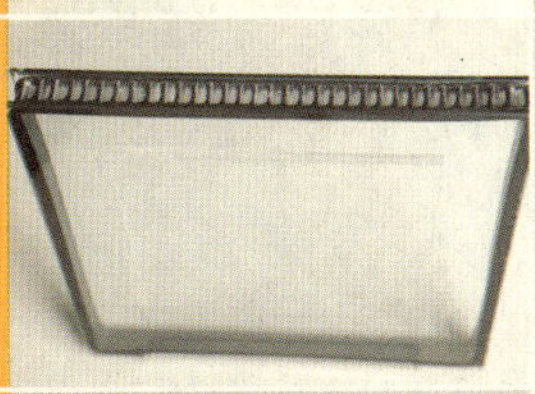	铝条	12 ~ 36 毫米	300 ~ 500 元
单片玻璃	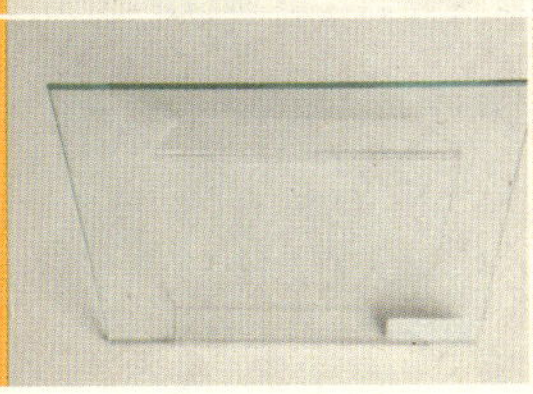	无	3 ~ 19 毫米	约 80 元

Board / Compartmented

清玻璃间隔墙

厚度超 1 厘米承重佳

兼具“间隔”与“放大”用途，解决光线问题

玻璃，有着轻盈的质感，加上视线可穿透，因此让它能身负“间隔”与“放大空间”这两个相冲突的功能。另外，玻璃透光的特性，也可解决房间昏暗的问题。因此在小面积住宅设计中，是室内设计师最常使用的建材之一。

在小面积住宅设计中，玻璃是最常使用的建材之一。

0.5 ~ 0.8 厘米厚的宜纯装饰

玻璃种类繁多，顾及安全性，目前居家都是运用强化玻璃，就算打破了只会碎成颗粒状，与一般玻璃碎片相比，较安全；强化玻璃依厚度来分，有 0.3 厘米、0.5 厘米、0.8 厘米、1 厘米，完全未加工处理的一般称为“清玻璃”。

清玻璃常被运用当间隔墙，其透明特性让视线穿透无碍，可加大空间感。但当间隔或置物层板用的清玻璃，最好选厚度为 1 厘米的，承载力与隔音较佳；0.5 ~ 0.8 厘米厚的则适合当衣柜等柜体的门板，或是纯装饰的部分。

安全性比强化玻璃更高的则是“胶合玻璃”，由两片玻璃组合而成（最常见的为厚度 0.5 厘米＋ 0.5 厘米），中间有层胶黏合，可让碎片连在一起而不飞散，常做间隔墙。

清玻璃常被运用当间隔墙，加大空间感。

加工玻璃的使用可适当保有隐私。

加工玻璃，保留光线也保留隐私

玻璃建材可给人轻盈感，采光极佳，但清玻璃隐私性较低，除了加装窗帘来遮蔽外，还可选择加工处理的玻璃，如磨砂玻璃、纹理玻璃、雾面玻璃，以达到“透光不透景”的效果，保护隐私。纹理玻璃是直接将图案烧在玻璃上，如波浪、竹叶、花朵等，可再加上磨砂或染色处理，不过价格较贵，比清玻璃每平方米贵 100 元左右，所以多半运用在装饰部分墙面或柜体。

清玻璃还有个缺点，就是无色彩，不过，为了迎合各式现代风或古典风，烤漆玻璃应运而生。运用烤漆技术将玻璃上色，就有多种色彩可选，又带有玻璃光泽。

烤漆玻璃镜面效果

黑色烤漆玻璃类似墨镜反射效果，但想有镜面反射的效果，选镜面建材较好，反射清晰，价格适中。

双层玻璃组合又发展出新花样，两层之间可“夹”的物质不少，像宣纸、金银丝线、纱质布料等，甚至金属编织网都行，各个呈现风格不同，宣纸玻璃比较偏东方味，金丝玻璃就很现代，纱质布料则视图案的不同而有更多风味，金属编织网则是贵气逼人，这些双片玻璃组合的价格视“夹”物质而定，一般每平方米260元左右。

↑双片玻璃组合中间可夹不同材料，创意灵活度更高。

KNOWLEDGE BUILD UP

建材须知▲双片组合型玻璃须防潮

选择双层组合型的玻璃产品，要注意防潮。像宣纸玻璃可要求用“防水”宣纸，因为清洁擦拭时，难免会有湿气进入，防水宣纸耐久性较佳。另外，夹纱玻璃的布料必须与玻璃密合度要好，不然，日子一久，易有皱折产生。一般有粗孔的纱料较佳，因为胶料可渗透布料，黏合度较好。

玻璃小档案

*本书所列价格仅供参考，实际售价请以市场现况为准。

种类	玻璃	清玻璃	加工玻璃	胶合玻璃	烤漆玻璃
特点	受外力重击容易碎裂，安全性低。	为强化玻璃的一种，但完全未经加工处理，安全度较高。	如磨砂玻璃、纹理玻璃、雾面玻璃等，可达到“透光不透景”效果，光线不受阻挡，但保留隐私。	由两层玻璃组合而成，中间有层胶黏合，可让碎片连在一起而不飞散，常用作隔间墙。	运用烤漆技术将玻璃上色，有多种色彩可选，亦带玻璃光泽。
价格（每平方米）	约80元	约280元	约380元	约260元	约260元

↑烤漆玻璃有多种色彩可选，图为红色烤漆玻璃门，相当抢眼。

Board / Compartmented

特殊玻璃

花样超新奇

利用夹布玻璃和精雕玻璃，定做个性化玻璃

你对玻璃的想象，还停留在常见的烤漆、透明或夹纸玻璃吗？现在，你可以尝试一下自行挑选布料图样或输出影像夹在双层玻璃中的夹布玻璃，或用手工雕刻和人像的精雕玻璃，定做个性化玻璃，装点你的空间。不过，价格却比常见平板玻璃或磨砂烤漆玻璃贵 1 倍以上。

精致品位，独特风格设计美感

特殊玻璃已经有十多年历史，种类区分为夹布玻璃、影像玻璃、烤漆玻璃、精雕玻璃和白板玻璃等。夹布玻璃是在双层玻璃间夹着布料，布料的花样，可增添玻璃视觉美感，消费者可自行购买布料，再送来检定布料是否有抗油抗水特性。

如果布料本身具抗油抗水特性，在高温接合过程中，产生的水气若被布料排斥，就无法夹在玻璃中间。也就是说，只要布料本身未具抗油抗水性，就可依消费者需求定做。使用在室内空间中，个性感强烈。

↑影像玻璃的制作方式和夹布玻璃相同，需先将欲使用的影像输出后，夹在双层玻璃中即可。

特殊玻璃可随意清洗，不会磨损表层。

不同特殊玻璃的制作方式

影像玻璃的制作方式和夹布玻璃相同，将客户喜好的影像输出，夹在双层玻璃中。烤漆玻璃制作方式可分为磨砂、滚筒平版刷和高温烧釉三种。

磨砂和滚筒平版刷，色泽容易磨损，且磨砂方式的色泽，随时间累积，有变色可能性。高温烧釉的色泽清丽且不会出现磨损和变色问题，但单价较高。精雕玻璃依图样复杂程度定价，普遍价格每平方米 2100 元。先用手工方式雕刻图像，再用高温烧釉完成，从下订单到取得成品，需要 10 个工作日。具磁性的白板玻璃，大多使用在儿童房，可当涂鸦墙。

特殊玻璃，价格比普通玻璃贵 1 倍

和传统亚克力白板最大不同处在于，亚克力材质无法用清洁剂清洁，但特殊玻璃可随意清洗，不会磨损表层。一般来说，特殊玻璃很少用于居家空间内，因为成本较高，夹布玻璃每平方米价格 360 ~ 630 元，比普通平板玻璃贵 1 倍。如果想用影像玻璃装饰空间，尺寸若较大，建议可将影像模糊化，才不会让空间焦点失散。特殊玻璃装点小空间，能呈现个人风格，若要使用大尺寸，要留意运送时，大小尺寸是否便于运送。用整片玻璃取代大理石或板岩等石材墙面，价格较低廉。

KNOWLEDGE BUILD UP

建材须知▲材料不贵，贵在加工

其实玻璃本身原料成本并不贵，贵在加工部分。比方在双层玻璃中夹布料或影像输出，就必须先测试布料本身是否具抗油抗水性，在烧制过程中还要留意时间或原料比例的控制，失败概率偏高，制作比较复杂。然而，玻璃可塑性高，适合用在空间或家饰上，比如玻璃开关面板，可依客户需求订制，特殊且耐用。建议可以先考虑居家空间的风格和特性，再挑选适当的花样或种类，让居家的整体空间感一致。

特殊玻璃小档案

材质	玻璃。
特点	分为夹布玻璃、影像玻璃、烤漆玻璃、精雕玻璃和白板玻璃等。
价格	较普通平板玻璃贵 1 倍。

*本书所列价格仅供参考，实际售价请以市场现况为准。

Board / Compartmented

影像玻璃

花样千变万化

图案变化可随心所欲

影像玻璃是指加了彩色图案的玻璃，保有坚硬、好清洁的玻璃特性，视觉上却可以有千变万化的表现，很适合拿来装饰客厅主墙，或是橱柜门板，市价每平方米约 2000 元。但玻璃不透光，且图案只能做单面。如果希望玻璃上有图案，一般是利用胶合玻璃，在两块玻璃中间夹布纱、棉纸等材质，利用高温借 PVB 中间膜将纱布和玻璃黏合在一起。然而，两块玻璃等于重量加倍，以 100 厘米 ×200 厘米大小的门板，每块玻璃厚度 0.5 厘米来说，重量为 50 千克，力气小的人甚至会拉不动。

防爆裂，碎片不飞出

影像玻璃使用胶合玻璃技术，但是只需要单层玻璃，重量比较轻，而且图案可自由选择，变化多。

影像玻璃的制作方式是将热溶胶膜放在 PP 纸（大图输出的塑料耐热纸片）和玻璃中间，抽真空后，以 100 ~ 120℃的温度烧黏。

多了一层黏膜，影像玻璃可以防爆，爆裂时碎片不会飞出。热溶胶膜也可以用太阳能 EVA 膜取代。

然而，影像玻璃不透光且图案只能做单面，比较适合装饰墙面或当柜门，不适用双面都要很美观的间隔墙或玄关。除非，背面另外处理，例如贴上仿木纹贴片，或整片做成半透明雾面磨砂。

↑衣柜和壁橱门板也很适合使用影像玻璃，甚至可以成为室内设计的亮点。

↑结合时钟，变得更实用。

←花布也能做成影像玻璃，使布面产生光亮效果。

影像玻璃是客厅主墙、背景墙的另一种选择。

房间拉门因为美丽的花卉图案与玻璃质感而充满灵气。

KNOWLEDGE BUILD UP

建材须知▲变化性胜烤漆玻璃

影像玻璃就是将彩色图案加到玻璃上，如果大图输出纸加上银粉，还能创造出亮片效果，质感很像烤漆玻璃，但影像变化性比烤漆玻璃丰富。照片也可以做成影像玻璃。

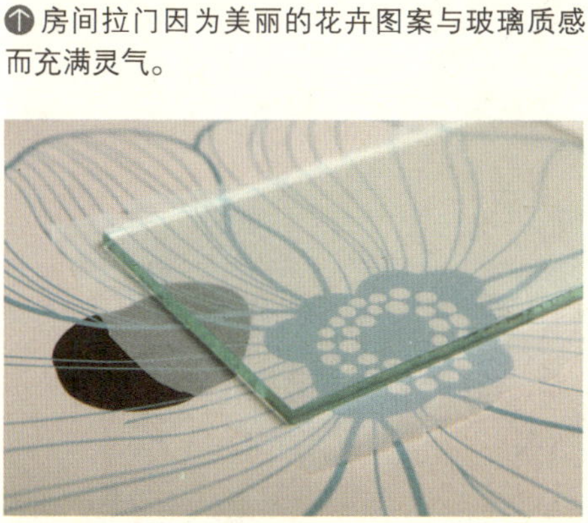

影像玻璃的制作材料，由上而下分别是玻璃、热溶胶膜、PP大图输出纸。

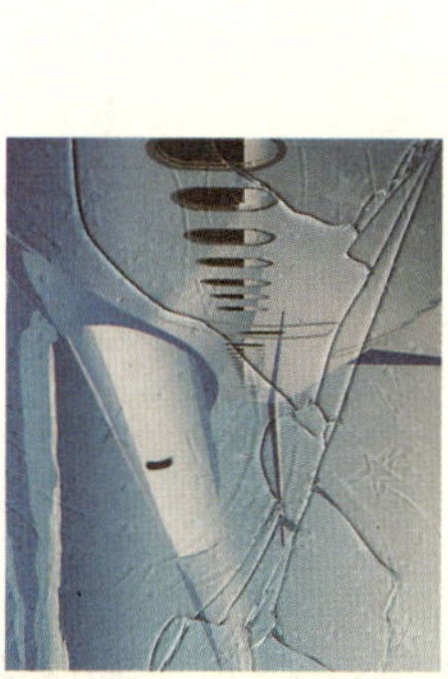

影像玻璃爆裂后，因为中间有黏膜，碎片不会飞散。

半透明的雾面磨砂影像玻璃。

Board / Compartmented

琉璃建材

定做艺术居家

手感独一无二

琉璃建材多为手工制作，图样、大小可按照使用者的需求量身打造，在空间装饰上，不但艺术性高，更有独一无二的优势，加上可当作屏风、门板，或镶嵌在各式家具上，一直是许多设计师偏爱的建材之一。

量身打造，呈现多元化氛围

琉璃建材因具有特殊质感，除本身功能外，亦有艺术典藏价值，使用在住家、商业空间愈来愈普遍。将琉璃建材用在屏风、门板、门把、窗户、桌椅、甚至天花板、地板、间隔墙等地方，已经是目前室内设计常见的现象。在应用上，若能配合适当的灯光，透过光的照射，可以让琉璃呈现出不同的变化和气氛，为空间营造出1加1大于2的效果。

↑ 5米的金色吧台，上有牡丹花的琉璃装饰。

↓ 琉璃建材艺术性高，可美化居家空间。

↑琉璃适用于室内外建材、景观规划，图为以琉璃制成的拉门。

室内设计师新宠

琉璃建材由于定做化程度高，尺寸大小不一，市场上以正方形：20厘米×20厘米、30厘米×30厘米、60厘米×60厘米分较普遍。设计上，依照需求可作各样变化，价格落差也很大，大小、厚度、设计是计价的主要标准。需要先根据客户需求，现场丈量后、知道用在什么地方，再依设计图案、评估开模及技术难易度等，综合所有需求，厂商才能估价。

局部使用效果佳

琉璃建材可整片拿来做拉门、屏风，也可将小的琉璃砖镶嵌在门板、桌面或任何不影响安全性的地方，发挥使用和艺术欣赏兼而有之的功效。选购时，用眼睛仔细看纹路、再用手摸摸看触感，是最直接、基本的方式。由于琉璃砖多半为局部使用，不太可能作全部组合。使用在室内空间，最好先想清楚玻璃图案的意境、颜色、形状，以及要放在什么地方，才能达到最好的效果。

↑结合了LED灯的巨型琉璃牡丹墙，如梦似幻。

居家也能充满梦幻艺术感

不过，虽然琉璃适合局部装点使用，但还是能借助技术，从点的运用延伸到空间，大面积使用，将琉璃带入居家生活。像是由琉璃结合石材与木材等不同材质而成的琉璃牡丹墙，加入LED灯，从地板、壁面延伸至天花板，散发如诗如舞的美丽。

整面巨幅琉璃牡丹墙是经过无数次实验，才成功将琉璃镶嵌在石材或木材内，且将LED灯具镶嵌在内，让琉璃墙能散发红、橘、绿、蓝、紫及渐变色的多色变化。

琉璃建材小档案

特点	透光、艺术性高，可定做。
运用	可整片用作拉门、屏风，也可将小的琉璃砖镶嵌于门板、桌面或任何不影响安全性的地方，发挥使用和艺术欣赏兼而有之的功效。
尺寸	以10厘米×30厘米、20厘米×20厘米、30厘米×30厘米、60厘米×60厘米等较普遍，定做化程度高。
价格	依大小、厚度、设计决定价格。

*本书所列价格仅供参考，实际售价请以市场现况为准。

KNOWLEDGE BUILD UP

建材须知▲搭配灯光表现质感

琉璃建材在室内设计上，很能表现艺术性和质感，其使用方式完全因人而异，不过千万不要想得太严肃，建议搭配灯光最能表现质感。像是在一面书柜上，若在其中的一个或几个格子嵌进琉璃砖，再从背后投射灯光，整个书柜、甚至整个书房的气氛都会完全不同。

另外，能够量身定做也是琉璃建材的优点。对使用者来说，找对自己有意义的图案，请厂商定做，大一点可以做屏风，或切割成好几个不同的小图案，嵌进门板、桌子里，就能做出对自己有意义、完全独一无二的家具。

⬆玻璃建材艺术性高、透光性佳，住家使用多以装饰、间隔为主。

 注：此类建材在中国台湾地区较为多见，目前中国大陆尚未普及。

Board / Compartmented

陶粒轻间隔

防火隔音佳

实用性高，可回收利用

时下流行的轻间隔，若兼具隔音防火的功效，能让生活质量更加提升。以 CFC 预制板做轻隔间，具备防火、隔音、保温和抗高压等优点，且可回收再生利用，更能直接上坯土粘贴瓷砖，或表层上漆料，实用性高。缺点是表层有细孔，所以不防水，若使用在浴室间隔，必须在表层涂上防水涂料。

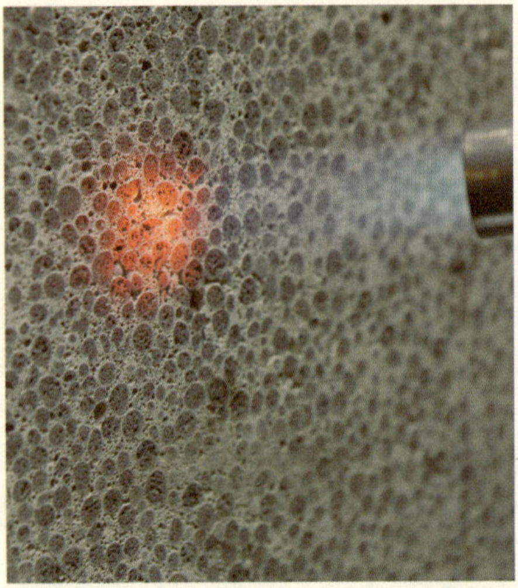

↑ CFC 预制板，具有防火效果，可耐火逾两个小时。

节省预算，施工便利

传统间隔采用砖墙，成本高且质地厚重，随着室内装修进步，开始吹起轻间隔的风潮，既节省预算，且施工便利。CFC（Ceramic Ferroconcrete，陶瓷钢筋混凝土）预制板采用质地轻的进口陶粒、水泥、沙子和钢筋铸成，具有隔音、防火、保温和高抗压等优点。

现场组装，干式施工

产品中陶粒面积占 85%，陶粒是以黏土经 1000℃以上高温窑烧完成，也是让产品具备防火、隔音、质轻特点的主要功臣。每块 CFC 预制板有固定规模尺寸，宽度固定 50 厘米，长度依照楼高不同介于 200 ~ 500 厘米之间，都先在工厂生产再运送到施工地点。

和传统砖造间隔施工不同处，在于采用干式施工，接缝处以灌浆方式结合成完整墙体，施工便利且干爽，平均 130 平方米的空间施工仅需一天时间。但是，若产品进场时运货的楼梯间或电梯高度不够，则不利于产品进入。传统的砖造或木板间隔可先运送原料，在现场施工裁切。

↑ CFC 预制板剖面，一粒粒的黑点是陶粒。

墙面可直接贴瓷砖

由于CFC预制板的墙板表面是切割面，平整度和石材相当，墙面无须再找平处理，更可直接粘贴瓷砖、壁纸装饰墙面。若要上漆，由于表层有细小孔隙，可先刷上一层水泥浆，再上油漆。但表层的细小孔隙，也让产品不具备防水功能，若在浴室使用，必须在表层涂防水漆。

传统砖造墙面价格较贵，木材隔间虽然也轻盈，但是不隔音防水，在使用上有些不方便，而专卖隔音板的建材，在壁内加进内含角材、隔音棉和石膏板等的断音层，也具隔音效果，但价格较贵。

KNOWLEDGE BUILD UP

建材须知▲承重受限，不适合做地板

CFC预制板属于实心板，不管用于室内外，若不刻意用重物敲击或用电钻钻孔，都不会变形，因此许多人担心日后要埋设管线会不方便。事实上，因为材质还是没有传统红砖坚硬，所以若要切割、挖槽或埋管皆可。

CFC预制板也具有承受重物的特性，可直接钉铁钉或钢钉，承重大约有600千克。因为属于轻建材，故使用功能还是以室内隔间为主，不适合用作地板或天花板。

↑ CFC预制板，不仅功能性强，其质地轻盈还能浮在水表面。

↑ 内含85%的陶粒，正是CFC预制板具有隔音效果的功臣。

常用间隔墙小档案

*本书所列价格仅供参考，实际售价请以市场现况为准。

种类	CFC预制板	水泥中空板	红砖
重量	68千克/平方米	88千克/平方米	220千克/平方米
防火性	2小时	1小时	1小时
隔音效果	44%	33%	31%
材质	水泥、陶粒	石膏板	红砖
环保度	可回收	不可回收	不可回收

Board / Compartmented

发泡隔热板

隔音防水又保温

环保建材，可百分之百回收再利用

发泡隔热板质地轻盈，可百分之百回收再利用，属环保建材，且具隔热、防水、隔音及保温特性，被广泛运用在外墙、屋顶、门板、隔间及榻榻米夹层里，台北市内知名豪宅“信义之星”顶楼就采用发泡隔热板。不过，缺点是怕紫外线照射，上层须再加设保护层。

可做顶楼铁皮内里

过去隔热或防水建材常用泡沫塑料，但因材质有细孔，当被破坏、吸入水分或经过 3 ~ 5 个月使用后，有的会开始分解，最常见就是一颗一颗脱落。不过，发泡隔热板则为闭孔式结构，组成分子较小，不会吸水，拿来做地下室外墙、顶楼铁皮内里、地基时，有防水隔热优点。

以顶楼防水层来说，传统施工法为铺设砖块后再上防水层，若防水层破损即失去防水功能；若采用发泡隔热板，在传统施工的防水层上，铺设发泡隔热板后，要再加上点焊钢丝网，最后才灌入具保护作用的轻质水泥。

↑发泡隔热板可当天花板，样式多，可依居家风格挑选。上为方格花纹。下为表面有颗粒状。

可隔绝外墙湿气

发泡隔热板铺设外墙，像是让房屋穿上羽绒衣，可阻挡湿气进入，还有保温作用，适合湿气较重的山区或海边住家。发泡隔热板也被广泛运用在门板、隔间夹层，或当天花板、榻榻米的材料，具有轻盈、隔音优点。过去的榻榻米只要一碰到水，底层就容易发霉、生虫，改良后上下层为榻榻米、中间夹入发泡隔热板，可阻绝水气，榻榻米底层不用担心发霉问题。

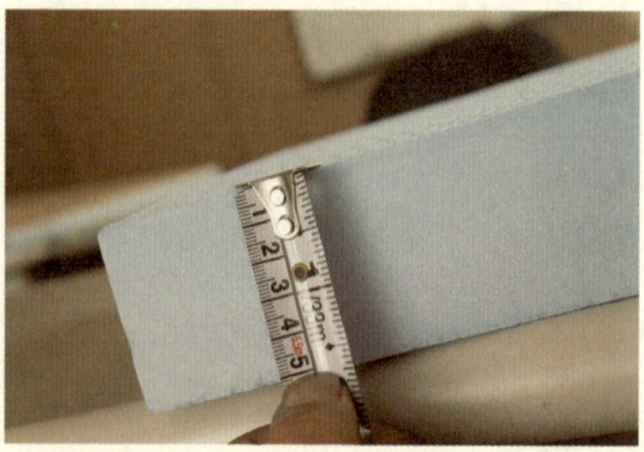

↑ 5 厘米厚度的发泡隔热板较贵。

↑铺设榻榻米垫的日式和室。

↑榻榻米中层夹有发泡隔热板。

KNOWLEDGE BUILD UP

建材须知▲减噪声、降湿气

实木地板触感温润，受到很多人喜爱，但使用时间一久，木头会热胀冷缩，行走间易产生噪音；建议在实木地板施工前，先在地板上置入发泡隔热板，然后再铺设实木地板，可阻绝地面湿气往上蹿，降低湿气问题，可减少木地板变形。

阴雨天不宜施工

若要做发泡隔热板间隔，施工前须留意天气好坏。好天气施工等干要 5 天，不建议雨天或阴天施工，避免层板吸进湿气。价格方面，2.5 厘米厚的发泡隔热板，每平方米 60 ~ 395 元。就产地来说，大陆产的质量比较难控制，中国台湾地区产的质量跟欧美进口差不多，但两者价差大。

发泡隔热板小档案

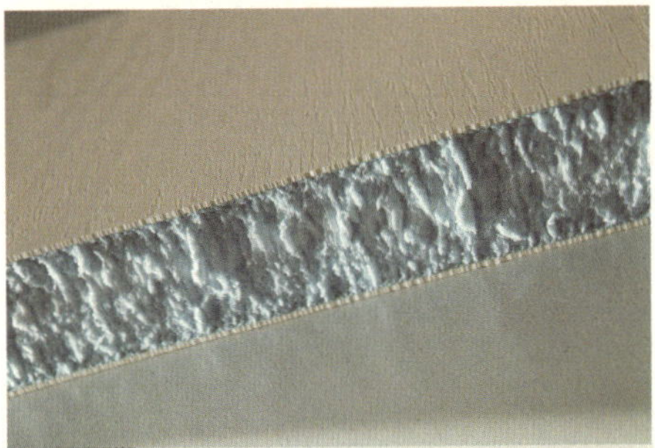

优点	1. 可回收再利用，节能环保。 2. 质地轻盈、隔热、防水、隔音及保温。
缺点	怕紫外线照射，上层须铺设保护层。
运用	外墙、屋顶、门板、间隔及榻榻米夹层。
价格（每平方米）	60 ~ 395 元

*本书所列价格仅供参考，实际售价请以市场现况为准。

Board / Compartmented

定向纤维板

环保低甲醛

可做装饰或结构材

定向纤维板又称定向粒片板，或简称“OSB 板”，是种将木材切碎后，交错叠合碎屑压制而成的木板，可当装饰或结构材，强度高于木芯板，且不限于取用原生木种，故为环保建材。但在叠合压制过程中，因碎屑尺寸不一致，故板材会有些微厚薄落差，讲究装潢极度平整的屋主，不建议以此当装潢表材。

⇧定向纤维板通常拿来作为装饰或结构材。

取用细径木材碎屑

常见 OSB 板的素材为白松木、白杨木，来自欧美再生森林，另有国产的白桦木种。一般实木须取自生长数十年的原生木种，直径要够粗，才能当木料；OSB 板的碎屑结构，采细直径木材也无妨，可用生长 3 ~ 5 年的再生林木，减少原生林破坏面积，故属于环保建材。

可防水防尘

压制前依垂直、水平方向，交错倒铺碎屑，近似编织的排列方式，能强化木料咬合的紧密度，因此比起多层平面木薄板或涂上胶合剂压制成的木芯板，OSB 板仅需极少量胶剂，便有优于木芯板的强度，大幅降低甲醛释放量。此外，木屑间少许缝隙，某种程度保留了建材吸收水分、热胀冷缩的弹性，使用久了，也不易产生变形或破裂的问题。

OSB 板适合铺于壁面或装饰地面，也可制成家具的夹板，因是最后一道制造程序，会以蜜蜡打磨形成防护膜，故看似有纤维毛孔，其实也具防泼水、防尘的效果。

原木色调面积较多的居家，局部掺入 OSB 板当壁面或门板，能令纹理组合产生变化。而偏现代风的空间，可先磨去表层蜡质，透过木工染色，借板材的纤维、缝隙，产生自然渐层晕染效果，取代壁纸缔造具有手感的肌理。

⬆原木色调面积较多的居家，局部掺入 OSB 板当壁面或门板，能令纹理组合产生变化。

⬆木屑间有少许缝隙，故使用久了也不易产生变形或破裂的问题。

KNOWLEDGE BUILD UP

建材须知▲可向厂家订购

OSB 板的厚度从 0.24 ~ 0.9 厘米均有，但若购买 1.8 厘米却自行剖成 0.9 厘米的厚度来使用，将破坏表面完整度，减弱咬合强度与板材坚固性。此外，一般店铺并不直接出售 OSB 板，想装饰家中局部墙面，或制作可随意钉图钉的留言板，可向厂家订购。

定向纤维板小档案

＊本书所列价格仅供参考，实际售价请以市场现况为准。

		特点	价格（每张）
白松木		木材密度较高，故碎屑可切割较小片，表层较光滑，木板的强度较佳。	165 ~ 205 元
白杨木		木材毛细孔粗大，碎屑切片较宽，故表层摸起来略为粗糙。	145 ~ 175 元

Board / Compartmented

风化板

木纹鲜明好装饰

可贴覆于家具或柜体上

风化板有实木板和贴皮夹板两种，皆运用钢刷磨除木纹中质地较软的材质，使表面呈现仿风化的斑驳、纹理凹凸感。除此之外，风化夹板还能贴覆家具或柜体。可风化加工的木种中，梧桐木最常见也最便宜，224 厘米 ×122 厘米 ×0.5 厘米的板子，每张 100 元起；进口品价格 500~2000 元。

梧桐风化板因木料剖面不同，有直纹（左）和山形纹（右）两种不同效果。

梧桐木不宜铺地板

风化板是利用滚轮状钢刷机器，磨除纹理中较软的部位，增强天然木头的凹凸触感，创造更粗犷的原始效果。钢刷处理的风化板，深浅效果是凭木材种类而定，并非刷愈多次、凹凸就愈清晰，通常以钢刷两次为上限。

目前最常见的木种为梧桐木，因材质便宜，以同尺寸（224 厘米 ×122 厘米 ×0.5 厘米）实木风化板来说，每张梧桐风化板是 100 元起，且相较于其他木种，梧桐木重量最轻、色泽最浅，能牢固贴覆在壁面或柜体，若想洗白或染特殊色，成色效果也最好。但梧桐风化板质地较软，不适合当地板材，以免踩久或家具压覆其上会造成凹痕。

磨砂手法，工钱较高

钢刷是快速而平均刷出木材表面纹理，另有磨砂磨除的处理手法，能局部加强纹理深浅差异，对付质地更硬的橡木、柚木，选择磨砂处理才有效。但磨砂属定制类风化工法，同样尺寸的板材，工钱平均比钢刷贵 3 倍左右。

⬆风化木夹板是表层贴覆钢刷实木皮，需有一定的厚度，才刷得出深浅触感。

⬆梧桐木质地轻、好染色，无论是实木或夹板皆受欢迎。

⬆南美桧木实木风化板，因木材属性，钢刷处理后凹凸感最鲜明。

KNOWLEDGE BUILD UP

建材须知▲山形纹凹凸感强

风化板的纹路，概分直纹与山形两种，是受木料劈砍部位、方向影响，与价格无关。但山形纹木料经风化处理，凹凸感比直纹来得鲜明，装饰味较浓。

风化板小档案

成分	各式木料实木板或贴皮夹板，以梧桐木最常见。
表面效果	表面天然木纹经钢刷加深凹凸触感，若想加强局部纹理，可选喷砂工法。
特点	多作为室内壁材，也能贴覆门板、柜体或桌面。
缺点	怕潮湿，不适合大面积用于浴室、厨房，不可做地板材。
价格（常规尺寸每张）	100 元起，进口品价格 500 ~ 2000 元。

*本书所列价格仅供参考，实际售价请以市场现况为准。

椰壳板

打造东南亚风情

颜色单调，可用油漆换色

椰壳板是切割干燥椰壳，经过去丝、磨光后，切成一片片的椰壳，再由手工拼组粘贴于木夹板上的装饰板材，纯人工编排的制作过程，使板材具多样且片片独特的纹理效果，可运用在壁材或做成屏风，迅速为空间塑造东南亚风情。每平方米约 380 元。色调只有原色与染白两种选项，得自己用油漆刷涂才能换色。

椰壳板可迅速打造东南亚风情。

纹理独特，适合当壁面柜门装饰板

椰壳板的原料多来自越南，将椰壳晒干硬化、稳定材质，再剥除表面鬃丝，进行抛光。抛光后的粗胚仍具曲面，再切割成 2 厘米 ×4 厘米，或 2.5 厘米 ×5 厘米的矩形椰壳片，经整修打磨边角，让椰壳的边线整齐且底面平滑后，便由人工贴合在木底板上，约有 1 厘米厚；由于每一片都是经由手工粘贴上去，需多人合力完成，因此无法快速生产。

椰壳艺术板除了适用于屏风、壁材外，也能运用在柜子的柜面。将椰壳一片片拼贴起来，弯曲的弧度，视觉上很具立体感，也能为居家增添东南亚风情。

椰壳干燥后切成的小片素材，降低曲面弧度，方便组成平面板材。

⬆住家内墙面使用大片椰壳板装饰，打造东南亚风情。

吸音效果优于白墙

椰壳板有不同方向的贴排纹理，其实可当视听间板材，虽非专业隔音材料，没有绝佳隔音效果，但椰壳片间留有凹凸缝隙，比白墙更具吸音功效，且能塑造休闲风格。

椰壳属于天然材料，经过磨光后，多半呈现咖啡色系，差别只在于深浅度。深浅度与椰子生长时间有关，生长时间长，椰子长得越大，壳会越厚颜色也较深；时间短，椰子较小，外壳较薄颜色也较浅。但工厂生产的椰壳板，不但规格固定，连色彩也只有椰壳原有的棕色，及结合洗白技术所产生的白色系两种选项。加上椰壳其实不易吃色，只能用洗白的方式塑造白色调，若硬要换颜色，只能直接涂油漆了。

视住家环境，适当涂刷保护漆

消费者选购椰壳板，应该就是喜爱它自然的肌理，事实上，椰壳板连保护漆都不太需要，因为本身硬度高，又经过烘干程序，防潮、防蛀性都能与实木板材抗衡。但不上保护漆，长期和空气接触，会因温度和湿气变化而氧化，出现泛黄色泽，且湿气重的环境会加速氧化，所以若住家身处湿气重的区域，想大面积使用椰壳板，还需涂透明保护漆，不破坏原色；或援用木皮染色的工法，一方面，加深椰壳本身色泽。另一方面，堵塞天然毛细孔，便能预防发霉问题，延长椰壳板使用寿命。

除此之外，因为椰壳有弧度，在拼贴时会有空隙，容易产生卡灰尘的问题。清理时要注意，可用干布拂去表面灰尘，再用布蘸水擦拭即可。

椰壳艺术板分类：由左至右分别为一般椰壳、洗白椰壳、亮面椰壳。

各种纹样椰壳板。由左至右分别为直编洗白椰壳板、乱纹椰壳板、人字形椰壳板及椰侧板。

椰壳艺术板拼贴法一览

1. 复古板：椰壳板以横向且平行方式排列。

2. 二拼板：直、横向的排列，以“二”字为图样。

3. 回字板：直与横的方向，拼出“回”字图。

4. 不规则排列：将椰壳敲碎后，拼贴出不规则样。

KNOWLEDGE BUILD UP

建材须知▲边线裁切平整好拼贴

壳艺术板目前多为东南亚国家生产制造，为了顾及质量，建议选购椰壳板时，可从椰壳边线的裁切有无平整来做挑选，若裁切不齐，拼贴时无法整齐划一，会影响整体美观。

椰壳板小档案

成分	干燥椰壳胶合在木夹板上。
纹样	有乱纹、人字纹、直纹等拼组方式，皆为人工贴覆，每片有天然深浅变化。
运用	装饰壁材或柜门门板。
特点	硬度高，防潮、防蛀，大面积使用有些许吸音效果。
价格（平方米）	约 380 元

＊本书所列价格仅供参考，实际售价请以市场现况为准。

Board / Compartmented

竹材间隔

需涂桐油防潮

保养妥当可用 10 年，室外 2 年更替一次

竹子运用范围广泛，从天地壁、轻间隔到家具皆可，但视其口径大小不同，各有装修用途，如桂竹多用来做间隔，白竹则适合拿来美化地壁面。经过防腐、防蛀及防潮处理的室内竹材，保养妥当可使用 10 年以上。依种类及口径大小计价，整根竹材单价从 6 ~ 18 元不等。

孟宗竹可做主体，桂竹、墨竹用作轻间隔

竹材经 200℃以上的高温烘烤出油，稍加碳化，以防止日后因温度变化而龟裂，再涂装桐油及亮光漆以防腐、防水。不只如此，竹子浸水后即会释出自然的防腐元素，不过一般亦会添加药剂以防虫蛀，并在底层粘贴薄薄一层的棉纸，以抑制变形。

竹材常见的材质可分孟宗竹、桂竹、白竹及墨竹，其口径大小不一，口径 12 厘米以上的孟宗竹，被裁切成薄片后，降低毁损的可能性，就能突破传统的不防潮和容易变形的缺点。虽然在竹子表层涂抹防水漆料，能达到防潮效果，经过完整的防腐、防蛀处理后，因支撑力强，也可当房屋的主体结构，但表层还是要尽量保持干燥。口径在 4 ~ 6 厘米的桂竹、墨竹，则可用来作轻间隔；口径在 4 厘米以下的白竹则适合当地壁材，用来装饰墙面或地面。

←虽然竹材表层涂有防水漆料，但还是要尽量保持干燥。

↑竹材若保养妥当，可使用 10 年以上。

价格比原木贵 1 倍

采用竹制建材，比一般原木建材价格贵 1 倍。竹建材的抗拉折强度比木建材高出 1.5 倍以上，也比树木多释放了 35% 的氧气，且能吸收二氧化碳，能维护生态平衡。

目前竹制建材可区分为竹地板和竹薄片两大类。虽然竹子本身具有环保功效，但是碍于目前的技术层面，在制作地板时，还是必须使用木制合板，在表层粘贴薄竹片，并在底层黏着静音防潮泡沫垫，同时增强地板的弹性；薄竹片可粘贴壁面或家具，使用范围广。

将竹节两端固定，再旋切竹身制作薄竹片，图中竹节为旋切后的最后样貌。

旋切、剖切纹路不同

薄竹片依照裁切方式不同，可凸显竹子的自然纹路。采用旋切方式的薄竹片，是利用机器架住竹节两端，旋转的刀片将竹子切成薄片，可在产品上看到细长的竹节纹路，43 厘米 ×250 厘米大小的价格是 70 元左右。

采用剖切方式的薄竹片，则是以垂直的刀法将竹子切成细条状，再拼接成细长竹条，呈现不同视觉感受，尺寸 50 厘米 ×200 厘米大小的价格是 50 元左右。薄竹片可粘贴在壁面、门板、家具上，随消费者喜好定做。

竹地板的剖面照，将薄竹片粘贴在木制合板上，并在底层粘贴静音防潮泡沫垫。

薄竹片除了有自然风味外，还有透气、通风特性，应用广泛。

室外竹材平均 1 ~ 2 年更换一次

竹材虽经防水、防腐与防蛀处理，但因表面无毛细孔而缺乏张力，不似木材易承受日晒、湿气造成的热胀冷缩。若用于室外或环境较潮湿的室内环境，须频繁上漆维护或更换新材，否则不建议大量采用竹材来装饰空间。日常保养方面，用于室外的竹材须承受风吹日晒，3 ~ 6 个月就要重涂亮光漆，以避免水分渗透而腐化。即便如此，长期下来仍会因直接曝晒，造成竹材褪色，平均更换频率为 1 ~ 2 年。

运用于室内的竹材，因不必面临日晒雨淋，仅需 1 ~ 2 年补涂桐油防潮，偶以拧干的抹布擦拭灰尘，用吸尘器或干布擦拭，禁用湿布，以免竹子吸进水分，造成变色，只要保养得当，竹材寿命可维持 10 年以上。若想符合室内空间风格，维持竹材外观的自然光泽，也可省略上亮光漆的程序。

室外的竹材平均 1 ~ 2 年更换一次。

趁生长期挑买原竹

一般竹子被砍下后，表面原为青色，但此色不易与一般室内装潢颜色搭配，所以经“去青”处理，将颜色变成黄白色，才易融入室内装修。若设计师对颜色有别的要求，也可在去青后的原竹表面涂漆变色。

选购原竹时，最好在农历九月到来年农历三月挑选，因为此时正是桂竹生长期，品质较佳。若没有造型的考虑，外观以无斑点者佳，形状则是越直越好，因为当原竹并列排列时，外观会较整齐，空隙也较小。至于竹子的斑点黑纹，因自然竹本身就有曲度，处理时会以炭火加热拉直，在加热过程中，会留下烤过痕迹，但有时竹子上的斑点原本就存在，并不一定是人工造成的。

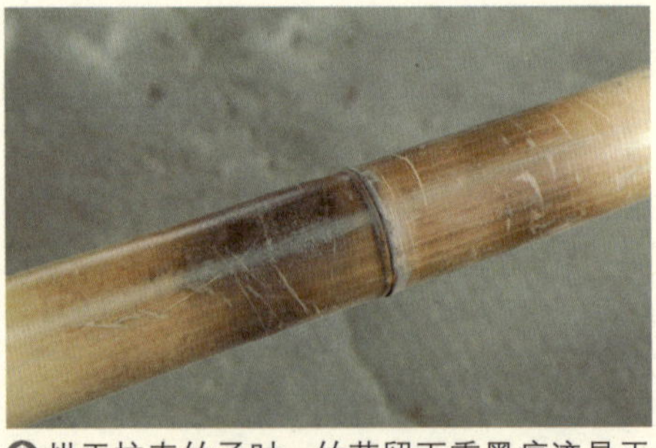

烘干拉直竹子时，竹节留下熏黑痕迹是正常现象。

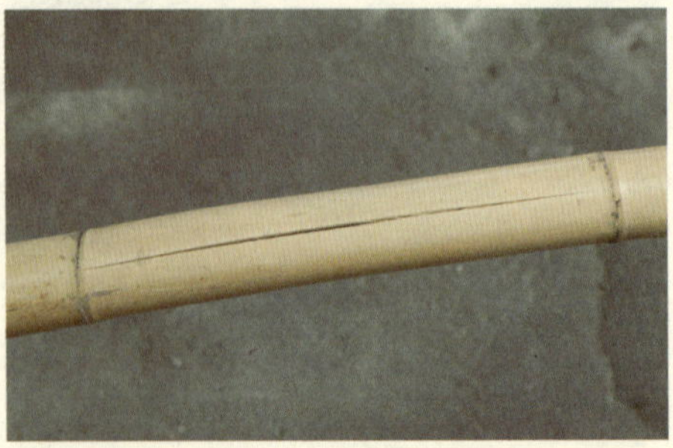

若竹身出现裂痕，则不宜选购。

↑搭配竹薄片灯饰，可强化空间的立体感。

采取重点式运用

竹建材可以重点式运用，例如，地板可以铺出卧室，延伸到客厅、餐厅等公共空间；透天露台或别墅，可连楼梯也一并铺设。另外，将竹建材以地板加门板的方式呈现，或是在空间里摆上两件薄竹片面材家具，甚至搭配薄竹片灯饰，可强化空间的立体感。若买薄竹片或竹壁板自行裁切施工橱柜流理台，与购买现成品相较，还可省下设计费用，值得考虑。

KNOWLEDGE BUILD UP

建材须知▲竹粉掉落，恐有虫蚀

从装修美观角度来看，越直的竹材越好看，因此挑选竹材时，可将色泽、长度相近的竹材并排，目测比较竹身是否笔直。此外，除了要避开表面已有裂缝的产品外，还应注意竹子周围若有竹粉掉落，表示竹材内部恐有虫蚀，不宜选购，以避免日后修缮麻烦。

各式原竹建材小档案

*本书所列价格仅供参考，实际售价请以市场现况为准。

种类	孟宗竹	桂竹	白竹	墨竹
		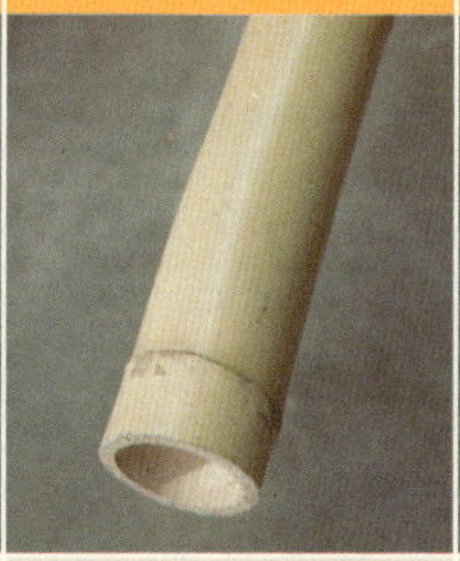		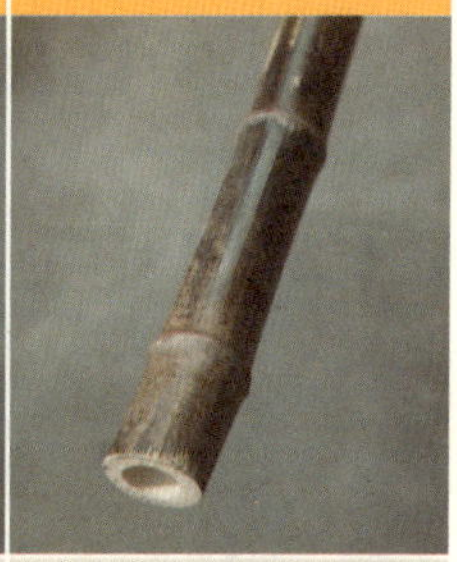
口径	约 12 厘米。	4 ~ 6 厘米。	2 ~ 3 厘米。	约 3 厘米。
价格（每根）	约 18 元	约 15 元	约 6 元	约 9 元
特点	口径大，可做结构主体、间隔，或空间装饰。	口径中等，可灵活运用于空间设计。	外观净白，适用于装饰小墙面。	特殊黝黑色泽，别具风味。

Board / Compartmented

水泥板

质朴简约又防火

常见的壁地材

水泥板，是以水泥为主要成分制成的板材，因具有防火等特性，运用范围极广，可当壁地材之外，也可当柜子门板，但因怕水，不适合用在浴室。最常见的水泥板板材为木丝水泥板，一般轻间隔或装饰用水泥板每张（122 厘米 ×244 厘米）40 ~ 60 元。

质朴简约

日本建筑大师安藤忠雄以清水模建筑闻名，清水模是结构体为清水混凝土，表面不再加装饰建材，灰色质朴的外观，特有一种宁静优雅的气质。然而，要施工这种清水模建筑不仅需高超工艺，费用也较高。因此，常以同样灰色调的水泥板来表现仿若清水模的极简美感。

怕水不适用于浴室

水泥板的主要成分为水泥，但会混加其他纤维材质。因内含纤维，水泥板与水泥同样坚固，且更富韧性。水泥板使用的范围很广，常作为地板、天花板或电视主墙、墙面的装饰材。水泥板虽能防潮，却不能真正防水，不适合用在浴室或淋浴间。也可用水泥板取代木芯板，做轻间隔的底材，不易受潮。水泥板表面可根据需要贴覆瓷砖、文化石等，提高装修的耐用性。

木丝水泥板受欢迎

水泥板因内含纤维材质不同而有不同种类，最普遍的木丝水泥板，含有木质纤维，如木材般轻盈，又具良好隔热性。因颜色均匀、自然，深受消费者喜爱，价格每张 (122 厘米 ×244 厘米) 40 ~ 450 元，每平方米 13 ~ 165 元。

纤维水泥板则是有斑点状花纹，规格较多，每平方米 15~160 元；金丝水泥板则色彩多变，规格较多，适合用在奢华的居家空间，价格每平方米 35 ~ 295 元；木纹水泥板表面压印木纹纹路，流露自然风味，价格每平方米 40~400 元。

各式水泥板比一比

*本书所列价格仅供参考，实际售价请以市场现况为准。

	木丝水泥板	纤维水泥板	金丝水泥板	木纹水泥板

特点	如木质般轻盈，隔热性能佳。	有斑点状花纹，防潮性能佳。	色彩多变化，选择性多。	压印木纹纹路，流泻自然风味。
价格（每平方米）	13 ~ 165 元	15 ~ 160 元	35 ~ 295 元	40 ~ 400 元

⬆水泥板因具有防火特性，是常见的壁地材。

KNOWLEDGE BUILD UP

建材须知▲上保护剂避免沾污吃色

水泥板表面要涂保护剂，尤其是用在户外时。因为水泥板表面很多毛细孔，容易沾污、吃色，上保护剂可保护表层，即使不慎打翻酱油、咖啡等调味料或饮料，亦不会渗入水泥板中。

⬆左边：上了保护剂，可防潮。
右边：未上保护剂，水分易渗入。

⬅水泥板保护剂（灰）是强效性底漆，为室内用，防止吃色。而若在室外使用，另需加用强效性面漆（金）。

Board / Compartmented

美耐板

耐高温好清理

常运用在柜体与台面

美耐板多运用在柜体、壁面与桌面上，具有耐磨、耐高温、防潮与好清理的优点。但缺点就是不能弯折，当不同美耐板拼接时，在转角接缝处会产生黑边，须小心收边，才不会影响美观。

花色多元

表面经耐磨处理的美耐板，主要成分为纸。将浸过美耐皿的不同花色色纸，与浸过酚醛树脂的多张牛皮纸，经过高温高压压制，便成为耐用的表面装饰材料。美耐皿与酚醛树脂为不同种类的合成树脂，皆可帮助纸张硬化塑形。

素色珍珠绒面最便宜

因表层面材和处理方式不同，美耐板有不同的花色可选，包括珍珠绒面、皮革纹路、原木刷纹等。各式美耐板中，除金属面美耐板特别昂贵外，一般价格为每张（122 厘米 ×244 厘米）120 ~ 215 元。产地是影响价格的重要因素，大陆和印度制的最便宜，东南亚次之，台湾地区制的价格再高些，欧洲制的最贵。

素色珍珠绒面美耐板是市场上最常见，也最便宜的美耐板；金属面美耐板则是最贵的，每平方米 380 ~ 1650 元。

因不同的金属材质和繁杂的加工工艺，让金属面美耐板价格较高。依据不同的处理方式，金属面可呈现平光的、腐蚀染色的、手工雕刻的效果，满足不同消费者的喜好。

KNOWLEDGE BUILD UP

建材须知▲选环保建材产品

美耐板的品牌很多，建议最好选择有环保建材标识的产品，其甲醛及其他污染物含量均通过测试，不会对人体与环境造成伤害。

↑美耐板表面无毛细孔，可防水。即使不慎打翻饮料，不急着擦也没关系。

各式美耐板比一比

＊本书所列价格仅供参考，实际售价请以市场现况为准。

		特点	价格（每平方米）
素色珍珠绒面美耐板		有多种色彩可选择，价格最便宜。	120~190 元
光梭面美耐板		表面有亮光效果，纹路有粗细变化，色彩选择多。	138~215 元
皮革纹美耐板		表面仿皮革，具有时尚感。	138~215 元
木纹珍珠绒面美耐板		仿不同树种的木纹，如山毛榉、柚木等；也有洗白、洗灰、仿集成材效果。	138~215 元
原木刷纹美耐板		触摸表面有凹凸纹路，犹如被钢丝刨过般，有粗犷美感。	138~215 元
彩绘珍珠绒面美耐板		有多种色彩变化，如抽象图案、编织、石头纹路等。	138~215 元
金属面美耐板		可选择铝、铜、铁、不锈钢、铅、银等不同金属，因加工过程繁杂，价格昂贵。	380~1650 元

Paint and Coating

乳胶漆

防霉抗菌，最适合 DIY

加水稀释，1 升约可刷 10 平方米

我国南方地区气候温暖、潮湿，室内墙面、天花板多半以油漆粉刷，作为保护墙面及空间变化的装饰。油漆主要分为油性漆、水性漆两大类，而若是使用于室内墙壁，建议使用水性漆，因其有毒挥发性较低，清洁工作也较油性漆方便。水性漆又可分水泥漆和乳胶漆两种，水泥漆顾名思义，以水泥为元素，覆盖力较强，而乳胶漆则有胶多水少的特性，抗菌性、味道皆优于水泥漆。

变换颜色活化空间

水泥漆在涂刷过程中，有附着力较强、施工期短的优点，是油漆师傅较偏好使用的材料，乳胶漆价格约比水泥漆贵三成。若是 DIY，还是防霉抗菌的乳胶漆为佳。

油漆涂刷，基本上以刷两道，呈现均匀饱和为原则。由于颜色决定空间的情绪，想要呈现活泼亮丽的感觉，可在颜色上多作变化，墙面不必一定要走单一色调。

↑若想在空间内呈现活泼亮丽的感觉，可在颜色上多作变化。

DIY 涂漆重点

计算漆量是 DIY 的第一步，1 升的漆约可刷 10 平方米，涂刷时，应先从天花板开始，墙面从右至左或从左至右则无所谓，每次覆盖至上道的 1/3 为佳。

计算涂刷面积的漆料用量，一次调足所需颜色，因为第二次不容易调出一样的颜色。调好颜色、计算好用量后，把漆倒入漆盘，用搅拌棒将漆料彻底搅拌均匀，油性漆以松香水、香蕉水、甲苯等为溶剂，水性漆则以水调和，漆和水的比例是 3:1 ~ 4:1。

使用滚筒时，先将滚筒缓慢浸入漆盘，往前推，务必使漆料平均分布，避免用量过多，涂刷时切忌用力压。

水性漆太浓易龟裂

墙面是由上而下粉刷，墙角、墙面、踢脚线可先使用胶带粘贴，再以毛刷涂刷，最后再用滚筒刷去除毛刷的刷痕。由于水性漆是加水稀释，若调得太浓稠，油漆干燥后，容易发生龟裂，而加水太多会太稀，粉刷道数会变多，力道控制不好会发生喷漆、垂流的现象，这些问题都要注意。

KNOWLEDGE BUILD UP

建材须知▲油性漆多用于大门外墙

油性漆浓度较高，附着强，施工快，多用在外墙、大门、铁门窗等水泥结构地方，室内则以水性漆为主。南方气候比较潮湿，油漆漆好后，1 ~ 2 年即会有慢慢剥落的现象，建议要 DIY 的朋友，最好以防霉抗菌的乳胶漆为首要选择。平光乳胶漆不会反光，多用在采光良好的客厅、餐厅等空间，而丝光乳胶漆亮度较高，可用在书房、卧室等地方，辅佐室内采光。还有，由于水油不兼容，墙面原来若是油性漆，想要改涂水性，就要先以砂纸大面积破坏，才能再上漆。

油漆小档案

种类	1. 油性漆、特殊漆。 2. 水性漆（又分乳胶漆和水泥漆）。
基本工具	1. **毛刷：**猪鬃刷、羊毛刷。 2. **滚筒：**以轴长分 4 寸、7 寸、9 寸、10 寸，粉刷面积与轴长成正比，先选尺寸、再选毛刷搭配，毛越长、含漆量越大，另有泡棉式刷子，多用在小面积，漆盘尺寸亦须和滚筒、刷子搭配。 3. **培克刷：**纯羊毛、塑柄、塑胶毛，羊毛刷水性漆、油性漆皆可用。 4. **纸胶带、遮尘布：**作为辅助使用。
面积计算	每升漆约可刷 10 平方米。 1. 地面面积 ×3.8 ＝墙壁＋天花板的涂刷面积 2. 地面面积 ×2.8 ＝墙面所需的涂刷面积 【举例】以 50 平方米的空间为例： A. 地面 50 平方米 ×3.8 ＝ 190 平方米＝墙壁＋天花板的涂刷面积 190÷10 = 19 升 B. 地面 50 平方米 ×2.8 ＝ 140 平方米＝墙面所需的涂刷面积 140÷10 = 14 升
秘诀	1. 用刷子或抹布清洁墙面，旧漆面如有损坏，可先用刮刀刮去破损的地方，再用补土填平裂缝或小孔。 2. 将墙面磨平，踢脚线、开关、插座等处先用纸胶带贴好，待墙面干燥后再上漆。 3. 地板、家具铺上遮尘布或报纸，避免漆料滴落；先涂天花板，再刷墙面，大面积建议采用滚筒刷。
注意事项	1. 避免干燥后龟裂，水性漆可加水稀释浓度，漆和水的比例在 3:1 ~ 4:1 之间。 2. 工作时保持通风良好，涂刷过程中若需休息，要将刷子浸入清水，避免刷子上的漆料硬化。 3. 涂刷过程中，若漆料滴到地板或家具上，立即用湿布擦拭；若漆料已凝结，可用刮刀轻刮涂料，再用湿布擦拭。
价格（每桶）	从小容量装到大容量装价格在几十元到上千元不等，须依实际使用面积及施工方式计算。

＊本书所列价格仅供参考，实际售价请以市场现况为准。

 注：此类建材在中国台湾地区较为多见，目前中国大陆尚未普及。

Paint and Coating

蛋白胶涂料

环保无毒防过敏

容易 DIY，洒水喷湿即可刮除

许多涂料总是带着刺鼻的气味，而用于修复古迹的蛋白胶涂料，以天然植物性蛋白当作黏着剂，成分为白垩土、大理石粉等大自然的干粉料，未使用完可倒入有机肥使其自然分解，无毒无味，容易 DIY，洒水喷湿即可刮除，属环保建材，价格比一般乳胶漆略高，涂一层每平方米 11 ~ 25 元。

天然无毒，用于室内壁材

以蛋白胶为黏着剂的涂料，用于室内壁材，材质另添加白垩土、大理石粉、硅藻土等天然粉料，对有易过敏者或婴幼儿的家庭都很适合。由于其包装不含水分与防腐剂，运送途中可减少运输成本，也更低碳环保，使用之前加水调制，涂抹方式与一般漆料无异，甚至更容易 DIY。

分细致面漆与纹理漆

蛋白胶涂料可分为细致面漆、纹理漆两种，后者颗粒较大。蛋白胶涂料与其他品牌漆有别，纹理漆颗粒较粗直径约 0.5 毫米，延展性不佳，上色时不需要平整且均匀，只要依照比例加水调和，以刷具或滚筒在墙面上轻抹即可，略为粗糙的墙面，质感自然，近看还有户外古建筑的壁面质感。

由于颗粒略粗，创造的表面孔隙较大，蛋白胶涂料具备高透气性，墙壁会自然呼吸，不易反潮。若要色彩变化，可用蛋白胶颜料直接在墙面上色，创造渐层，或将颜料调入粉料内，两者创造出的质感不同，后者色彩较为饱和。

↑蛋白胶涂料是以植物性蛋白、白垩土、大理石粉等素材混合而成。

↑蛋白胶涂料，颗粒较粗，可在室内创造户外建筑的质感。

⬆用刷子上完蛋白胶涂料以后，可以颜料上色，涂抹出渐层效果。

KNOWLEDGE BUILD UP

建材须知▲涂硅酸钙板前，须先批土

蛋白胶涂料是以水调和的，可依照建材吸水特性斟酌比例，像使用在硅酸钙板跟水泥墙就有差异。室内建材里，最不容易上色的就是硅酸钙板，最好像涂上各种涂料之前一样，要事先批土才好施工。

高透气性不易反潮

蛋白胶涂料的原料均为天然素材，没有化学黏着剂，日后要替换壁材也很容易，只要将墙面喷湿软化，24 小时后就可将涂料彻底刮除。免用机器打磨造成粉尘，或用化学去光水去除，避免破坏居家环境。

蛋白胶涂料价格高于一般涂料，以细致面漆 10 千克装粉料为例，价格约为 750 元，若仅涂上一层，可涂抹约 70 平方米墙面，每平方米成本约 11 元。而颗粒较粗的蛋白胶纹理漆 10 千克售价 700 元，仅能涂抹约 32 平方米墙面，每平方米成本约 22 元。

⬆蛋白胶涂料只要加水调和，就可以调制上漆，无毒无味。替换壁材时也仅须将墙面喷湿软化，24 小时后即可刮除。

蛋白胶涂料小档案

材质	白垩土、植物性蛋白、滑石粉、大理石粉等。
特点	为环保建材，黏着剂为植物性蛋白。
运用	室内墙面涂料。
价格	1. 细致面漆 10 千克装 750 元，一层可涂面积约 70 平方米，涂一层的成本约 11 元 / 平方米。 2. 纹理漆 10 千克装 700 元，一层可涂面积约 32 平方米，涂一层的成本约 22 元 / 平方米。

＊本书所列价格仅供参考，实际售价请以市场现况为准。

 注：此类建材在中国台湾地区较为多见，目前中国大陆尚未普及。

Paint and Coating

灰泥涂料

透气排湿

多为粉色调效果

讲究环保健康的涂料材质越来越多样化，如灰泥，是取自石灰岩矿，掺杂其他矿物而成的室内壁面涂料。无挥发物质，具高度透气性，本身偏碱的属性，更有防霉抗菌功效。每 10 升的涂料成本约 720 元，最多可漆覆 45 平方米。但色调不够鲜艳饱和，成品皆为粉色调效果。

添加大理石原料，增加表面触感

灰泥涂料的主要成分是石灰岩，开采后经过 1000℃高温燃烧，排出二氧化碳成分，成为“生石灰”后，再加水反应成碱性“熟石灰”。熟石灰在水中会缓慢进行结晶反应，所以存放越久，涂料的颗粒就越细致。然后添加大理石灰泥、大理石粉或大理石砂，增加表面触感的多样性。

纯矿物材质可透气

待灰泥涂料刷上墙后，风干时又与空气中的二氧化碳结合，再进行一次化学反应，硬化为最初的“碳酸钙”，等于为墙面披上偏石材质地的石灰岩矿。一般涂料皆有树脂等胶状成分，干燥后，即成无孔隙的胶膜，阻碍建筑墙面本身的透气与排湿能力。但灰泥涂料是纯矿物材质，不仅无甲醛挥发问题，还有些微细孔，平衡空气与建筑本身的湿度。

刷肥皂水抗脏污

桶装湿泥状灰泥涂料，方便一般人给自家 DIY，不需费事打底，用普通的刷具、滚筒即可，刷两层形成稳固漆面。追求光滑质感的人，可选颗粒最细的涂料等级，让油漆师傅用喷枪喷覆，塑造喷漆触感。灰泥涂料甚至可直接施工在水泥砂浆、黏土或石灰材的壁面，无须另抹批土或黏合夹板等，降低使用甲醛涂料的必要性。

一般而言，灰泥涂料不宜另上保护漆，以免破坏材质本身的透气性。若担心墙脚易脏不好擦拭，可用 5 克天然肥皂，加上 100 毫升的清水，溶成肥皂水，趁灰泥涂料未干时刷上，肥皂便和石灰结合钙皂化，不仅不易吸附灰尘，而且用湿抹布擦拭墙面，水分也不会马上渗入涂料。

↑一般人在自家 DIY，不需费事打底，只须用普通的刷具、滚筒，刷两层即形成稳固漆面。

↑使用肥皂水，增强表面斥水性。

↑灰泥涂料，其成品皆为粉色调效果。

KNOWLEDGE BUILD UP

建材须知▲返潮发霉，仍须抓漏

虽然灰泥涂料的偏碱的属性，能防止壁面生成霉菌，或降低细菌滋生概率，但并非是绝对防霉斑的无敌涂料，因霉斑生成的原因可能是水管破裂或漏水造成的，因此直接刷涂灰泥涂料，不能根治漏水问题，并非解决霉斑的根本之道。

灰泥涂料小档案

成分	主要为石灰岩矿，掺入大理石灰泥、石粉、石砂及石灰水等。
表面效果	有 3 种粗细颗粒，原色为灰白色，可添加颜料，调出粉色系。
运用	室内壁面、天花板。
刷涂方式	刷具、滚筒直接蘸涂料施工即可，也可用海绵塑造拓印效果。
特点	具透气性，能排散湿气，防霉、抗菌、无甲醛，通过德国独立机构 OKOTEST（Eco-Test）《建筑、居住与整修》、《适合过敏者的壁涂》的评鉴。
缺点	表面易沾脏污，可在未干时多刷一层肥皂水，增强表面斥水性。
价格	5 升，每桶约 380 元；10 升，每桶约 720 元。

注：灰泥涂料（细致）10 升，涂一层可刷面积约 45 平方米、5 升约 22.5 平方米；灰泥涂料（粗颗粒）10 升，涂一层可刷面积约 35 平方米、5 升约 17.5 平方米。

＊本书所列价格仅供参考，实际售价请以市场现况为准。

Paint and Coating

仿岩涂料

替代石材

以经济方式，创造原始风味

想用石材当壁材却预算不足吗？仿岩涂料是个很好的替代选择。仿岩涂料是种水性环保涂料，表面有颗粒，类似天然石材，相较瓷砖和石砖，仿岩涂料以较经济的方式创造原始风味。 不过，涂料的耐久性会依面漆等级而定，如亚克力材质的面漆，仅能维持 3 ~ 5 年，之后即易剥落。

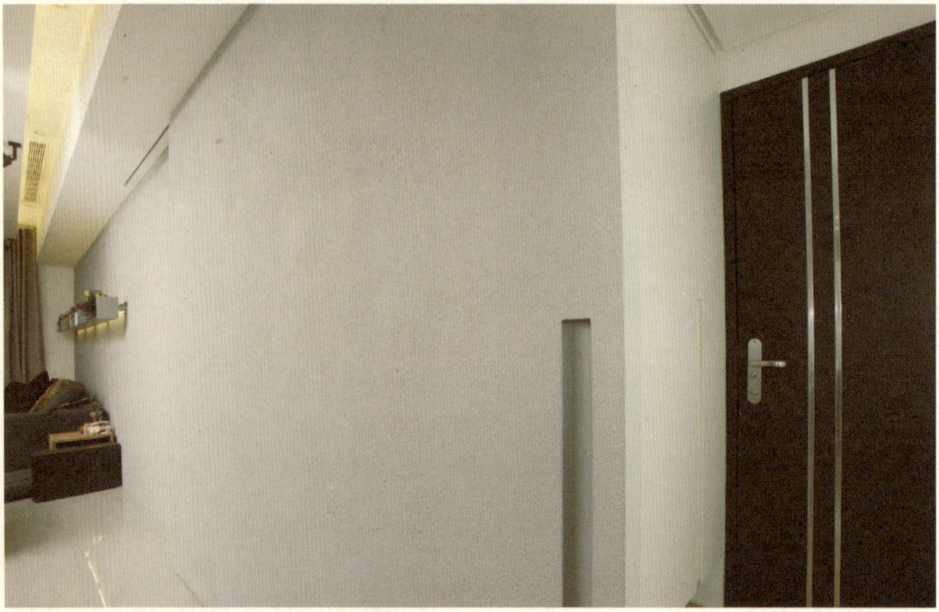

↑墙壁使用有清水混凝土风味的 Stucco 仿岩涂料。

节省预算，适用极简风与现代风

常见的仿岩涂料有 Stucco 涂料、仿花岗岩涂料与撒哈拉系列涂料，此三种涂料成分不同，涂出来的表面颗粒粗细不一，都可以用在室内外。Stucco 涂料的主要成分为亚克力树脂，或称仿岩石厚质地涂料，适用于极简风与现代风。上漆方式分为滚压式和喷点式，滚压式是利用滚轮上漆，喷点式是喷洒上漆，其中喷点式较迅速，且效果较佳。

仿花岗岩涂料是以天然的花岗岩磨成粉，经过高温窑烧，然后和亚克力树脂混合而成，光稳定性强，不易因紫外线照射而变色。

底漆透气较不易裂

相较于 Stucco 和花岗岩涂料上漆方式需要专业工具，撒哈拉系列的涂料则可以DIY上漆。撒哈拉系列涂料的主要成分为矽利康（Silicon），可以创造沙漠质感般的墙面，涂料的材质细，品质好，即使不涂面漆，也可耐用10年之久。

仿岩涂料的上漆方式皆相同，先涂底漆，再上仿岩涂料，最后表面再上面漆来保护。另外，混凝土底漆分为透气和不透气两种，建议使用包覆性高的混凝土底漆，能提高耐久性。

底漆涂料因含有水分，在阳光的曝晒下，水蒸气会产生压力。如果底漆透气，涂料就能够抵抗温热效应，不易在压力大的情况下裂开。由于“透气性”是涂料选择上相当重要的指标，只要透气，涂料就耐久。即便是现在大家畏惧的甲醛，在透气性高的建材中，也比较容易挥发消散。所以挑选仿岩涂料的面漆时，也建议选用透气性最好的无机涂料为佳，不仅安全性高，也相当耐久。

KNOWLEDGE BUILD UP

建材须知▲选耐久等级较划算

面漆的材质，依耐久性可分为：亚克力（维持3～5年）、聚安酯（维持5～7年）、矽利康（维持7～10年）、氟树（维持10～15年）、无机涂料（维持25～30年）。我国不少南方城市属于亚热带地区，紫外线较强，建议选择矽利康等级以上的涂料。若用耐久性差的涂料，每过几年就须重新上料，反而成本较高。

↑仿岩涂料撒哈拉系列，涂料颗粒较匀细。

天然仿岩涂料小档案

＊本书所列价格仅供参考，实际售价请以市场现况为准。

	Stucco 涂料	撒哈拉系列涂料	仿花岗岩涂料
种类			
价格（每平方米）	约35元	约65元	约85元
特点	颗粒中等，仿造岩石般的不规则颗粒，有天然粗犷的风味。	颗粒较细，色彩选择较多，成分为矽利康，使用年限长。	颗粒最粗，仿花岗岩的效果，不易因紫外线照射而变色。

注：价格会依数量、面积和面漆不同产生差异。

Paint and Coating

造型涂料

斑驳墙面轻松 DIY

仿制岁月美感

也称质感涂料或艺术涂料。在南欧乡村风格的设计案中，常见一种“斑驳壁面”的手法：墙面有着凹凸不平的纹路，色彩则是深浅不一。传统做法须靠资深师傅的手艺与特殊涂法，但现在设计师有了新法宝——造型涂料，只要简易的技巧，就能呈现岁月斑驳的设计感，甚至简单到连一般人也可在家 DIY。

↑使用造型涂料，便能在家轻松呈现岁月斑驳的设计感。

纹路多样，自成一格

以壁面呈现效果来看，造型涂料比传统油漆涂料多了“立体纹路”，除了各式不同图形的纹路，还有颗粒状、仿石材等效果，甚至可做立体浮雕，像雕刻中英文、人物画等。

另外，虽然外观看起来跟油漆有点像，但材质完全不同。油漆主要是由含化学成分的树脂组成，会散发甲醛等有害健康的物质。但来自法国的造型涂料则是以天然石灰与自然植物纤维合成底漆，表面上色的涂蜡是用蜜蜡染色而成，属于天然素材涂料，因此完全不含甲醛。

材质天然，费用较贵

造型涂料底层会先上层黏着底剂，能增强墙面附着力，因此会在一定程度上避免剥落或开裂的问题。此种涂料与壁纸相比，不怕潮，且造型多变，也可做出花草等图样。色彩上的表现也很好，深浅变化不一，有自然的质感，可避免色彩一致的平板与匠气。不过，有的立体纹路或颗粒易碰落，且价格较贵，每平方米连工带料 200 ~ 300 元，只算材料的话，每平方米约 130 元，比国产壁纸或油漆贵几倍。

⬆造型涂料成分天然，完全不含甲醛。

DIY 步骤

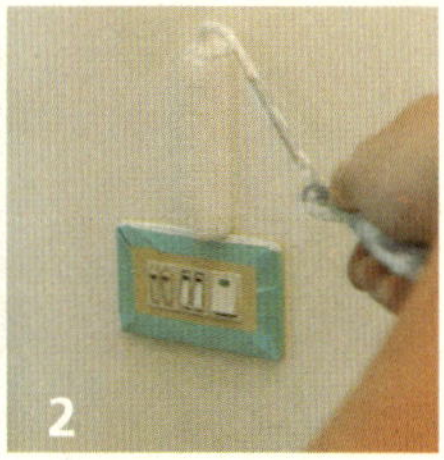

第一天

1. 裂痕处先批土补平。
2. 边缘与插座贴上保护胶带。

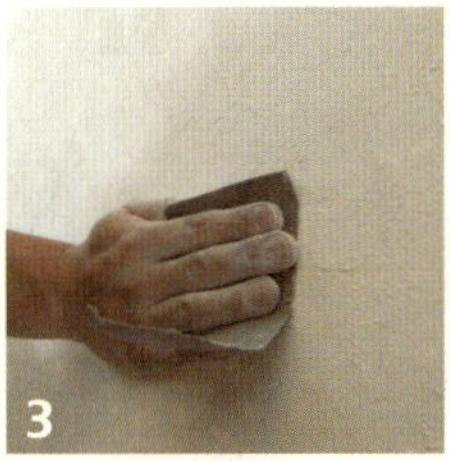

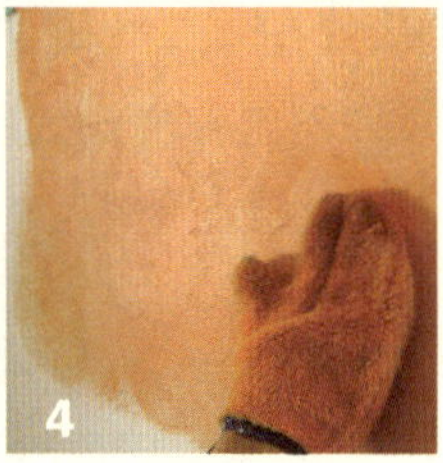

第二天

3. 上色前以砂纸磨表面。
4. 隔天等全干再上色。

KNOWLEDGE BUILD UP

建材须知▲选对灯光特色加分

造型涂料能表现很好的质感，但因价格较贵，可选一面主墙来涂即可，像客厅的电视墙、沙发墙等，卧室的天花板也是不错的选择，还可加上投射壁面的灯光，那种斑驳的自然感会更明显。灯光不要用白光灯管，要用灯泡或钨丝灯，才有乡村风的温馨感。

造型涂料小档案

*本书所列价格仅供参考，实际售价请以市场现况为准。

	比乐斯	地中海 Touch	普罗旺斯乡村风	仿石材	浅浮雕
种类					
说明	用毛刷或木质镘刀刮出像云彩的图案。	地中海 Touch 系列，可靠镘刀做出纹路较明显的图案。	造型涂料除了立体纹路，也可做出花草或贝壳图饰。	外观仿若真石，且表面还有风化的痕迹，但此涂料较难自行施工，须请师傅。	造型涂料可做浮雕，像诗句或中英文等。

Paint and Coating

甲壳素涂料

可分解甲醛

亦有抗菌吸臭的功效

甲壳素涂料是一种水性环保涂料，主要成分是蟹壳和虾壳，再加树脂加工。甲壳素涂料可吸附和分解室内甲醛，将其分解成无害的钨和水，并有抗菌、吸附臭味的功效。

每千克甲壳素料，可分解 0.16 毫克 / 立方米甲醛

甲醛被广泛运用在各种黏着剂、板材、油漆、涂料和壁纸的制造中，是一种刺激性气体，容易引发人体呼吸及神经系统的病变。目前室内装修污染最大的来源之一就是甲醛，国家质量监督检验检疫总局对室内空气的甲醛含量规定的标准是在 0.08 毫克 / 立方米以下，若使用甲壳素涂料，就可以有效除去甲醛。

甲壳素涂料可涂在墙面或家具上，每千克的甲壳素涂料可施工约 3 平方米，会吸收分解约 0.16 毫克 / 立方米的甲醛。甲壳素涂料以桶计价，彩色的每桶约 1600 元，透明的 2400 元，可涂 60 ~ 120 平方米。以彩色涂料、75 平方米居家为例，全室油漆材料费为 6000 ~ 8000 元。

2 ~ 3 年须重新施涂

甲壳素涂料的机能如抗菌、防霉、除臭等，约维持 3 年。因此，最好 2 ~ 3 年左右便重新施涂，才能维持效果；但若涂在高甲醛含量的家具板材上，虽然也能降低室内甲醛含量，但效果有限，若遇高温天气，板材内的甲醛仍会相当活跃，危害人体。

KNOWLEDGE BUILD UP

建材须知▲墙面施工，须先批土

甲壳素透明涂料可涂在墙面和家具上，而彩色涂料（包括白色）的使用方式则如同乳胶漆。在墙面施工甲壳素涂料，要先批土，再以砂纸打磨，接着便可大面积喷涂二道至三道的彩色涂料；若施涂透明涂料，则只需涂一道。

甲壳素涂料小档案

主要成分	虾壳、蟹壳的骨粉和蛋白质。
特性	可吸附甲醛、吸臭、抗菌、防霉。
价格	彩色的每桶约 1600 元，约涂 60 平方米；透明的每桶 2400 元，约涂 120 平方米；每平方米花费 20 ~ 27 元。

＊本书所列价格仅供参考，实际售价请以市场现况为准。

Paint and Coating

硅藻土 室内空气净化机

可吸附异味，过滤有害物质

硅藻土是海底或湖底的单细胞藻类浮游生物的遗骸，经地壳演变后成化石，磨成粉来使用。也有的自山区挖取硅藻泥来提炼。产地主要为大陆地区和日本，前者价格低，每平方米材料费约 65 元，又因施工难易度、原料和加工成本的不同而使价格有差别。

粗颗粒除湿效果最好

硅藻土是常使用于室内墙壁和天花板上的涂料，优点是可调节空气湿度、吸附异味、过滤空气中的有害物质，同时也是防火建材。但缺点是价格昂贵。且因为容易磨损，所以不适合用于地板。

其中，细颗粒硅藻土最便宜，每平方米材料费约 65 元。它的粉末细致，可用滚轮施工，省力而便宜，且成分含贝壳粉末，有除菌效果。最贵的是矿土硅藻土，每平方米材料费约 100 元，因所含矿土和矿石粉价格高而昂贵，且涂料表面在光线照射下，会有微亮光点。最畅销的是粗颗粒硅藻土，除湿效果是其他硅藻土的 5 倍，特别适合气候潮湿的地区使用。

若希望硅藻土有好的吸湿和吸附异味效果，则由珪藻石磨粉制成的硅藻土比由硅藻泥提炼的佳，且后者的使用期限较短。目前仅有日本北海道所产硅藻土是以珪藻石磨成粉制成的。当硅藻泥经过 1200℃高温提炼后，会呈结晶状，因而改变质地，使机能性变差，影响功效。因此，由硅藻泥提炼成的硅藻土价格较便宜，每平方米材料费约 80 元。

固化剂种类影响功能

此外，为使硅藻土有黏性、具有附着力，而使用的固化剂种类也会影响其吸湿、吸附异味等效果。一般多以树脂、水泥、黏土和熟石灰来做固化剂。但树脂会堵塞硅藻土的毛细孔，缩短除湿年限。水泥则是会吸湿，但不会放湿，易使底材石膏板发霉。

黏土或熟石灰固化剂最天然、健康。建议挑选使用天然固化剂的硅藻土为佳。想判断是否使用天然固化剂，可取些许硅藻土点火试验，无烟则代表是。

而若为天然硅藻土，所用色料也必须是天然的，是以土壤、石头粉末制成的无机颜料来调配颜色，颜色为自然色系。非天然硅藻土则以化学颜料来调配颜色，色彩鲜丽，但久用会褪色。

硅藻土种类比一比

＊本书所列价格仅供参考，实际售价请以市场现况为准。

	细颗粒硅藻土	粗颗粒硅藻土	黏土硅藻土	稻草硅藻土

特点	价格最便宜，施工方便，因加入贝壳粉末而有良好除菌效果。有粉红、绿、棕、白、米、灰、奶油色等颜色可选。	最受欢迎的硅藻土。加入硅藻石颗粒，因此除湿力是一般硅藻土的5倍。以米色、米白和棕色最为普遍。	因黏土粗细而质感有细致与粗犷之分。细黏土有20多种颜色可选，粗的以浅米色最受欢迎。	加入稻草，带出复古味，因需加工，所以价格较高，有20多色可选。
产地	日本	日本	中国大陆、日本	日本
价格（每平方米）	65元左右	100元以上	68元左右，（细颗粒）106元左右（粗颗粒）	100元以上

KNOWLEDGE BUILD UP

建材须知▲易磨损不能当地材

为维持硅藻土调节湿气、净化空气的功能，所以表面无法再刷上保护漆；且硅藻土本身质地轻盈，耐重力不足，较易磨损，故无法敷涂于地面。另外，由于其抗污性较低，建议设置踢脚线或只涂上半部墙面及天花板。

运用提醒▲以干布擦拭清洁

硅藻土不适合涂抹在塑料板、玻璃、不锈钢等光滑面上，久了易脱落。也不适合用在潮湿的地方，如淋浴间、厨房水槽壁面，会使硅藻土磨损。也要避开神明桌、燃气灶等油烟处，否则易堵塞硅藻土毛细孔而影响其除湿、吸附异味的功能。

平时清洁建议用干布擦拭即可。另外要提醒的是，硅藻土无法防止霉斑，除霉斑还是得抓漏，根绝漏水根源。而除湿则需一个空间4面墙中，涂上2面以上，才有显著效果。

硅藻土涂刷 DIY 流程

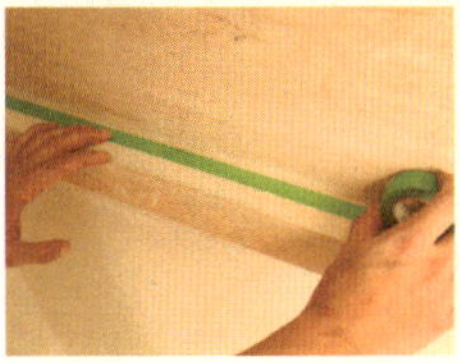

1. 标厚度

首先，在施工墙面四周贴上胶带，用来标示硅藻土涂抹厚度，约 2 ~ 3 毫米。

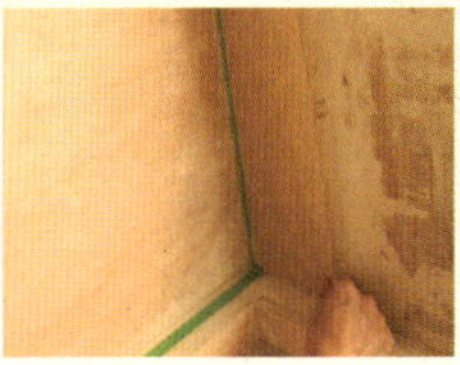

2. 贴胶带

墙面两旁贴保护胶带，避免硅藻土喷溅旁边没施工的墙面，地板亦同。

3. 上底材

先以油漆刷涂抹含淀粉糊的底材形成薄膜，维持湿度以利涂抹图案。

4. 涂硅藻土

每千克硅藻土加入 850 毫升水调和成涂料，由四周往中心以镘刀涂抹。

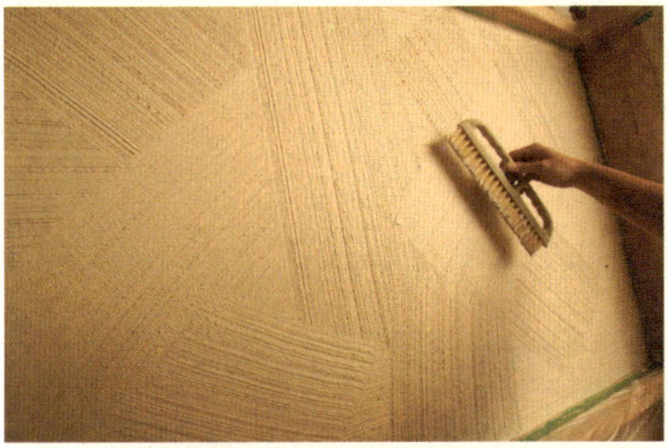

5 完成

使用木柄刷，带有刻痕效果的硅藻土墙完成啰！

⬇硅藻土涂料，居家多用在墙壁和天花板上，可变化出云彩、木纹、岩层感等不同纹路图案，丰富墙面表情。

Paint and Coating

矿物涂料

无毒、高透气

排湿气，不会有霉斑

室内涂料如常见的水泥漆与乳胶漆都含有挥发性有机化合物，这些气味刺鼻的物质暴露于空气中几天就会挥发30%，其余60% ~ 70%不仅无味，更需要3 ~ 12年才能挥发完毕，居住者等于每日与毒为伍。取代水泥漆与乳胶漆的好选择是矿物涂料，纯天然成分，无毒无害，不过价格是一般乳胶漆的两倍以上。矿物涂料是由水玻璃（硅酸钾溶液）和矿物提炼的色粉混合而成，具有高透气性与高透湿性，湿气能彻底被排放与蒸发，不会累积在涂层与水泥墙中间，所以不会形成霉斑。

局部修补无色差

矿物涂料具有不燃性，不会产生毒烟与焦痕，表面摸起来有颗粒感，且易维护，耐清洗，局部修补无色差，日后可随时再上色，甚至还可以画成壁画。在欧洲，矿物涂料是常见的涂料，可用于外墙也可以用于室内。以德国凯恩（KEIM）矿物涂料来说，已有超过130年的历史了，被指定用于法国罗浮宫、英国皇家歌剧院、德国柏林总理官邸。

凯恩矿物涂料每升的挥发性有机化合物含量低于0.8克，远远低于中国台湾地区对室内平光涂料所设的标准200克，也低于欧盟标准的30克。使用KEIM矿物涂料，施工隔天就可以搬入，一点气味都没有。

矿物涂料在中国台湾地区并不普遍，多乐士的竹炭健康居系列乳胶漆，挥发性有机化合物含量小于50克，每升售价约为100元左右，虽然不是纯天然成分，但是多乐士涂料连续5年都荣获全球道琼永续性指数（国际最具公信力的企业永续评比工具之一）前3名，从原料、制程到对人体的影响都严格把关，未来还将推出挥发性有机化合物接近于0的水性乳胶漆。

Knowledge Build Up

建材须知▲确保住得健康

油漆工人易因涂料有毒的挥发性气体，让肝肾肺产生病变。无毒的矿物涂料能创造出健康的居住环境，特别适合有小孩、老人或有过敏体质者的家庭。

5升，售价约800元

凯恩矿物涂料5升装售价约800元，可用范围约25平方米。家人的健康值不值得做这样的投资，就要看个人的选择了。

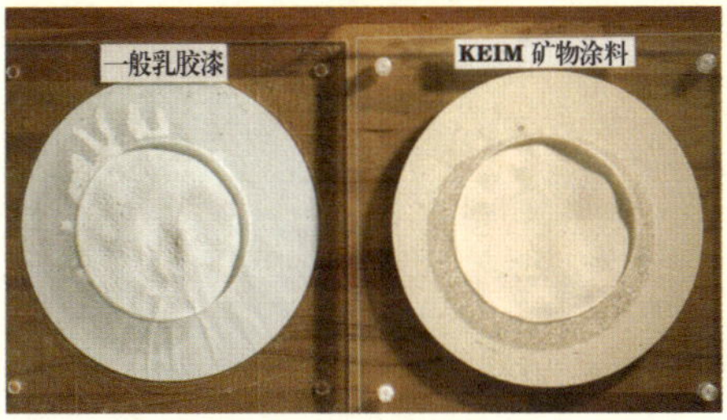

↑将一般乳胶漆合矿物涂料分别涂在纸上，再放在热水杯上，矿物涂料纸透气无水滴（右）。

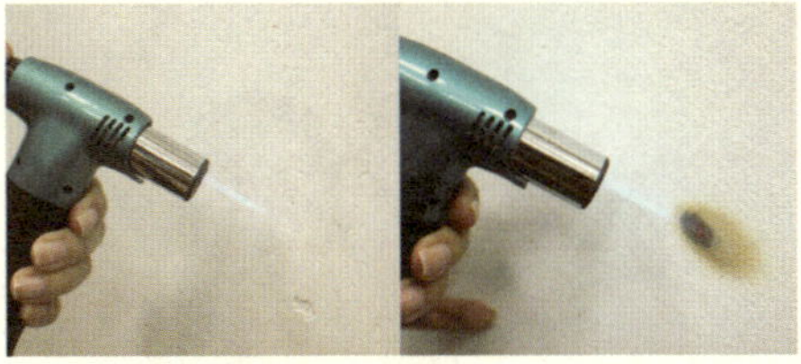

↑矿物涂料具有不燃性，同样用火烤，矿物涂料墙（左）没有焦痕，一般乳胶涂料墙（右）出现破洞，排放毒烟。

↑矿物涂料的透气性极佳，下方加压喷气时，涂了矿物涂料的浮石上面会出现气泡（红圈处）。

↑矿物涂料如果不加水稀释，用长毛粗滚轮刷墙壁，可营造粗犷的颗粒感。

↑许多欧洲古建筑都是用矿物涂料画壁画，经过 100 年未变色。

涂料比一比

涂料	凯恩矿物涂料	一般内墙涂料
挥发性有机化合物每升含量	0.8 克	国内标准 200 克
甲醛	无	有
塑化剂	无	有
防腐剂	无	有
透气性	极佳	不佳
附着（对水泥石材）	不剥落	易剥落
耐燃 1 级 *	符合	—
燃烧后毒烟	无	有

注：以国内建材防火性能试验，耐燃 1 级为不燃材料。

Paint and Coating

特殊涂料

漆彩风情

创造复古味、金属感

家里的墙壁一片空白，不知怎么运用比较好？呆板的木头家具久看生厌了？只要运用特殊涂料 DIY，墙壁就能具有白板效果，单调的木家具也能变身充满裂纹的乡村风古董。但部分特殊漆料的价格稍高，较植物油木器涂料贵。

种类繁多，营造效果佳

特殊涂料种类繁多，包括让器物充满复古风味的旧化漆。其中，色彩旧化漆，有砖红、象牙白、竹绿、鸽蓝等色选择，均是先上底漆，再以面漆涂刷边角，让家具呈现自然褪色的复古感。另外，金属氧化效果的旧化漆，可让器物随着铜绿、古锡等色泽，散发出低调内敛的光彩。而裂纹漆则是利用硬质面漆和软质底漆，让缺乏延展性的面漆自然龟裂在延展性佳的底漆上，呈现斑驳质感。

不建议涂在塑料表面

除了旧化漆，特殊漆料还包括让器物闪亮发光的金属漆，让墙壁变身白板的白板漆，以及让壁面可吸附磁铁的磁性漆。这些涂料可以涂在木质及吸水性材质上，如粉光水泥、硅酸钙板、石膏板等，但塑料、玻璃、铁件等，则不建议往上涂。

白板漆可直接涂在拉门、柜体上，方便随手记事涂鸦，相较于固体白板还须找地方吊挂，更美观，也更能融入整体的空间设计中。白板漆开封后尽可能在 1 周内涂刷于墙面，若放数月才使用，完工后，白板上笔痕迹会较不易擦拭。

↑特殊涂料如旧化漆，能让看腻了的家具摇身一变，充满复古风情。

KNOWLEDGE BUILD UP

建材须知▲刮除旧漆才有好效果

使用特殊涂料，最好先刮除旧漆，才能发挥较好的效果。可用砂磨纸尽可能磨除原漆料，再以湿布擦去粉尘。旧漆和粉尘均会影响附着力。每种涂料都有 DIY 涂刷说明，以白板漆来说，打开两罐涂料混合后，需要在两个小时内涂刷第一道；再经过 20~30 分钟后，涂刷第二道。涂刷完毕，静置 3 天即可使用。

硅藻土涂刷 DIY 流程

1. **搅拌**

打开漆料罐，充分搅拌均匀。

2. **刷底漆**

使用内附的毛刷将底漆充分涂刷于木条上。

3. **砂磨**

刷完底漆静置 1 ~ 2 小时，干燥后用砂磨海绵打磨物体表面和边缘，创造旧化处理的感觉。

4. **刷面漆**

最后以黄色面漆涂刷边缘，让表面有着自然的褪色效果。

5. **静置待干**

涂料干了以后即为成品

特殊漆种类

	裂纹漆	材质旧化漆

说明	油性漆，利用底漆和面漆不同的收缩率，呈现自然龟裂的复古感。	水性漆，可呈现金属氧化的效果，包括古锡、黄金、黄铜、铜绿等。
价格	每千克 25~350 元。	小包装每千克 460 元起。大包装的便宜一些。

	色彩旧化漆	金属漆

说明	水性漆，边缘有泛黄色泽，让器物呈现自然褪色的质感。	涂刷在木质、水泥粉光面上，可创造金属闪光效果。
价格	一般是小包装，每毫升 0.2~4 元。	每千克 33 元起。

	磁性漆	白板漆

说明	涂在水泥粉光、木质等吸水材质上，让墙吸附磁铁。	浅色墙涂 2 次，深色墙涂 3 次，确保覆盖效果。
价格	国产漆每升约 150 元；进口漆每升约 1500 元。	每千克 38 元起。

* 本书所列价格仅供参考，实际售价请以市场现况为准。

Paint and Coating

水库淤泥

防水、透气、防霉斑

MIT 新建材，具仿清水模的效果

中国台湾地区研发的创新建材——乐土，可让钢筋混凝土房子变得防水、透气，防范霉斑产生，更酷的是，它的原料来自于中国台湾地区水库淤泥，简直是把废土变黄金，非常环保。

中国台湾地区虽然有许多水库，但是淤泥堆积的状况很严重，真正的蓄水量常常不到原设计的一半。为了解决这个问题，经建会在 2004 年委托成功大学进行水库淤泥利用的研究。

水库淤泥一遇水就会膨胀，其实很难利用。因此，由成大土木工程系黄忠信教授带领的团队，将研究重点放在如何改变淤泥的物理特性。只要加入特定化学药剂，再应用纳米黏土的先进技术，就可以把淤泥变成不会膨胀的粉末，而且还具有防水透气的特性。

由成大研发技术

由于看好未来发展，成功大学技转育成中心，将这项技术转移给成功大学第一家衍生公司“成大昶闳科技”，目前在中国台湾地区和大陆都取得了专利。

霉斑的发生是因为墙壁太潮湿，水泥砂浆的钙离子被溶出，导致批土和油漆跟着掉。大部分处理方法都是将墙壁的毛细孔封死，结果越封越严重，无法根绝。将乐土材料加在水泥砂浆的那层，就能疏通水气，让它自然排出。

家里施工适合 DIY

为了让乐土更容易被使用，业界陆续开发出地面型乐土（不会太快干，让师傅有时间做泄水坡）、抹墙型乐土（比较快干，可节省施工时间）、乐缮（DIY 除霉斑工具包）等商品。

自 2008 年年底以来，在网络与 DIY 族群中取得口碑，慢慢赢得装修行业的青睐，陆续有建商开始使用乐土。

➊湿气比较重的浴室，在打底水泥与粉光水泥中添加乐土，具有防水效果（弹性水泥防水层最好仍要做）。

[透气实验]

1. 将一般水泥砂浆（左）与加了乐土的水泥砂浆（右）分别放在水杯上，用加热器加温。

2. 一段时间后，两者上方的玻璃片都有水滴，表示都能穿透水蒸气。但左边明显变湿，右边有加乐土的水泥砂浆还是干的。

【防水试验】

1. 左为加了乐土的水泥砂浆；右为一般水泥砂浆贴瓷砖，用水柱持续对它们喷水。

2. 过一段时间后，一般水泥砂浆贴瓷砖（左）不但整个变湿，还产生了霉斑（白华），而加了乐土的水泥砂浆（右）背面仍是干的。

【水库淤泥】

🅐水库淤泥（上）以独门工艺改变物理特性之后，就会变成防水透气、不易膨胀的乐土（下）。

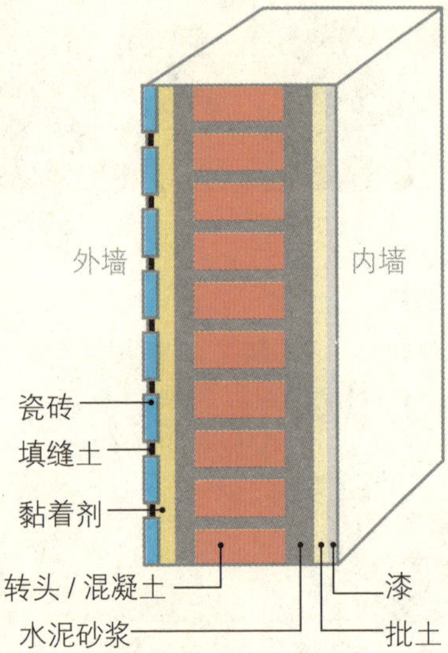

🅐乐土可以只加在水泥砂浆层，若加入混凝土层，效果更佳。使用乐土后，内墙不可添加会阻塞毛细孔的建材。

KNOWLEDGE BUILD UP

建材须知▲必须搭配透气涂料

在外墙的水泥砂浆那一层（约2厘米厚）加入乐土防水粉，每平方米成本只需增加40元。如果希望防水透气的效果更好，可以在内墙的水泥砂浆层也加入乐土。特别注意的是，用了乐土后，墙面不能再施加会堵塞毛细孔的东西，可使用矿物漆等透气涂料。

乐土小档案

特点	防水、透气、无机、耐久。
原理	改变污泥的物理特性，降低吸水率，提高抗渗性，并变成细粉。
用途	防霉，做地材及壁材。
产品	· 通用型乐土每千克约34元（另有抹壁型与地板型）； · 乐缮超薄抹面砂浆每千克约23元（DIY除霉斑）； · 乐涂DIY防水涂料每千克约23元（户外屋顶壁面防水）； · 乐观彩色砂浆：每千克约31元（壁面上色）。

*本书所列价格仅供参考，实际售价请以市场现况为准。

【DIY 处理霉斑】

★工具及材料

乐缮超薄抹面砂浆

→内含（左起）：乐缮（乐土防水水泥砂）、白色乐缮（批土层）、螺丝、量杯、高碳钢刮刀、金属小披刀、橡皮刮刀

1. 霉斑处理前

用铁锤将螺丝在墙面敲出痕迹，然后用尺量直径。若为 7 毫米以下，表示壁面较硬；若为 8 毫米以上，表示壁面较软。

2. 刮除霉斑

壁面较软，用铁锤敲高碳钢刮刀（斜放）即可。壁面较硬，需改用电动锤钻或砂轮机加切片，将水泥砂浆打破。

3. 填坑抹平

乐缮加水搅拌 3 分钟成泥浆状，比例为 100 克乐缮加 3 毫升水，静置 10 分钟再搅拌。用金属小披刀将泥浆抹到墙面，填满坑洞，再用橡皮刮刀抹平。

4. 墙面美白

墙面干掉后（约 5 小时），将白色乐缮加水搅拌 3 分钟成泥浆状，比例为 100 克乐缮加 45 毫升水，静置 10 分钟后再搅拌。同样用金属小披刀将泥浆抹到墙面，再用橡皮刮刀抹平。干燥后，上第二次白色乐缮泥浆。

Wall Surface Decoration

科定板

低甲醛环保建材

费用低廉，施工时不易起粉尘

科定板是涂装板材的一种，多用来装饰墙面或家具表面。以往涂装板材是在施工现场贴木皮、上色、喷保护漆，易有粉尘与甲醛的问题。科定板则是出厂前，已染好环保染剂及涂上环保面漆，不会造成施工现场漫天粉尘，且每张 200 ~ 420 元，比起传统涂装板材加上喷漆的费用要便宜。

使用低甲醛涂料与环保染剂的绿色建材科定板，最常用于制作木柜。

可供定制装饰墙面

科定板又称 KD 板，属于环保建材。底材是木材，外表贴上木皮，可装饰墙面，或贴在桌、柜、梁柱等木质材料或夹板的表面。不过，传统涂装板材易发生木皮与夹板间不贴合，或夹板底色浮现、白胶溢出等问题，也常因现场染色后发现色泽不均，造成困扰。

科定板则无上述问题，消费者可事先选择板材木质纹路与颜色，交给厂家定做，装修前会先看到成品，加上现场无须贴木皮、上涂料，不会造成空气污染，施工后，亦无刺鼻味。

⬆科定板可与石材、玻璃等材质搭配应用。

KNOWLEDGE BUILD UP

建材须知▲可用酒精清洁擦拭

科定板施工时，与一般涂装板材缺点相同，若圆弧造型弧度小于 120 度，便无法施工。高温环境，会影响板材与木皮的黏合性，太阳直射处也不适合，容易褪色。科定板抗酸碱，很好保养，可用酒精清洁擦拭。

低甲醛、无刺鼻味

科定板每张尺寸为 244 厘米 ×122 厘米，由 2.7 ~ 3.6 毫米厚的板材为基底，并用无毒环保胶贴上 0.25 ~ 0.6 毫米之厚木皮，表面再以德国环保 UV 漆于工厂进行涂膜，完全无毒无害，保障居家生活，每张价格 320 ~ 420 元。而市面上一般未上漆木皮板，每张价格约为 200 元，但还需要经过木工师傅的喷漆，因此加上涂装费用，总成本会高于 KD 涂装木皮板，且喷漆之溶剂物质对于身体也有害。

科定板标榜低甲醛，施工后闻不到刺鼻味。科定板与壁面或家具表面黏合时，应避免使用强力黏胶，而改用低甲醛的白胶黏合，若担心黏性差，也可使用气钉固定。

科定板小档案

材质	底材为木片，表面再用环保胶贴上木皮，涂上德国陶瓷漆及环保染剂。
尺寸	244 厘米 ×122 厘米，厚度 3 毫米。
特点	防焰、耐磨、抗酸碱，为环保建材。
价格（每张）	200 ~ 420 元
运用	可贴于柱、柜、桌、椅、墙面。

＊本书所列价格仅供参考，实际售价请以市场现况为准。

Wall Surface Decoration

实木贴皮

越厚触感越好

保留实木触感，方便施工

实木贴皮是广泛使用的建材，价格便宜且保有实木自然触感。为方便施工，背后大多粘贴无纺布，再分为自粘无纺布贴片和无纺布贴片。前者像贴纸，后者则得涂胶再粘上；纹路有人造和天然两种，人造产品中除了特殊纹路，一般价格比天然的低，但花纹不似天然的优美。

美化家居，创造实木质感

大家对实木贴皮一定都不陌生，家家户户的柜体、壁面、床框、地板，几乎都见得到它的踪迹。实木贴皮其实就是原木裁切而成的薄木片。厚度极薄，为0.015 ~ 3毫米，最常见的厚度是0.25毫米；越厚的实木贴皮，触感越天然。

实木价格高昂造就了实木贴皮的盛行。背面即使是粗糙木芯板，表层贴上一层实木贴皮，就多了自然气味和细腻感。目前花色有人造和天然两种，总计有上百种纹路。

表面可烤漆防潮

人造实木贴皮的质地也是实木，只是以经济价值较低的树种经人工染色，模拟出经济价值较高的树种纹路，花纹较死板，质地也较粗糙。天然实木贴皮，每棵树刨出来的纹路不尽相同，比较自然，质地细腻。

为方便施工，制作实木贴皮的工厂会将薄木片粘贴在无纺布上再出售。其中又可区分为自粘型无纺布贴片和无纺布贴片两种。自粘型无纺布贴片类似贴纸，撕开后就可以直接粘贴；无纺布贴片则需在表层刷上粘胶，再加以粘贴。一般来说，木皮都不耐潮，但是只要加以烤漆，表层就像上了保护层一样，不用担心潮湿的问题，色泽也变得较光滑美观。

↑（上）粘着无纺布的实木贴皮，必须自己涂胶粘贴。（下）自粘型无纺布实木贴皮像贴纸般，撕下就可直接粘贴。

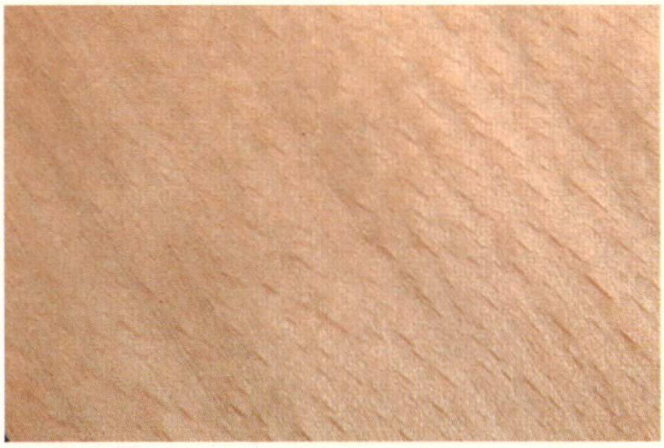

⬆红山毛榉实木贴皮颜色略带红润，带来温暖气息。

⬆天然胡桃直纹实木贴皮颜色稳重成熟。

⬆天然桧木直纹实木贴皮，桧木色泽偏黄，视觉上比较活泼轻松。

⬆绿光森林实木贴皮具有人造技术研发的特殊纹路，模样新潮。

KNOWLEDGE BUILD UP

建材须知▲施工须请专业师傅

实木贴皮的施工，建议还是请专业师傅来做，因为木薄片质地很脆弱，没有弹性，如果碰到转折处，容易破裂。现在的人造技术进步很多，除了可以模拟花纹，还能创造独特纹路，很有创意。

实木贴皮小档案

材质	实木切成的薄片。
特点	取代昂贵实木，但表层依然保留天然触感。
价格（每平方米）	**天然型：** 1. 无纺布贴皮 30 ~ 150 元。 2. 自粘型无纺布贴皮 55 ~ 240 元。 **人造型：** 1. 无纺布贴皮 27 ~ 220 元。 2. 自粘型无纺布贴皮 47 ~ 170 元。

*本书所列价格仅供参考，实际售价请以市场现况为准。

Wall Surface Decoration

壁纸

2～3 年须更换

花色材质丰富，展现特色的最佳选择

随着壁纸的花色、材质越来越丰富及受到空间设计风格越来越多样的影响，过去在空间中通常以客串姿态出现的壁纸，已经成为展现个性、凸显主题风格的主要材质，在空间中扮演着画龙点睛的角色。

不管什么风格，壁纸绝对是室内装潢中的重要角色。

利用壁纸的大胆图案，创造出抢眼的美感。

画龙点睛，展现室内空间不同质感

壁纸是室内空间设计上经常会使用到的材料，从各式花色到不同材质，无论是营造古典气氛或现代波普风，壁纸都扮演着重要的角色。壁纸除拥有色彩、图案多样，方便营造气氛的好处外，还有材质丰富的特点，铜、铝、丝、藤等皆可入材，可为空间提供更多的质感。

另外，相较于粉刷，壁纸施工快，就算是较粗糙的墙面，也可利用厚底的壁纸来掩饰，装修出平整的质感，相对省事得多。

胶面壁纸可擦拭

壁纸在分类上，从一般价格的机器输出印刷，到高级的手工制品都有。除一般印花壁纸、浮雕壁纸或绒面、缎面、丝面等不同材质的壁纸外，还可大致分类为纸面纸底、胶面纸底、胶面布底。其中，胶面壁纸可擦拭，表面较不易黏附灰尘，也较耐刮，适合用于有小孩的空间。

壁纸除使用在墙面上外，作为门或家具的点缀，也能为空间增添不同的效果。例如，室内古典风格设计会用到较多宫廷感的壁纸、壁布或窗帘；而在商业空间中，可利用壁纸的大胆图案，创造出抢眼的美感。

壁纸的多样化可搭配设计风格产生不同美感。

壁布吸音隔音佳

若偏好空间有温暖厚实的感觉，则建议选用壁布，较能呈现质感。虽然壁布的价格稍高于壁纸，但吸音、隔音较好，且有调节室内湿度的功效。壁布大致上可分布面纸底、布面胶底、布面浆底，其中布面胶底的防水性佳，也很耐磨，而布面浆底的防火性较佳。

↑想要加强空间张力或延展性，则可将壁纸使用在电视墙或天花板上。

局部使用营造气氛

壁纸在商业空间的使用上可以大胆些，但在住家空间，还是建议以粉刷为基础，然后将壁纸作点缀，应用在主墙面或儿童房、天花板，偏向装饰性主题表现。壁纸使用在局部墙面，可创造出古典、乡村、波普等不同风格。若主墙装饰要有度假风的感觉，可用壁纸带出休闲感，或使用丝质、皮质等高价位材料，丰富的花色、立体的表面都能经由光线折射呈现不凡的质感，为空间点缀气氛。

花色较复杂的壁纸一般多用于局部点缀或空间主墙，如客厅的沙发墙或电视墙、卧室的床头墙、玄关墙等，只选一面来发挥就好，能清楚呈现主题，空间也不会过于杂乱。

单一色彩壁纸若是素色系的白色、米色或粉色系，可大面积贴于空间墙面，若担心空间太无个性或太呆板，则可搭配较抢眼的饱和色系，如红、蓝、紫色等，但原则与复杂图样壁纸相同，只选一面墙点缀，可让空间更有层次感。若想加强空间张力或延展性，则可将壁纸使用在电视墙或天花板上，让墙壁不再只是单一素色。

↓复杂花色的壁纸只需铺设一面墙，就能清楚呈现主题，空间也不会过于杂乱。

↑ 在住家空间中，建议仍以粉刷为基础，以壁纸作点缀，应用在装饰性的主题表现上。

可直接重叠贴换

由于壁纸属于有时效性的空间材质，花色虽多样，但容易腻。更换时，不用撕下原壁纸，直接将新壁纸重叠贴换即可。但若原本已贴在墙上的壁纸颜色较深，要再重贴新壁纸时，颜色不要选太浅的，不然，表面易透出底下原来的旧壁纸图案，有碍美观。另外，若壁纸表面含有绒布或水晶材质，因表面不平整，则不可直接覆盖。此外，若壁纸有损伤，通常修补的质感都不会太好、也容易出现色差，所以最好每 2 ~ 3 年更换一次。

另外，虽然我国南方地区气候潮湿，但只要保持干燥，还是能维持壁纸寿命。建议家中选购性能较好的除湿机，最好每天保持除湿状态，平日可用吸尘器、除尘纸擦拭，若有污损，可以视材质处理。防水材质可用清水或清洁剂掺水（清洁剂与清水比例为 1 : 2）擦拭；非防水材质虽然做过防水处理，但是如果残留湿气过久，也会破坏表层防水漆，而损坏壁纸花色，所以建议最好以拧干的湿抹布轻轻擦拭，并马上擦干水汽。除此之外，由于部分壁纸、壁布易沾灰尘，家里若有过敏体质的成员，要注意清洁问题。

DIY 步骤及注意事项

- **准备工具：**滚筒、胶刷、木柄刷、刮刀、美工刀、抹布、卷尺、直尺、水桶。
- **事前准备：**如果墙壁有裂缝或是凹凸，建议先填补好，以免无法平整地粘贴壁纸。并且，要先做防霉处理，用防水涂料打底，打底之后再施工。
- **步骤：**
  1. 墙面批土、磨平。若墙面状况很差，可先用硅酸钙板封住，再贴壁纸。
  2. 测量高度、面积，裁切所需长度。裁切的长度最好比壁面高度、宽度多预留至少 5 厘米。
  3. 在壁纸背面均匀上胶。
  4. 从墙角开始，从最上端往下开始贴，再用木柄把空气压出。
- **注意事项：**首先，须检查壁纸色泽、图样是否一致，若有色差，可要求更换。而 DIY 施工时，要留意边缘是否密合，白胶、糨糊等黏着剂是否擦拭干净等，若发现浮贴不平、接缝过大，可用湿布在不平的地方擦拭，再用刮刀重新整平即可。

KNOWLEDGE BUILD UP

建材须知▲贴完壁纸 3 天内勿开冷气

粘贴壁纸时，一定要保持墙面的平整性，若表面不平整，贴出来的效果会不佳。此外，贴完壁纸后，3 天内尽量不要开冷气，让壁纸自然风干。若开冷气，等于让壁纸的黏着剂急速变干，这样壁纸容易出现裂痕或变硬而不平整。此外，墙面若有发霉、漏水，在施工前也应先处理好发霉、渗漏等问题，而后再粘贴壁纸。

壁纸虽适合贴在柜面上，但若是木质柜本身的木材易出油则不适合。还有，若墙壁较潮湿，或会经常被触摸，也尽量不要使用壁纸，以免水汽、汗液令壁纸变质。会被阳光直射的空间，选择壁纸时，也要挑不易褪色的款式。同时，留意壁纸的清洁方式，有的只能用干布擦拭，有的可用湿布擦，有的甚至能刷拭，购买时要问清楚所适合的清理方法。

↑壁纸最好 2 ~ 3 年更换一次。

壁纸小档案

产品材质	纯纸浆材质、表面做凸纹理或加有其他原料。
运用	壁面、天花板、柜子表面与底层。
施工价格（每平方米）	1. 依数量和场地状况不同，会有价差，工钱为 5 ~ 10 元。 2. 若要刮腻子，须多加 7 ~ 10 元。 3. 若要上白胶，约多加 5 元。
选购步骤	1. **看一看**：看看壁纸是否平整，图案、花色是否均匀。 2. **闻一闻**：若散发出刺鼻、不舒服的异味，最好不要选购。 3. **摸一摸**：用手摸摸看，感觉质感、厚薄，若非设计上的皱褶或有气泡，要多加考虑。 4. **擦一擦**：用湿布或橡皮擦擦拭样张，除检验清洁的容易度外，也可检查是否容易脱色。
价格	最常见的规格为 53 厘米 ×10000 厘米一卷；国产的每卷 88 ~ 680 元；进口每卷最低价格 480 元，多为 600 元以上。

注：材料、施工价格为市场均价。

*本书所列价格仅供参考，实际售价请以市场现况为准。

Wall Surface Decoration

手绘大图输出壁纸

适合各空间主墙

花色材质丰富，展现特色的最佳选择

谁说贴了壁纸，墙面就会充满重复性图案？台湾地区这两年开始引进大图输出壁纸和手绘壁纸，整面墙就是幅超大照片或画作，气势非凡，图案不重复，很适合成为空间的主视觉，还可以量身定做。不过价格不便宜，而且交货期比较长。

底材为无纺布或木纤纸

大图输出壁纸的做法，是将图案以环保油墨印在无纺布或木纤纸上。想要墙面看似一片幽静的森林，没问题；想让床头靠着一片以假乱真的美丽红砖墙，也没问题。千变万化的图案，释放了我们对墙面布置的想象。

图案可以从厂商目录中选择，也可以使用自己拍的照片，风景、画作、前卫电脑绘图、传统建材质感，全部都能印出。无纺布会透气，不容易潮湿变形。至于木纤纸，它是欧洲做的环保纸，被太阳久晒也不会凸出，在垃圾填埋场会自然分解。

手绘壁纸是中国传统墙纸艺术的精致呈现，背面虽然也黏了一层纸，但表面材质非常多元，包括丝绸、金银箔、仿古

↑ 不管什么风格，壁纸绝对是室内装修中的重要角色。

纸，甚至皮革。这几年由于低调奢华风当道，带有时尚感的银箔比富丽堂皇的金箔更受欢迎。

仿古纸中，有种叫作 Tea Paper（茶纸）。以前我国的茶叶经由丝绸之路传到欧洲，欧洲人会将包茶叶的纸留下，一张张拼贴在墙壁上，然后在上面作画。那种纸就是 Tea Paper，比较厚，纸纤维很明显，现在可以用手工仿造。

手绘壁纸最大宗的图案是中国风系列，例如山水花鸟。台湾人最喜欢梅树的图案，牡丹、紫藤、垂柳也很受欢迎。手绘壁纸的工厂几乎都在大陆，画师都是受过高等教育的美术系学生。由于是手绘，完全可以量身定制，例如蝴蝶多两只，竹子少一点。如果想将自己的祖父画进去，也可以喔！中东地区就有人这样做。

小破损，可以局部补图

画的时候，让主图避开门窗，而小树枝等次要的图，则与主图隔着门窗相连。整面墙看起来，就像一幅连续的大型画作，艺术性高，且独一无二。

壁纸贴好之后，主人可以选择要不要喷保护膜。喷了，壁纸不容易脏，比较好清理，但是保护膜的化学成分可能会导致颜料稍微变色。如果手绘壁纸不慎弄脏或弄破了一小块，有信誉的厂商可提供局部修补服务，请画师画局部小图来贴。

无论是大图输出壁纸或手绘壁纸，张贴前都需要确保墙面是完全平整，而且没有渗水问题。一般状况下，壁纸可使用10年。

【大图输出壁纸】

↑ 把充满现代风的趣味照片做成壁纸，在国外很受欢迎。

↑ 喜欢砖墙的岁月美感，但是不想真的做一面仿旧砖墙？大图输出壁纸可以帮你。

【手绘壁纸】

壁纸的图案也能绘于纱网上，让墙面和窗户都呈现一致且连续的画面。

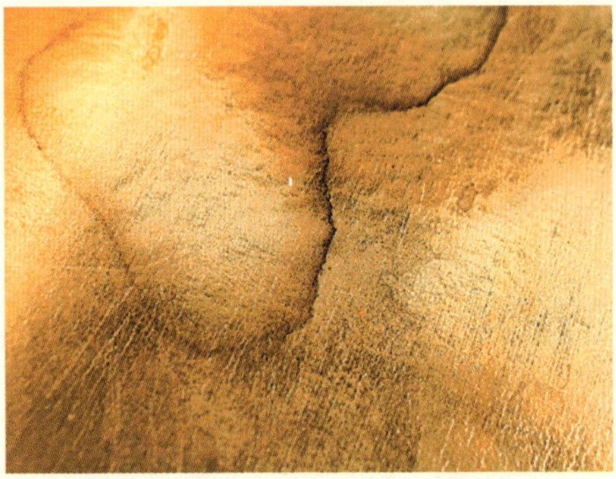

金箔底纸接触空气后，容易氧化变黑，成为另类风景。这种效果也能用手绘仿造。

手绘壁纸中，台湾人最爱这一味，金箔底纸加上梅花图案，贵气中蕴含大自然的灵气。

在仿古纸上将图案手绘上去，由于是小张贴，纸的交接处有明显的交叠痕迹。

KNOWLEDGE BUILD UP

运用须知▲画师手绘有艺术感，气势足

手绘壁纸可以创造气势，墙面再大都能处理，而且能依照需求修改图案。建议用在一个主墙就好，其他墙面用素色的，这样空间会比较有焦点。台湾人一般都不会再于墙面放东西，不过外国人还是会挂画。

运用须知▲大图输出，适合各空间主墙

大图输出壁纸很适合使用在客厅、餐厅、卧室的主墙，成为视觉主角。如果选择中国风的图案，可混搭一些欧美的古典式家具，不要中国风到底，免得整体看起来太正式。

壁纸比一比

	台制	进口	大图输出	手绘
价格	每块（30厘米×30厘米）260元左右。	每块（30厘米×30厘米）1000元以上。	每平方米260元（无纺布），每平方米580元（木纤纸）。	每平方米1500~2000元。
特点	材质普通，图案呆板。	材质精致，图案多变。	非重复性图案，可呈现各种建材质感，交货期为2~3周。	非重复性图案，充满手感与艺术性，材质多元，交货期为2~3个月。

* 本书所列价格仅供参考，实际售价请以市场现况为准。

Wall Surface Decoration

壁贴 点缀墙面、拼出涂鸦美

图案多元，省钱又便利

谈到壁面装饰，除了油漆粉刷，运用壁纸外，图案式壁贴也是不错的素材。使用壁贴不用整面墙都做变更，局部装点即可，且图样多元，好撕好贴，价格每组十几元起，是相当便利又省钱的改造工具，不过若要替换，撕下来时，壁面易残留胶痕，影响美观。

省时省力，打造家的独特风貌

若觉得油漆壁面的色调太无聊，或是整面墙贴壁纸太麻烦，那么可考虑改用壁贴来变化。壁贴图案多元，只要简单改造，就能改变空间表情。加上好撕好贴的特性，对不懂涂鸦创作的人来说，也能自行改变居家的面貌。

好上手的壁贴还可DIY，让每个人都能创作出独特的墙面表情。家中若有小孩，儿童房就可使用壁贴，让孩子自

使用壁贴，就能轻易变换居家风貌。

壁贴 DIY 步骤

1. 擦拭壁面：先用布蘸清水或酒精，将墙面擦拭干净。

2. 粘贴壁贴：依自己喜好将壁贴贴于墙上，可先轻压稍微固定，看看整体比例与位置。

3. 完成：确定位置后，再用力紧压固定壁贴，即可丰富原本素面的白墙。

已选图案，由大人和孩子一起粘贴，不仅改变了空间，也能增加亲子间的互动。选择壁贴的图案时，仍要依空间风格来决定，避免突兀。一般来说较多人使用花草图案，视觉舒服又能让家很写意；如果想要壁面热闹点或充满童趣，也可选择动物款式。壁贴除了墙面外，柜子表面或玻璃材质也可使用，自行粘贴，就能轻易变换居家风貌。

以热风软化粘胶，较好撕下

壁贴多为整组式出售，一组里含有 2 ~ 4 张壁贴，另也有拼组式壁贴。价格随款式、纸质、张数而有所区别，市价在 50 ~ 1000 元之间。虽然壁贴好撕好贴，但这也是缺点之一。因为要撕下来时，壁面易有粘胶的痕迹，会影响美观，所以建议撕前可先用吹风机吹一吹，借由热风软化粘胶，这样不仅好撕，粘胶痕迹也较不明显。

KNOWLEDGE BUILD UP

建材须知▲随兴贴，创造个人风格

使用壁贴时，一般人都会担心贴不好或贴歪，但其实就是要随兴贴，若可以加入点自己的想法，任意变换位置，会出现不同的味道。若担心贴歪，可先将壁贴轻压于墙面，不要完全粘紧，而后看看整体比例感觉，若确定了再粘紧固定住。

壁贴小档案

材质	一般纸、铜版纸，有背胶。
风格	花草、动物、自然景观、抽象造型、几何图案。
特点	好撕好贴，可自行 DIY 布置居家。
价格（每组）	十几元至上千元。

＊本书所列价格仅供参考，实际售价请以市场现况为准。

Wall Surface Decoration

装饰贴片

居家表情多

可重复粘贴，节省布置成本

装饰贴片是种可贴附于墙面的建材，反面有背胶，易于自行装潢，且花样繁多，能在短时间内改变居家表情。贴片表面防水防刮，但缺乏弹性，较难处理转角处或曲面边角的收尾，为解决此难题，厂家研发出软片式改良产品，材质更轻薄且具弹性，近年渐成为热门建材。

↑红砖花色的装饰软片。

↑木纹（左）及石纹（右）的装饰软片。

↑白云花色（左）及金属花纹（右）的装饰软片。

花色丰富，节省布置成本

传统装饰贴片（或称贴布）为 PVC 材质，耐磨、防水且花样丰富，如天然木纹或石纹可节省布置成本，并免除贴皮装修产生的化学异味，或因装修产生的粉尘及噪声。适合大面积美化家中壁面，也可挑选主墙或局部柜体作装饰。装饰贴片可重复粘贴，若不慎贴出瑕疵，撕开后短时间内仍具黏性。但因本身无延展性，贴至转角时，须叠合约 2 厘米宽，故仍可见交叠痕迹。

软片材质，轻薄有弹性

近年来，改良的软片式材质不断被研发出来，仍以 PVC 为基底材质，经电脑上色后，表面再覆上透明保护膜，并依样式压印仿造纹理，塑造几可乱真的材质效果。多层处理的装饰软片，厚度仅有 0.2 毫米，且有弹性，不仅适合贴附于壁面，还可修饰柜门、桌椅等有曲面的家具。

产品轻薄，就算贴合时略有重叠，也不易看出衔接处，但目前市场尚未普及，须通过特约经销商或设计师代购。

要用装饰软片美化墙面，需注意墙面的平整度，水泥墙面先以砂纸或批土修整，清除灰尘，并于干燥状态下贴覆。装饰软片虽有背胶，使用于不同基材时，仍须考虑黏着力而配合使用助黏剂，如光滑的金属烤漆板可直接贴上，但遇水泥或木料基底时，使用助黏剂，让装修效果更持久。此外，若欲变换家中贴片样式，考虑旧贴片的背胶已变质，建议仍须撕除旧贴片，清理残胶及壁面不平整处，再从边角处贴覆新花色，可降低重复粘贴概率。

装饰窗框 DIY 重点贴

1. 先移除装饰膜约 10 厘米，确认位置后定位贴覆。
2. 不慎贴出气泡，可利用吹风机热风融化背胶，持刮刀将气泡挤压出去。
3. 具有弹性的装饰软片，可平整包覆金属窗框的凹凸面，创造木质效果。

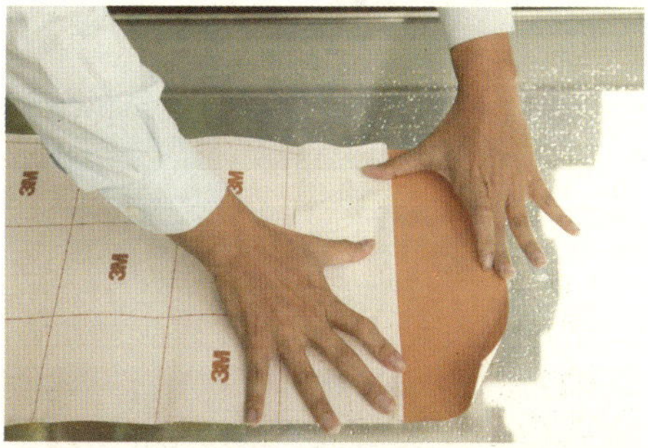

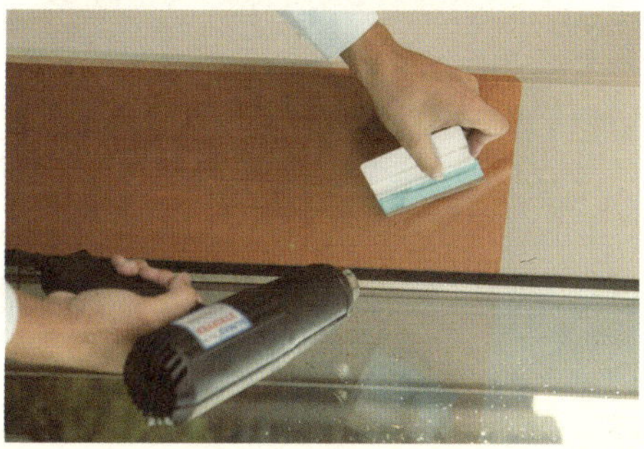

KNOWLEDGE BUILD UP

建材须知▲环保建材方便清洁

使用装饰贴片来布置，可免除装修过程的空气污染及噪声，而逼真的花样还能降低开采原料的需求，是便宜又易上手的环保建材。因表面均经过防水处理，不仅便于清洁，还可用于外墙或户外家具。此外，一些高端的装饰软片具有微细渠道的排气设计，能排温排湿，提高产品附着力。

装饰贴片小档案

材质	PVC 材质。
特点	耐磨、防水，且花样丰富，可节省布置成本，并免除贴皮装修产生的化学异味及粉尘噪声。
价格（每平方米）	几十元至几百元不等。

＊本书所列价格仅供参考，实际售价请以市场现况为准。

Wall Surface Decoration

砂岩石材

随意造型、硬度高

宜放室内，避免纹路卡脏污

砂岩石材是将石头磨成粉，经过加工制成的窗花、壁材或雕塑饰品。可依个人喜好来制作样式。色调上，除了灰与米黄原色系，还增加金银箔处理的款式。砂岩石材因风格强烈，能让空间更有个性，但表面有凹凸纹路，较易附着脏污。

风格强烈，造型独特

砂岩是将云南所产的石头磨成砂后，经人工将原料放置于各种模板上，制造出来的窗花、壁饰与大型装饰品。

在制作过程中，加入 Epoxy（环氧树脂）和胶合物的产品，硬度较高，造型稳定度较高；而未加 Epoxy 的产品，硬度上虽然较低，但表面的砂岩颗粒较为明显，触感也较真实。价格上，添加 Epoxy 成分的，每平方米约 1500 元；未添加 Epoxy 成分的，每平方米约 1000 元。

表面可添加金银箔

米黄色与灰色是砂岩石材的原色，若觉得色彩太单调，也可选择在表面加上金银箔，或自行上色，将水性漆料涂在表面上，又是另种感觉，但较易丧失天然石材的味道。

砂岩运用于局部空间，就有凸显风格的效果。例如，住家是波普风格，可选用几何图案的砂岩石材，贴于玄关或电视主墙上；另外也可用雕塑品做主题式点缀，如住家是东南亚风格，就可在客厅、玄关的某一处，摆上佛像或大象雕塑品，加强风格。

砂岩石材因表面有凹凸纹路，容易附着脏污，因此建议在室内使用，若放在室外，风吹加上淋雨，容易变黄。不过清理保养很简单，可用清水擦拭处理，若担心清理不干净，可再搭配清洁剂清理。

↑砂岩材质色彩比较:（左）为未加 Epoxy 的砂岩，表面较粗糙，颗粒也较明显，（右）则添加了 Epoxy，表面较光滑。

↑砂岩石材可依个人喜好制作，经过不同处理后，还可呈现不一样的质感。

⬆大象砂岩——加了翅膀的大象雕塑品，造型生动，表情也很有趣。

⬇鹦鹉螺与灯座——鹦鹉螺下方是一个镂空灯座，若不加入照明设备，单独摆放也很好看。

⬆金箔砂岩——砂岩表面加上金箔，提升立体感，也增加华丽感。

KNOWLEDGE BUILD UP

建材须知▲花样、尺寸可定做

砂岩石材的可塑性很高，花样、尺寸都可定做。若是选择已有开模的款式，从订货到拿货，要等30~45天，但若是要重新设计、制作，则需要等两个月。

砂岩小档案

材质	将云南产的石头磨成粉，加入Epoxy、胶合物制成。
色彩	灰色、米黄色，还有金银箔款式。
运用	局部空间或主题式点缀。
价格（每平方米）	添加了Epoxy的壁材约1500元；未加Epoxy的壁材约1000元。

*本书所列价格仅供参考，实际售价请以市场现况为准。

Wall Surface Decoration

壁面镜

巧妙放大空间

隐藏梁柱及延伸空间的常见手法

室内空间有限时，运用镜子，是隐藏梁柱、延伸空间感最常见的手法。各式色调的镜子，可搭配不同装修素材，营造或温暖或现代冷冽的氛围。不过，运用镜子得拿捏好贴覆的位置与面积比例，若在房间内或对称墙贴满镜子，易产生过多重叠影像，使人感觉错乱，不适用于居家空间。

镜子可搭配其他装修素材，营造出各式氛围。

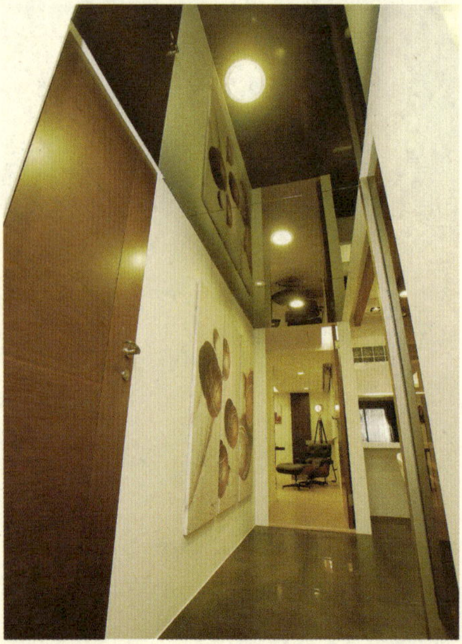

以冷调的灰镜装饰天花板，可以挑高空间感。

扩大空间感的重要元素

镜子会反射影像，可模糊空间虚实界线，常为扩大空间感的重要元素。城市住宅通常层高较矮，或有结构梁柱无法拆除的问题，若贴覆镜子于横梁或大型柱体上，借反射影像遮掩梁柱，同时加强视觉纵深，可缔造挑高宽敞的效果。

局部使用效果较好

此外，除了常见的明镜，亦有色泽各异的镜子，可搭配不同装修建材，例如，光泽温暖的茶镜，就很适合混搭原木色调的空间；而冷冽现代的住家，则可挑选灰镜、黑镜或明镜，混搭出摩登的味道。

不过，运用镜饰扩充空间感，并非越多越好。若房间内四周或对称双侧墙面的位置，贴满大面镜子，会产生太多反射影像，宛如电梯内部空间，导致视觉压迫和错乱，故建议局部用于梁下或柱体。若家中有狭长走廊等非久待的场所，那么单、双侧贴镜则无妨，点缀壁灯还可营造华丽效果。还可于柜体背墙贴上镜饰，提升局部延伸视觉的效果，又不会过于夸张。

潮湿空间加强涂料

制作镜墙，亦有需要注意的细节。比如，贴覆镜子时，多使用中性矽利康当黏着剂，最后于边缘填缝补齐。但办公室常见的发泡材质天花板，或受潮则会剥落的粉墙，贴覆镜子后易松动，或导致镜面变形，故不适合直接使用背胶粘贴。

此外，水汽较重的空间，如浴室，墙面底部易渗水，造成镜面水银氧化，故在浴室贴镜子时，防水涂料的工程须扎实，大面积的镜墙才可维护得久。贴覆于柜体的大面镜墙，有些木质柜体含甲醛等酸性化学物质，时间久了会腐蚀镜面，使边缘出现黑色氧化物质，有碍美观。

KNOWLEDGE BUILD UP

建材须知▲制作镜墙注意事项

- **背材**：有的墙面不适合直接粘贴镜子，包括轻钢架天花板、发泡材质、硅酸钙板及粉墙等，会不够牢固。
- **水汽**：直接贴镜子于浴室墙面，底部的防水涂料、弹性水泥，施工高度至少要到天花板。
- **木质柜体**：贴覆木质柜时，若柜体表面使用酸性涂料，会导致镜面快速氧化，缩短使用年限。
- **施工面积**：不适合贴覆房内所有墙面，或对称墙位置，避免反射影像过多而感觉错乱。

各色镜子小档案

＊本书所列价格仅供参考，实际售价请以市场现况为准。

种类		特点	价格（每平方米）
明镜		最常运用的镜子，价格最便宜。	125 元起
茶镜		反射光泽温暖，适合搭配木质装修。	约 280 元
黑镜		色泽冷冽，适合局部用于现代空间。	约 280 元
灰镜		搭配灰阶或金属光泽的现代空间，营造冷冽感。	约 280 元
超白镜		反射的影像与现实物品色调一致。	约 280 元
色镜		色彩种类多，但反射效果较弱，适合局部使用。	约 280 元

Wall Surface Decoration

人造皮

好清洁、不吃色

PVC 价低触感差，PU 环保可分解

人造皮运用范围广泛，常贴覆在床头板、墙面、拉门上，也可作为家具、家饰品的表材。与真皮相较，人造皮的优点是价格便宜，表材无瑕疵，没有真皮会有的痣或斑，也不易吃色；最常见的是聚氯乙烯（PVC）与聚氨酯（PU）材质，表面没毛细孔，好清洁，但缺点是不透气，且触感不如真皮自然。

运用广泛

人造皮可分成表材与底材两层。表材是以可塑性塑料或人造纤维制成，可塑性塑料分为 PVC 与 PU 两种。

PVC 使用年限长，最好清洁，价格也最便宜，但触感差，易龟裂，皮质差的用不到 1 年，表面就会出现裂痕；PU 则为环保材质，用久会自然分解，不会对环境造成负担，但价格是人造皮中最贵的。根据使用年限的不同，寿命越长的，价格越贵。人造纤维的质感既像布，也像皮革，优点是散热快、透气性佳，但缺点就是延展性较差。

常见的人造皮布底可分 3 种。以超纤布底最贵，刷毛布底次之，汗衣布底最便宜。

动物图纹价格高

人造皮的价格差异极大，每米（约 1.5 米宽）从八九元到三四百元不等。影响价格的因素包括厚度、产地、花色等，如特殊纹路的蟒蛇纹、鳄鱼纹、鸵鸟纹等，价格就较贵，因为特殊动物图纹的纹具较贵。PVC 材质中最受欢迎的则是仿牛皮的花色；最便宜也最常见的是 PVC 材质颗粒纹花色，因普遍化令价格便宜。

PVC、PU 制的人造皮表面因无毛细孔，所以不会渗水、吃色。

↑常见的人造皮布底可分 3 种。
❶汗衣布底；❷刷毛布底；❸超纤布底。

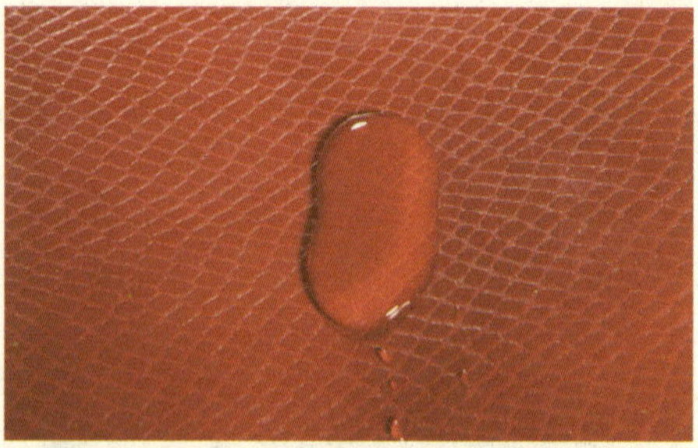

↑ PVC、PU 制的人造皮表面因无毛细孔，所以不会渗水、吃色。

德美意日品质佳

产地以德、美、意、日等国家的皮料最贵，中国台湾地区次之，中国大陆最便宜。中国大陆制造的人造皮产品较多变化，但质量和中国台湾地区相比，仍有相当大的落差，多为 PVC 材料。中国台湾地区在产量上虽落后，但仍以技术及研发见长。德、美、意、日等国家有相当高级的人造皮制造商。知名品牌因重商誉，所以多用 PU 材质，制程也注重健康，不会随意添加有毒染剂，质量普遍较好。

人造皮价格与底材质量成正比，超纤布底最贵、刷毛布底次之、汗衣布底最便宜。

人造皮也会用于家具、摆饰上，如椅子、抱枕等，因表材没有真皮会有的伤痕，能展现无瑕疵的视觉美感。

真皮遇水会渗入

想要辨别人造皮与真皮，可滴水测试。真皮因有毛细孔，所以遇水会渗入、吃色。但 PVC、PU 制的人造皮因无毛细孔，所以，滴水后，水珠会停留在皮面上，不会渗入、吃色。

KNOWLEDGE BUILD UP

建材须知▲微湿布清洁即可

在清洁保养上，以 PVC 材质最好保养，可用湿布擦拭。若特别脏污，可蘸少量的色拉脱（界面活性剂）清洁，但要避开强酸、强碱的清洁剂。另外，也不能擦保养油，会使皮面硬化、龟裂。PU 材质则因会分解，所以，不要用在过于潮湿的环境，但仍可用微湿的布清洁，脏污也可用色拉脱清除。最不好保养的是人造纤维，滴水就会吃色。脏了可用湿布清洁，但无法完全清除，只能使脏污、水渍变浅。

⬆人造皮常贴覆家具或壁面，如贴上白色人造皮的床头板，可为空间点缀出奢华气息。

各种人造皮比一比

*本书所列价格仅供参考，实际售价请以市场现况为准。

		特色	价格（每米）
仿牛皮 PVC 人造皮		最受欢迎的花色，色彩选择多，但表面触感较差。	17~65 元
颗粒纹 PVC 人造皮		最便宜的花色，多色可选。	14~38 元
鳄鱼纹（左）、蟒蛇纹（右）PVC 人造皮		仿鳄鱼纹、蟒蛇纹，质感贵气优雅，价格较贵。	25~76 元
仿牛皮 PU 人造皮		PU 触感较佳，价格依分解年限不同而定，约 5 年会分解。	12~98 元
仿牛皮人造纤维人造皮		表面有毛细孔，会透气吃色，延展性差。	97~220 元

注：目前市场上人造皮宽度一般为 138 厘米。

牛皮

柔软好透气

怕日晒，易留水渍

牛皮在家居上应用广泛，经常被用在壁面、门板、床头板和桌面上。也常用来制作沙发、椅子和抱枕。与人造皮相较，它的优点是天然、透气、柔软。缺点是价格贵。约较人造皮贵 4 ~ 30 倍，并有虫叮蚊咬、伤疤等天然痕迹，消费者接受率较低。此外，若不慎打翻水或饮料，渍痕不易清除。

皮料处理方式影响价格

牛皮来源多为触感柔软的黄牛，皮料种类依处理方式而不同。牛皮概分为苯染皮、半苯染皮和涂料皮 3 种。苯染皮是以染料浸染出各种颜色，质感天然，仍保有牛皮的胎记、虫咬疤痕或打斗伤痕。亲肤性佳，手感柔软绵密。价格最贵，每小块（25 厘米 ×25 厘米）约 50 ~ 250 元。半苯染皮是染色后，再上层轻薄色料，以减少因不同部位皮肤吃色状况所引起的色差。价格居中，每小块约 30 ~ 180 元。涂料皮则是经过染料、色料处理后，表面再以涂料着色来遮盖牛皮纹痕，价格最便宜，每小块约 12 ~ 120 元。其中又以常见的颗粒纹花色价格最低，每小块约 12 ~ 60 元。若做动物压纹，如鸵鸟纹、鳄鱼纹，或特殊压纹，如藤纹、软木塞纹，因所用纹具较贵，价格自然也贵。

影响牛皮价格的因素，除了皮料处理方式外，牛皮厚度、斑痕多寡、皮身的年龄，以及生长环境和产地等均有影响。一般牛皮的厚度在 1 ~ 7 毫米之间，越厚越贵。斑痕越少越贵。皮身越年轻的牛皮越贵，因为皮料柔软、质量佳。

以生长环境来看，驯养牛的皮料比野生牛的贵，因为在人类饲养下，营养好、皮料漂亮；野生牛在成长过程中易受伤，皮肤缺陷也较多。以产地而言，欧美价格贵，中国大陆、东南亚便宜。欧美的牛皮制作工艺环保，不添加有害染剂，皮料未受污染，且色彩饱和，压花压纹变化多，这些都是中国大陆和东南亚制的牛皮所不及的。

清洁禁用污斑去除剂

保养上，牛皮最令人头疼的问题，就是遇水容易产生渍痕。所以，打翻水或饮料一定得赶快擦干，否则，很快就会渗入皮料中。切记勿用力擦拭，这样只会得到反效果，加速渍痕晕开。其中以苯染皮的吸水速度最快。

此外，牛皮皮革怕日晒，因其会导致干燥、龟裂。用久后，也会变干、变硬。建议平常可使用皮革专用保养剂擦拭，适当的滋养可保持皮革柔软。清洁时千万不可用污斑去除剂、鞋油或任何强效清洁剂，会破坏皮革表面组织，造成龟裂、褪色等无法补救的效果。

天然印记左图红色牛皮上有伤痕，右图黑色牛皮上的纹路是牛颈纹。这些天然的斑痕，常被消费者视为瑕疵。

此为打翻水在牛皮上留下的水渍。若不小心打翻饮料或水，要赶快擦干，避免留下痕迹。

牛皮价格高，可得好好延长其使用寿命。这款皮革专用清洗剂是由牛脂肪萃取，能去污，也能滋润牛皮，保持其柔软度。

KNOWLEDGE BUILD UP

真皮释疑▲皮常有斑痕，非瑕疵

牛皮身上有斑痕是很自然的事，像是生长纹、虫叮、蚊咬，甚至碰撞、打斗造成的伤痕。很多人喜欢牛皮的天然质感，却不能接受这些斑痕，视它们为瑕疵。也因为如此，才有涂料皮的产生，利用涂料来掩盖斑痕。

至于判别真假牛皮，现在仿制的技术高超，除非求助专业鉴定，否则很难判断。这是除了要求商家提供文件证明之外，最有效的自保之道。

如何判别真牛皮与人造皮

	真牛皮	人造皮
肉眼辨识	苯染皮或半苯染皮，皮面仍可见虫叮、伤痕等痕迹。若是表皮涂料很厚重的涂料皮，因已完全遮盖牛皮原有的自然纹路，难以判别真假皮。	表皮完美，无瑕疵。
文件证明	可请店家出示正本出货证明或产地证明。	
送交专业单位检测	若有疑虑，可将皮料送到专业检测机构检查。	

牛皮种类比一比

注：1 小块 = 25 厘米 ×25 厘米。

*本书所列价格仅供参考，实际售价请以市场现况为准。

		特色	价格（每小块）
苯染皮		亲肤性好，特别柔软绵密，是价格最高的牛皮。皮料上具有虫叮、伤疤等天然痕迹，以及不同部位牛皮，吸收染料程度不一而产生的些微色差。颜色不限，黑、白、棕、灰、红等为常规。	50 ~ 250 元
半苯染皮		价格居中，以轻微色料掩饰天然瘢痕与色差，达到几乎无色差的情况。颜色不限，黑、白、棕、灰、红等色最受欢迎。	30 ~ 180 元
颗粒纹涂料皮		涂料皮是经过染料、色料处理后，表面再以涂料着色来遮盖牛皮纹痕，且遮盖性最好的牛皮。颗粒纹是最便宜、也是最常见的涂料皮花色。颜色不限。	粗颗粒纹（左）18 ~ 60 元，细颗粒纹（右）12~40 元
鳄鱼纹涂料皮		动物压纹是很常见的涂料皮花色，质感优雅贵气的鳄鱼纹最常见，也最受欢迎。	30 ~ 100 元
软木塞纹涂料皮		涂料皮除动物压纹外，也有藤纹、软木塞纹等特殊纹路可选择。	30 ~ 120 元
马鞍皮		未经处理的牛皮原皮，最早用来制作马具。皮面未经甩软、上色等过程，皮质坚硬，耐用度高。	50 ~ 240 元

Wall Surface Decoration

钢琴烤漆

清澈如镜超耐用

抗水性、耐磨性佳

钢琴烤漆是一种让板材更耐久、耐热和耐磨的涂装方式，好的钢琴烤漆家具平滑洁净，表面如镜子般可映照清晰影像，且色彩饱和度高。

质感气派

亮丽的钢琴烤漆家具光可鉴人，气派优雅，且抗水性和耐磨性佳。钢烤板材的硬度较木心板、密集板、结晶板等一般板材更高，好保养，耐用度达十年以上；缺点是不耐日晒，若将实木皮钢烤家具放在临日晒的窗前，1 ~ 2个月即会变色。

实木钢琴烤漆采用实木贴皮制作，以呈现木皮质感，底材则使用密集板；钢烤制作须在无尘室中作业。成熟的钢烤至少要20道工序，首先上第1层涂料，并静置8 ~ 10小时以上。

察看灯光反射清晰度

以实木钢烤为例，最好静置一整天，让涂料被木皮毛孔完全吸收，并达到充分干燥的状态，之后再上漆，才会美观。上完涂料后进行打磨，接下来的工序为上首度和中度底漆，经2 ~ 4道修色程序后，再上4 ~ 8道面漆，最后送进烤箱火烤。上漆的过程中，应避免吸收粉尘和水汽，导致成品失败。

成功的钢琴烤漆清澈如水，颜色饱和度高，均匀细致，且不易掉漆，能够如镜子般反射影像。而失败的钢琴烤漆，反射的影像不够清晰，影像周边会呈现模糊的波浪状。挑选钢烤家具时，可将家具置于灯光下，观察反射的灯光是否清晰。而保养方式很简单，平常用纯棉布擦拭即可，若有明显脏污，可用去渍油轻轻擦拭。

可用湿抹布擦拭清洁

钢烤技术也经常使用在橱柜面板上。钢烤橱柜面板常采用多元酯树脂（PolyesterResin）作为涂料，即俗称的“保丽漆”，底材则为密集板。一般而言，硬度较结晶板高，但是比美耐板低。

钢烤板材具耐热性和耐水性，有的厂家曾实验将没钻孔的钢烤板泡在水中2个星期，结果板材未起变化。如发生刮伤，相较其他板材也更易修复。钢烤橱柜寿命可维持10年以上，平常使用湿抹布擦拭即可，若有脏污可使用湿抹布蘸洗碗精清洁，使用1 ~ 2年以上可打钢琴蜡使其亮丽如新。

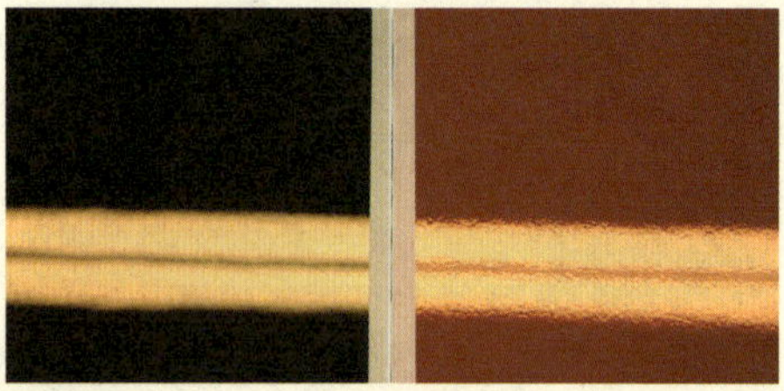

钢烤对照

黑色板材（左）为成功的钢烤板，日光灯影像清晰可见；红色板材（右）为失败的钢烤板，日光灯影像较模糊，影像周边成波浪状。

KNOWLEDGE BUILD UP

建材须知▲竹片钢烤较费工

一般来讲，表面有越多毛细孔的实木如枫木，越不容易制作钢烤，做好以后也容易裂开；因此钢烤的板材尽量挑选较细致的实木皮来做。但现在实木皮越来越难取得，较新的建材是竹片钢烤。它的优点是韧性大，纹路细致；缺点则是材质较硬较滑，打磨难度高，因此要比一般实木烤漆多花 20% ~ 30% 的制作时间。

钢琴烤漆类型比一比

* 本书所列价格仅供参考，实际售价请以市场现况为准。

		特点	价格（每平方米）
银箔烤漆		使用银箔纸为材料，较不耐磨。	约 1750 元
竹片烤漆		钢烤较新建材，打磨难度较高，制作费工，纹路美丽。	约 180 元
铁刀木钢琴烤漆		木皮表面硬度高，耐磨	约 175 元
金箔烤漆		使用金箔纸为材料，较不耐磨。	约 175 元
玫瑰木钢琴烤漆		木纹清晰美丽。	约 200 元
黑檀木钢琴烤漆		木材硬度高，耐磨。	约 430 元
大柑木钢琴烤漆		木纹清晰，因树种稀少，养成时间长，因此价格较高。	约 450 元

仿清水模工法

工期短，花费少

可以做得很像清水模

日本建筑师安藤忠雄设计的一系列充满禅意的建筑，让世人惊艳于清水模之美。那洁净的外观有种神秘的力量，能让人的心灵得到安静与沉淀。如果想将清水模带入室内装修，又不想花太多钱，仿清水模工法是一个好选择。

仿清水模工法可以让大部分材质呈现如清水模灌注的质感，常用来制作于水泥粉光、硅酸钙板及水泥板。以常见的圆孔平滑面来说，仿清水模的做法比清水模省下 80% ~ 85% 的费用及一半以上时间，没有粉尘，也比较好清洁。

依施工面状况计价

施工步骤主要为基面研磨、钻孔、修复、细磨、着色及上保护漆，需要 5 ~ 7 个工作日。室外每平方米连工带料约 300 元；室内则依施工面不同计价。最需要功力的是着色，一般做 3 ~ 4 次，以天然海绵压花涂上 3 种不同深浅的颜色，模拟清水模肌理效果。

修复墙面的批土、着色用的水泥和最后的保护漆，都加上了树脂，可渗透到基面的毛细孔，将它堵塞，使脏污不会卡在里面。

仿清水模一般比较常见的是平滑面有圆孔的，也可做成仿木纹效果。若用于户外墙体，光泽度可维持十年，若用于没有酸雨侵蚀的室内维持时间就更长了。光泽度下降或是出现明显的水纹，可用这套工法修复表面。

现在仿清水模工法出现成品太完美的问题，失去清水模拆模后那种混凝土自然的不均匀感。施工前，墙面最好能用激光水平仪校正垂直水平，以免做出来感觉不够挺。

仿木纹
仿木纹效果的仿清水模，较少见。

仿清水模施工步骤

1. 钻孔

磨平基面、水泥批土修补，用电钻打孔。

↓

2. 批土修复

以水泥批土修补圆孔。

↓

3. 磨平

以砂纸做细磨。

↓

4. 着色

以细水泥着色，海绵压花做深浅层次。

KNOWLEDGE BUILD UP

工法须知▲水泥着色，附着力好

清水混凝土修复与仿作工法，若以水泥着色，而非色浆，除了附着力较好外，也能避免色浆颜色较呆板、透明度不够与褪色的问题。

↑仿清水模工法可以做得很像清水模。图为台创艺术设计馆。

↑平滑面的仿清水模有圆洞，工时比清水模灌注少一半。

工法比較

工程	清水模灌注	仿清水模灌注
价格	贵	便宜
施工期	长	短
成功率	取决于施工品质	能有效达到清水模质感
肌理效果	很自然	取决于压花技术

贝壳

拥有一隅奢华

价格不菲，易维护

到海边玩，人们总是不忘在沙滩上捡几只贝壳回家。看看贝壳的种类与工艺，你会发现它在居家空间的运用十分广泛。不论豪华气派、典雅神秘，或者低调高贵，都难不倒它！

闪亮动人

贝壳建材给人以华丽的印象，各种不同的色泽，闪亮惹人喜爱，常用于墙面、台面或桌面等。但价格不菲，每块（30厘米×30厘米）可高达500元。由于施工方式明确，且维护容易，想在居家空间拥有一隅奢华，是很吸引人的选择。

贝壳主要分为养殖贝与野生贝，养殖贝顾名思义，是以人工培养，市场上常见产于大陆的珍珠母贝。带有珍珠色光泽的珍珠母贝，单种贝壳就可产生不同的颜色变化，包括自然色、油花、纯白与特殊色系等。目前，以纯白的珍珠母贝最受欢迎，每块价格约260元。

密拼饰板应用广泛

野生贝则有海贝与河贝之分，采撷自浪大时被冲上岸的贝壳，光泽较为耀眼，但产量少。主要根据产地及所呈现出来的色彩，而使得空间展现不同的风情，譬如来自大溪地的黑蝶贝，闪烁着黑色、银白与淡淡的孔雀绿光泽，显得时尚而神秘；来自于太平洋的企鹅贝，则因其母贝状似企鹅而命名，颜色为咖啡中略带红褐色，能创造低调的奢华感。

贝壳建材的施工方式主要分为两种：密拼饰板及网贴马赛克。密拼饰板为方形板材，是将贝壳片以手工粘贴固定于背材，应用广泛，可贴在木板、石材、瓷砖、金属及压克力等表面。还可选择不同种类的贝壳作创意拼贴，如人字拼、菱形拼、交错工字拼等。

局部装点画龙点睛

网贴马赛克，则是将贝壳片粘贴于网状尼龙布上，每片贝壳之间留有缝隙，创造出马赛克般的效果。想在有弧度的立面上使用贝壳建材，可利用此种施工法。大面积施工时，要特别注意比例与配色。网贴马赛克可拼成特殊花型，容易呈现个人居家特色。

贝壳一般用于墙面装饰，受限于预算，但又抗拒不了贝壳带来的华丽格调，可作局部装点，如台面、桌面，达到画龙点睛的效果。贝壳在风水中，属于五行中的“水”，象征财富，贝壳做成的家居用品，如碗、置物盒、面纸盒，实用与奢华感兼具，也是不错的方法。

➊ 贝壳闪烁着耀眼光芒，是装饰华丽感不错的建材。可挑选局部空间运用，图为以纯白珍珠母贝打造的电视墙。

注：每块 = 30 厘米 ×30 厘米。

各种贝壳比一比

＊本书所列价格仅供参考，实际售价请以市场现况为准。

	纯白珍珠母贝（上） 油花珍珠母贝（下）	粉红贝	鲍鱼贝反面网帖	黑蝶贝

价格（每块）	29 ~ 40 元	约 33 元	约 450 元	90 ~ 175 元
特点	珍珠母贝产于大陆，为养殖贝，单种贝壳就能产生 4 种颜色变化，其中，纯白珍珠母贝最受台湾人欢迎。	来自美国密西西比河流域的稀有河贝，浪漫的粉红色创造独特的幸福感，是许多女屋主的最爱。	网贴的缝隙，可呈现方格的马赛克效果。（上为背面；下为正面）	黑蝶贝产于大溪地，是孕育黑珍珠的贝类，交会着孔雀绿与银白光，时尚神秘。

	黄蝶贝	企鹅贝	牛耳贝	金色镜贝

价格（每块）	160 ~ 350 元	180 ~ 500 元	270 ~ 400 元	40 ~ 85 元
特色	黄蝶贝为产于澳大利亚的野生贝，可孕育顶级珍珠，具有美丽的金黄色光泽。	产于南太平洋，咖啡金中略带红褐色，低调华丽，是点缀效果很好的选择。	不同于其他贝类的光泽，产于南太平洋的牛耳贝，带来沉稳细腻的质感。	镜贝原形为扇形，是特殊的软壳贝、较薄，可加工成不同形状，雾面光泽惹人爱。

贝壳建材小档案

来源	养殖贝或者野生贝。
应用区域	大至建筑外墙、酒店大厅，小至家饰品的运用，如镜框、相框、杯垫。居家空间则多以墙面、天花板、台面为主。
特点	光泽特殊、色彩丰富，防水、抗刮、抗酸碱。
价格	依贝壳种类而定，每块29～500元。

⬆以密拼的珍珠母贝拼贴而成的面纸盒。

KNOWLEDGE BUILD UP

工法特色▲网贴马赛克施工快

网贴马赛克施工完毕填缝后，可呈现如马赛克瓷砖的效果，此工法有模具，施工较快。密拼则是无接缝，手工制作起来费工，因此价格较昂贵。

应用须知▲让空间增添高贵

贝壳可运用在居家任何区域，也适合局部装饰，让空间增添高贵。电视墙或玄关地板，都是很好发挥的地方。如果想来点小奢华，可买未加工的镜框，利用网贴马赛克装饰，贝壳拼贴的杯子、杯垫等小物品加以点缀也不错。

保养方式▲以布蘸水擦拭

贝壳具有易燃的特性，但本身无毛细孔，所以防水。其保养方式很容易，遇脏污，只需以布蘸水擦拭，再用干布擦净即可，如特别脏，可使用一般清洁剂。建议常摸、常擦以增加光泽。贝壳的莫氏硬度约2.6，具抗刮性，但仍要避免用尖锐的东西摩擦。

⬆天然珍珠母贝经过抛光与时尚染色，大小错落排列，为餐桌添上清爽气息。

⬅由镜贝密拼而成的桌面，散发出金箔般的光彩，从每个角度观赏，光影与色泽均不同。

感受居家温暖，

地材选择是第一步！

从简单至上的瓷砖铺设，

到淳朴敦厚的木纹质感，

只要锁定目标，

你一定能找到，

最适合自己的独特地材。

Flooring ×

地面建材大观

Chapter 2

- 木质地材 Wood Flooring
- 砖石地材 Brick and Stone Flooring
- 其他地材 Other Flooring
- 地材加工 Ground Processing Accessories

Wood Flooring

实木地材 优选承重硬度

保持室内通风干燥，木材不易腐朽

木材运用于居家空间时，要依特质调整用途，比如，椅子和地板需承载人体重量，可选择质地厚实的木材；橱柜、桌子没有承重问题，可选择质地较软的木材。对于气候潮湿的地区来说，只要选对木材，并保持室内通风，木材反而有调节湿气的功用。

触感温润，桧木肖楠真品稀有

实木温润的触感，总能增添居家温暖的氛围。但是，木材若运用不当，即使是好木材，也会浪费掉。

像大家熟悉的台湾桧木，质地细致，触感温润，且具有香气，品质优良，是全世界桧木之最，深受消费者喜爱；另一树种肖楠，香气清淡，质地更加坚韧，市价胜于台湾桧木，只是这类珍贵木材都已不易取得。一般消费者要留意，市售珍贵木材如檀木、桧木等，多非真品，若要购买，最好找信誉良好的店家，或有专业人士陪同鉴定。

选用木材时，要依需求决定树种。如果用作桌椅，因为要承受人体重量，需要质地坚韧的木材，可选桃花心木、楠木、乌心石、槭木、山毛榉、橡木、柚木、花梨木等。

⬆缅甸柚木富含油脂，触感温润、不易腐朽。

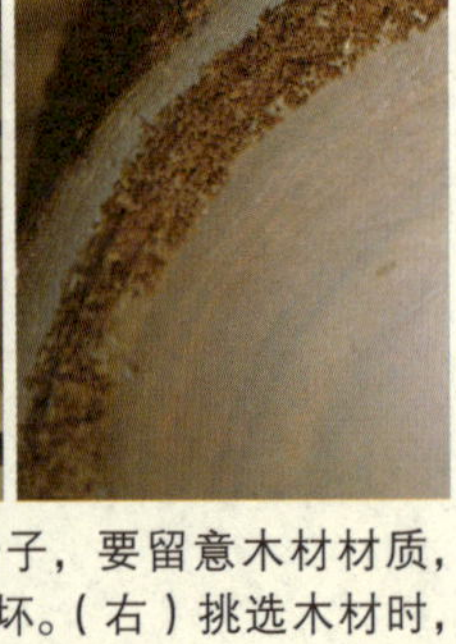

⬆（左）木料做成椅子，要留意木材材质，确认是否耐重不易损坏。（右）挑选木材时，外缘边材属新分化细胞，容易腐朽。

铁木柳桉，无须防腐

许多人喜欢在家里铺原木地板，那么要选择质地硬实且耐磨的建材，像南美风铃木、台湾桧木、花梨木或柚木，不只纹理漂亮，硬度也够，是木地板建材的优先选择。

木质橱柜家具无须承载人体重量，因此木材纹理是否美观，决定了家具质感，可选择纹路美观的木材，比如，柚木、胡桃木、槭木、鸡翅木、樱桃木等。若要将木结构用于室外，建议将木结构的迎水面设计成略带倾斜的表面，下雨过后，不会在表层积水渍，可减少腐朽机会。

气候潮湿地区的消费者，担心木材容易腐朽的话，可选择具有天然耐久力的木材，如太平洋铁木、婆罗洲铁木、非洲红铁木或巴杜柳桉等，这些木材甚至不需要任何防腐处理，只要保持木材处于干燥的环境即可。

KNOWLEDGE BUILD UP

建材须知▲心材水分少较耐久

挑选木材或实木家具时，即使是同一材种，依其取材部位，也有品质优劣之分。靠近树皮较浅色部分，称为边材，属于新分化细胞，即使经干燥处理，也较内部心材容易腐朽。

而靠近髓心较暗色部位为心材，属于死细胞，本身已干枯，所含水分较少，若选用心材部位做家具，就不用太担心腐朽问题。购买时可依木纹色泽深浅，留意木材取材的部位。

实木地材小档案

＊本书所列价格仅供参考，实际售价请以市场现况为准。

种类	柚木	花梨木	樱桃木	桃花心木	风铃木	槭木	黑胡桃木
特点	稳定性及耐久性佳，油脂多可防虫，纹路优雅。	典雅的红褐色，带清香味，木材稳定性高，且耐久，强度也好。	色泽高雅，纹理雅致，强度适中，稳定性高，耐久性高。	木材容易加工。色泽温润、均匀。木材稳定，强度适中。	具天然耐久力，强度高，稳定性高，适合做地板。	颜色较浅，色泽淡雅，但稳定性不佳，不适合做地板，适合做椅子。	色泽较暗，纹路优美，稳定性佳，容易加工。
运用	地板、桌椅、橱柜	地板、桌椅	橱柜	桌椅	地板	桌椅、橱柜	橱柜
价格（每平方米）	约 480 元	320~450 元	320~450 元	约 320 元	约 220 元	约 460 元	约 530 元

Wood Flooring

南方松

干式防腐不易发霉

常作庭院、阳台地壁材

南方松是居家庭院、阳台常用的地壁材，加了防腐剂的南方松可耐日晒雨淋，但室内使用就得挑无防腐剂的，这样才不会有异味。南方松取得容易、价格相对便宜，经防腐处理后，木质稳定性佳，因而常作为家居户外建材。

耐晒雨淋

南方松是松木的一种，常见长叶松、短叶松、湿地松、火炬松等4种，它们的纹理、特性无太大差别，不影响价格。但有无防腐处理及防腐剂和防腐方式、施工工法，则会影响价格。无防腐南方松每平方米连工带料80元起，易发霉、虫蛀。采湿式防腐的南方松，木材湿度高，易发霉、龟裂、变形、漆料掉色，但价格较干式的便宜，每平方米连工带料约100 ~ 230元。干式防腐则无上述问题，每平方米连工带料约120 ~ 2000元，价格略高，因此不如选干式。

上色选水性护木漆

最便宜的散皮南方松，是外观较不佳的瑕疵材，木头表面穿孔、木节有3个以上，或边皮不完整，每平方米连工带料在80元左右。目前广为使用的防腐剂为MCQ、ACQ及CA等3种。CCA因含有易致癌的重金属砷，现已禁用。

至于施工，正常流程是先将木头打磨抛光，之后上透明护木漆，再锁上螺丝，最后上显色护木漆。但有不法厂商会偷工减料，若发现地板踩起来有陷下的感觉、不够扎实，可能就是地梁太少、跨距太大。有的则没有打磨抛光，地板踩起来会扎脚。此外，建议使用白铁或双层镀锌螺丝，咬合力较一般螺丝好，若只是用钉子固定，遇雨易收缩浮起，造成危险。若想上色，宜选择水性护木漆，不建议使用油漆，易使木头龟裂。油性护木漆常用甲苯、松香水等稀释，皆有害健康。

↑南方松常用于居家庭院及阳台，作地壁材使用。

KNOWLEDGE BUILD UP

建材须知▲干式防腐南方松含水率须低于 20%

怕不法厂商鱼目混珠，拿湿式防腐南方松充当干式的，可要求厂商以仪器检测，含水率低于 20% 才是干式防腐南方松。或者用手触摸，感觉潮湿或锁螺丝时会出水，就是湿式的。

南方松比一比

注：除了无防腐南方松，其余均适合用在露台、阳台、庭院的地面和墙壁；表中价格为每平方米连工带料。

＊本书所列价格仅供参考，实际售价请以市场现况为准。

		特点	价格（每平方米）
无防腐南方松		适合室内使用，不易有异味，遇水易发霉，不建议用在浴室。	80 元起
MCQ 湿式防腐南方松		采用浸泡式防腐，木材湿度高，易发霉、龟裂、变形，漆料也易掉色。	100~230 元
ACQ 干式防腐南方松		以干燥机干燥防腐，木材湿度较低，上漆容易着色，也不易发霉、龟裂、变形。	220~280 元
CA 干式防腐南方松		好着色，不易发霉、龟裂、变形，与使用 ACQ 防腐剂不同的是里头含有可代谢的杀菌剂，防虫效果佳。	290~400 元
CA 干式防滑防腐南方松		木头表面做防滑沟，具防滑效果，因工序较多，故价格较高。	430~1600 元
散皮南方松		若木头表面有穿孔或木节多于 3 个、边皮不完整等，就表示等级较差，是价格最便宜的南方松。	约 80 元

Wood Flooring

塑木地板 防潮、抗虫、超环保

耐磨度佳，每平方米 150 元左右

利用废弃木材及回收塑料制成的塑木复合材料，兼具节能及环保，视觉及触感上保留木材的温润及质感，又拥有塑胶防潮、抗虫的优点，加上防滑特性，适合用作室内外地板或户外家具建材。只是价格较高，不计施工费用，仅材料每平方米就要 150 元左右。

节能概念，可用 10 ~ 15 年

塑木复合材料通过硬度、烟烧、色笔图画、刮伤测试，具一定的耐磨程度，表面若有磨伤，用磨砂纸来回摩擦，可去除伤痕，用刷子可去尘，适合用作室内外地板。因其材质由木头及塑胶所组成，不易燃烧，耐火性优于木头，属环保建材。

品质优良的产品，使用期限长，可维持 10 ~ 15 年。须留意产地及制造过程，一般欧美日进口品牌优于国产品牌。品质不佳的产品若放在阳台上或户外，会有变色、变形等缺点。

↑塑木复合材料来自废弃木材及废弃塑料，等于二次利用废弃物，相当环保。

无钉孔五金，施工牢固

塑木复合地板仅素材就要每平方米一般 150 元左右，与其他地板相比，价格较高。施工方式有传统螺丝、无钉孔塑件施工及无钉孔五金施工等方式，但小面积空间如阳台，则可购买有卡榫设计的地板进行 DIY 组合。

传统螺丝施工最方便，直接取钉子固定塑木复合材料及角料即可，缺点是施工时间长，表面有钉孔，长时间使用或施工技巧不佳，易有浮钉现象，造成刺伤风险，有幼童、老人的家庭不建议使用该类施工方式。

无钉孔塑件施工表面无钉孔，利用不锈钢钉子固定两片塑木复合材料，不伤害材料，可随时拆卸、移动。无钉孔五金施工类似于无钉孔塑件施工，五金改为铁件，固定更牢，是这 3 类施工方式中最坚固的，但价格最贵。

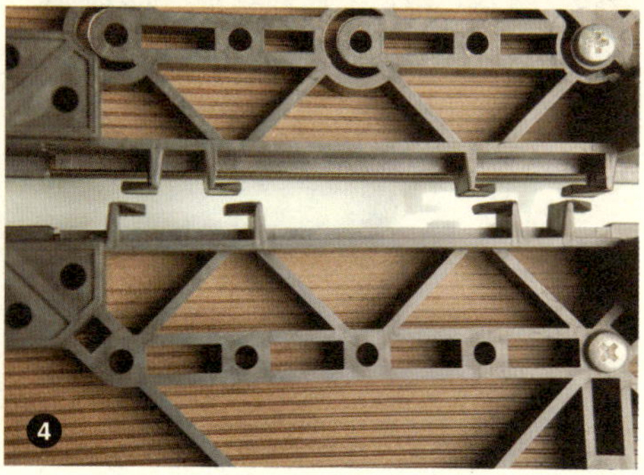

↑❶传统螺丝施工最便宜，但表面有钉孔，日后恐有浮钉，易造成刺伤风险。❷无钉孔塑件施工可随时拆卸、移动。❸五金改为铁件的无钉孔五金施工方式，固定更牢但也最贵。❹放在小空间如阳台的塑木复合地板，消费者可挑选有卡榫设计的塑木复合地板，进行DIY 组装。

KNOWLEDGE BUILD UP

建材须知▲挑选环保建材标志产品

以废弃木粉及回收塑料加以混合制作的塑木复合材料，仍有木头热胀冷缩的特性，若环境特别潮湿或炎热，易造成严重变形，因此素材品质格外重要，建议以国内外环保建材标志产品为主，且施工时不要忘了留伸缩缝，缝宽 0.8 ～ 1.5 厘米即可。

塑木地板小档案

优点	1. 节能环保。 2. 有木材的温润、防滑及塑料的防潮、抗虫优点。 3. 适合当室内外地板或户外家具。
价格（每平方米）	150 元左右。
清洁方式	1. 刷子即可去尘。 2. 表面有磨伤用磨砂纸来回去摩擦去除即可。

*本书所列价格仅供参考，实际售价请以市场现况为准。

 注：此类建材在中国台湾地区较为多见，目前中国大陆尚未普及。

Wood Flooring

稻壳塑木地板

仿木质感佳，不耐磨

耐候性佳，不怕日晒雨淋，浴室可用

你知道由稻壳制成的新一代塑木地板吗？这种建材的主要成分为稻壳、盐类和矿物油，能当地板材及壁材，耐候性佳，不怕日晒雨淋，室内外都能使用。居家多铺设于庭院、露台、阳台等户外场所。因不怕水，也适用于浴室。稻壳塑木地板仿木材的质感佳、不怕虫蛀，缺点是不耐磨，移动家具要小心，以免留下刮痕。

正反纹路可混搭

传统塑木地板以废弃木粉混合塑料制成，但木粉会吸水，日久易变形，每平方米约150元。之后市场推出无毒塑料发泡制成的塑木地板，可回收再利用，每平方米约200元。同样为环保建材的稻壳塑木地板，价格居中，每平方米约180元。

除因材质而不同外，施工环境是否好施工、龙骨高度，材料及铺装方式等因素，也会影响价格。龙骨高度越高，价格越贵。常见龙骨材料以不锈钢最贵、C型钢次之、水泥最便宜。也有人使用木头来做龙骨，但是，潮湿的地方则不建议这样做，容易变形。常见的铺装方式有直拼、横拼、斜拼等，尤以斜拼的废料多，因此，价格是直、横拼的1.5倍。

⬆稻壳塑木地板不耐磨，移动家具要小心，免得有刮痕（红圈处）。

稻壳塑木地板的正反面纹路不同，一面平滑、一面为沟槽状，将两种纹路混搭铺设，可营造特殊的视觉效果。颜色可定制。不过，大多数消费者偏好木色、深棕等大地色系。要注意的是颜色用久会褪色，建议每2年补漆1次，并上保护漆。

稻壳塑木地板要用得长久，除须注重品质外，施工也很重要。施工前须确认地面平整、排水孔位置正确，以及排水畅通。

⬆新一代稻壳塑木地板，主成分为60%稻壳（左起）、22%盐类、18%矿物油。

⬆塑木地板一面平滑（上图）、一面为沟槽状（下图），想营造特殊效果，可混搭铺设。颜色可定制化。

KNOWLEDGE BUILD UP

建材须知▲龙骨间距 40 厘米佳

居家施工稻壳塑木地板时，底下龙骨间距最好在 40 厘米内较安全，以免踩久会弯曲，造成危险。每张木板间宜保留 4 ~ 6 毫米的伸缩空间，以防止地板变形。平时以清水洗涤，脏污则用中性肥皂水刷洗即可。

稻壳塑木地板小档案

特点	仿木材的质感佳、耐候性佳、不怕虫蛀，但不耐磨。
使用场所	室内外皆可使用，居家多用于庭院、露台、阳台等。
价格（每平方米）	地板约 180 元； 壁板约 85 元。
保质期	15 年

*本书所列价格仅供参考，实际售价请以市场现况为准。

⬆稻壳塑木地板因不怕水，可在浴室使用，从地板、墙面、浴缸外壁到浴柜都能铺设。

Wood Flooring

新环塑木

防潮不易变形

适合户外造景

环保建材家族中的环保塑料木材又有新技术，已经进阶到完全不用木粉，就能创造出木材的轻巧特性，同时拥有极为真实的自然木头的色泽与立体木质纹路，不会腐蚀，不受虫蛀，最适合应用在户外造景或潮湿的环境里，每平方米约 160 元。

触感自然，可 100% 回收使用

过去的塑料木材是以废弃木粉混合塑料制成，但是木粉会吸水，使用 1 ~ 2 年后，经过日晒雨淋产生化学变化，会出现歪曲、变形，为避免危险，就要重新施工。而新一代环保塑料木材，采用无毒塑料发泡，原料打碎后，还可 100% 回收使用，属于环保建材。

环保塑料木材除了材质进化，形状也从中空造型进化至长形木片，环保塑料木材造型变化后，使用与施工方式均与一般木材相同，刨、钉、锯均可，且使用寿命更长。

有柚木、杉木等纹路

环保塑料木材的物理特性是耐刮、耐磨，且表面上了纳米涂层，无论是建筑外观，还是户外庭园造景、扶手，甚至是温泉区地板、瀑布、水幕或制作成户外休闲桌椅，都很适合。

其标准尺寸长度为 35 ~ 140 厘米，厚度为 1.2 厘米，目前有柚木、杉木等纹路。环保塑料木材触感真实，即使切割

旧式环保塑料木材结合塑料与木粉，且多为中空造型，施工较不易。

环保塑料木，即使经砂纸打磨，仍可看到木纹。

或经砂纸打磨，也看得见立体木纹，还可接受定做，染制成各种色泽或水刀切割，刻出特殊造型。

环保塑料木材以平方米计价，每平方米售价约160元，现在也有厂家推出DIY拼板，可自行在阳台、卫浴等空间内组拼。由于环保塑料木材质特殊，且具备可回收性，是强烈推荐使用的环保建材。

KNOWLEDGE BUILD UP

建材须知▲无毒塑料发泡，好保养

一般亲近自然的设计会大量采用南方松，部分南方松会用有害人体健康的防腐剂，而环保塑料木材采用无毒塑料发泡，不含甲醛，温热空间也不会散发毒性，且无须再上保护漆，日后保养更容易。

新环塑木小档案

材质	100%塑料发泡，可回收。
特点	耐刮、耐磨、防潮、抗酸碱、防虫蛀。
价格（每平方米）	约160元。
运用	室内外地板材、休闲家具、庭园造景。

*本书所列价格仅供参考，实际售价请以市场现况为准。

Wood Flooring

软木地板

隔音、耐磨、防滑

适合有幼童或老年人的家庭

软木地板的主要材质是橡树的树皮，细胞组织间充斥着空气，故材质具有极佳的弹力与韧性，隔音、防震性高，适合有幼童或老年人的家庭，因为软木地板不像实木那么硬，质地有弹性，若小孩跌倒，会产生缓冲作用，能降低伤害程度，且不必拆除旧地板即可铺设，冬季接触地板时也不会过于冰冷。但软木地板的价格不便宜，每平方米成本约 130 ~ 250 元，视纹理效果及有无染色而定。

↑各式纹理及染色的软木地板。

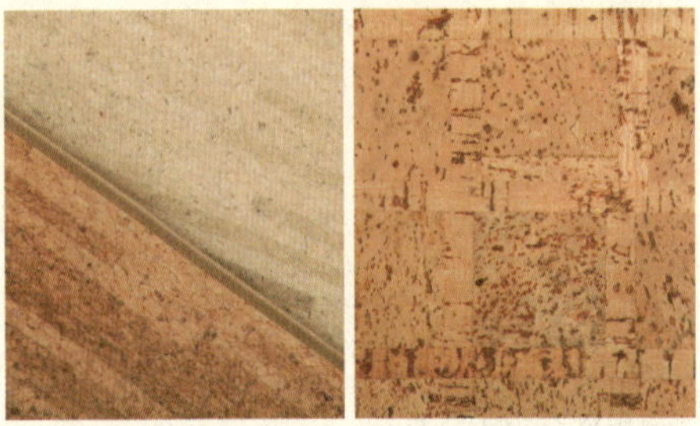

↑（左）细长的拼贴花样，可选择上色或不上色，看起来很有质感。（右）正方体的拼贴图案，为软木地板增加变化。

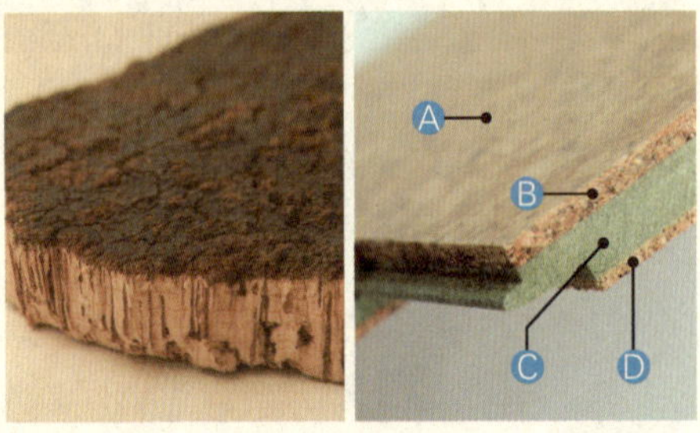

↑（左）软木地板的原材为橡木木皮，去除斑驳表层，取中段充满空气的软木组织。（右）软木地板的切面图：Ⓐ PU 耐磨涂料；Ⓑ 2.7 毫米密度较高的软木；Ⓒ纤维板；Ⓓ 1.8 毫米密度较低的软木（A. 表层；B. 中层；C. 底层）

具有弹性，不助燃

软木的取材是来自 2 ~ 20 厘米厚的橡木树皮。橡木只适合种植在地中海沿岸，产量较少，而且要等到橡木生长到第 25 年时，才能剥橡木的树皮，剥除树皮后橡木仍可生长，而后每隔 9 年才能再剥一次，比起伐木更显环保。由于软木地板与红酒瓶上的软木塞材料相同，故有防潮功能。

软木地板的制成，是先将软木碾压后，再黏合软木粒子，而后切割成块状的板材。因为是取自树皮，没有淀粉和糖分，虫子不爱吃，所以有防蛀的功效；不含甲醛成分的软木，不会对人体造成伤害，且细胞间留下与组织比例各半的空气，形成此材质的弹力、韧性，延伸出隔音、耐震动、耐磨、防滑等功能。除此之外，软木本身存有蜡质成分，除了防虫、防潮，还有不助燃特性。

不必拆旧地板

碾碎后的软木，依不同纹理形式黏合、加压成片，再固定于高密度纤维板上，制成能卡扣固定的扣锁式软木地板。

🅐（左）左边是完整大片软木所制成的地板，右边是软木经压碎后再拼组制成的。（右）扣锁式软木地板，在表面软木材与底部减缓震动的软木碎屑间，夹了一层高密度纤维板，方便拼组固定。

由于欧洲制造的软木地板，均经过检验，符合国际板材检验标准，表层抗磨漆、胶合软木碎屑、高密度纤维板的甲醛含量都已严格把关，故挑选欧洲原装进口的软木板材，无需再涂漆或额外加工处理。

一般居家常见的石英砖地板，若想换成防潮、隔音的软木地板，不必敲除、上胶或钉制，直接安装扣锁式软木地板即可，将来搬家时，只要小心拆除，可完整剥除软木板材，换至新空间安装重复使用，节能又省钱。

搭配家居，变化色彩

除了适用于地板，软木也适合运用于墙面，由于壁面不像地板会经常踩踏，质地上相对较软。手工制造的软木地板，上面的图案，都是经由人工一一拼贴而成，别担心软木地板只有咖啡色，它有45种的色彩变化，可依家居设计、自己喜好来搭配。

软木地板不像实木地板，要定期上光、打蜡，只要用干、湿抹布擦拭即可，正常使用下，维持15年没问题。

🅐适用于壁面的软木，强调手的触感，细孔较大且质地较软，运用染色技法可作色彩变化。

KNOWLEDGE BUILD UP

建材须知▲须减少使用清洁剂

平日清洁软木地板时，用扫把或吸尘器清除灰尘即可，若有脏污，可用清水擦拭，因表面有特殊防水涂料，不必担心水汽影响软木。但建议减少使用清洁剂的频率，以免破坏软木本身具有的蜡质成分。

软木地板小档案

成分	主成分为胶制橡木皮的软木碎片，中间夹高密度纤维板。
表面效果	有各式碎屑拼贴纹样，除原木色外，有其他染色效果。
运用	室内地面，特别适合有幼童或年长者的家庭。
特点	具有缓冲弹力、隔音、导热性低、不助燃、防潮、可拆除并重复使用的特性。
缺点	表面无素色、素面效果，且施工成本高。
价格（每平方米）	130 ~ 250 元

*本书所列价格仅供参考，实际售价请以市场现况为准。

注：此类建材在中国台湾地区较为多见，目前中国大陆尚未普及。

Wood Flooring

海岛型木地板

不易变形但不耐磨

木夹板表面贴实木皮，稳定性高

海岛型木地板是一种在木夹板表面贴实木皮的复合式地板，比实木地板稳定性高，不易变形翘起，但缺点是不耐磨、怕水，且接缝易卡污。一般价格连工带料为每平方米 250 ~ 550 元，若是环保建材或为无缝式海岛型木地板，价格则贵许多，每平方米要 700 元以上。

染色地板，较易褪色

不易变形的海岛型木地板，因适合潮湿的海岛型气候地区使用，故得其名。海岛型木地板是种复合式地板，表面面材使用实木皮，底材则用多层薄板，先进行水平、垂直交互重叠，来稳定底板结构，最后再以胶合技术将面材和底板贴合。

但要注意的是，有的海岛型木地板表材的实木皮并不是真的用其标明的树种木皮来制作，而是仿其颜色来命名，因此并非标示白橡木的就是用白橡木皮，有的是用其他树种的木皮仿染成白橡木的色调，这种染色的木地板较便宜，每平方米 150 ~ 450 元。还有，表材染色的海岛型木地板，日后易褪色，且纹路较浅的实木皮，染色后木纹容易被覆盖掉，会看不清纹路。

黑檀柚木，量少较贵

现今海岛型木地板因表面实木皮树种和处理方式不同，有多种花色可选，常见的有白橡木、白栓木、柚木、桧木、黑檀木等；从表面处理方式来看，则有常见的平面，及近年推出的手刮与钢刷处理面，这种处理让木地板表面富有凹凸纹理，凸显立体感。

价格上，一般海岛型木地板原料本身的价格，每平方米为 150 ~ 450 元，平铺施工约需另加 150 元，用龙骨架高的工法则约需再加 200 元。影响海岛型木地板价格最大的原因是品牌知名度。另外表层实木皮的树种、木皮的厚度、表面涂漆的优劣、凹凸榫的密合度、夹板的品质与是否采用平角设计的无缝处理等，也都会使价格产生差异。

以树种来看，最便宜的树种是白橡木和白栓木，每平方米价格为 150 ~ 450 元。皆因树木供应量大，市场需求也大，仓库少库存，所以价格最便宜。而最贵的树种是黑檀木和柚木，因木料供给量少，每平方米价格 270 ~ 1000 元。

黑檀柚木，量少较贵

海岛型木地板的表层实木皮厚度常见的有 0.6 毫米、2 毫米和 3 毫米等，越厚就越贵。而一般来说，厚度最少也要 0.6 毫米，才能呈现木皮质感。厚度越厚，木纹会更清晰，质感更好。

有的海岛型木地板表面仅上油保护，有的则是上硬度佳、较耐磨的UV漆，更可保护木皮。另外，底材的夹板有的具有防潮能力，有的通过环保建材检测，价格都会较高。不过，像在山区湿度高的地方，即使是强调防潮效能的海岛型木地板，也可能发霉。另外要注意的是，海岛型木地板虽防潮，但不防水，若不慎打翻水或饮料，还是得赶紧擦拭，以免液体渗入缝中。

实木贴皮越厚越好

市场上DIY的木地板，多以海岛型为主，海岛型木地板下面都是夹板，区别则在于上面的实木贴皮的种类和厚度。夹板厚度对材质来说，影响不大，部分产品标榜夹板有好几层，虽然质感看起来较好，但若表面原木皮很薄，质量仍无法保证。目前市场上也有在贴皮上做手脚的商家，例如，说是3毫米厚的紫檀木，结果只有表面那层是紫檀木皮，下面用别种同样深色但便宜很多的木皮鱼目混珠，实际只有0.6毫米紫檀木成本，在市场卖2毫米或3毫米价格，这种情况一般人很难看得出来，消费者只打电话询问是不够的，应该亲自跑一趟店家，了解贴皮的真正厚度。

⬇海岛型木地板以表面贴皮的厚度为计价标准，图中表面有颜色的为贴皮厚度，下面则以夹板贴附。

品质差，踩地板易有声

海岛型木地板常见踩地有声的问题，这有几个原因：一是水泥地没有铺平；二是木地板本身品质不好，凹凸榫的密合度不高，不能够精准密合；三是师傅经验不够。师傅应确认每片木地板皆衔接密实后，才续接下一块。建议找木地板公司来施工，因为专业的师傅较有经验。地板铺好后，可试踩看看，若有声音，可要求重铺。

无缝处理，价格不菲

一般海岛型地板的缝隙易有卡垢的问题，建议可每3个月上一次木地板蜡或膏状护木油，来填补缝隙，便可改善卡垢的状况。平时清洁不能用太湿的布，以微湿的布擦拭较佳。

另外，现今市场上推出的无缝处理海岛型木地板，价格不菲，每平方米连工带料要价600 ~ 800元。一般的海岛型木地板要留缝是因为底材会热胀冷缩，若不留缝，地板则容易膨起变形；而无缝海岛型木地板底材采用排水性强的桦木，厚薄相间做七层水平、垂直叠合，并在真空环境下制作，黏胶内不会有气泡，能克服木头热胀冷缩的问题。另外，卡榫的尺寸精准，能紧密接合，不易松脱，所以，能做到近似无缝相接，也解决了卡垢的问题。

各式海岛型木地板比一比

＊本书所列价格仅供参考，实际售价请以市场现况为准。

		特点	主要产地	价格（每平方米）
白橡木		价格便宜，最常见的海岛型木地板。纹理细而清晰，适合乡村风居家。	欧洲	100 ~ 450 元
白栓木		价格便宜，木纹大而明显。	欧洲	100 ~ 450 元
黑檀木		树种稀少，价格偏高。本身油脂含量高，不易吃水，坚固耐用。	巴拉圭、巴西	270 ~ 1000 元
柚木		价格贵，表面富金黄光泽，油脂含量高、木质稳定、耐用，适合做拼接图纹。	缅甸	270 ~ 1000 元
玉檀香木		较少见，有独特香气，可驱虫。经日光曝晒会呈青绿色，富自然感。	北美洲	100 ~ 450 元
桧木		有特殊的香气，木种贵，通常较薄。细孔细致，质地坚硬、耐用。	东南亚	270 ~ 1000 元（以 0.6 毫米木皮计价）
手刮板栗木		颜色偏黑、色彩沉稳。木地板表面经手刮处理，可强化木纹凹凸层次，更富立体感。	北美洲	300 ~ 1000 元

注：价格以 2 毫米木皮的海岛型木地板计价，只有桧木木皮为 0.6 毫米。

注：此类建材在中国台湾地区较为多见，目前中国大陆尚未普及。

Wood Flooring

超耐磨地板

施工快、好清洁

潮湿空间可考虑防水超耐磨地板

与木地板相比，超耐磨地板有耐磨、好清洁、施工快的优点，但最大缺点是怕潮湿、易变形，不适合环境湿气重的家庭使用，也不适合铺设在卫浴附近的区域。价格上，连工带料一般每平方米 65 ~ 110 元。

↑若是书房内的坐椅常移动，可考虑选用超耐磨地板。

表面抗磨，花样多

超耐磨地板和一般木质地板最大的不同点在于，它是由经过剥皮保留木质颜色的树木木屑，通过高温高压和特殊技术的处理做成的木质地板。其中还添加制造抗菌药的原料，加强了产品本身的安全性质，表层还粘贴着印刷有原木花纹的美耐皿材质。

一般超耐磨地板的表层为纸，加入三氧化二铝后，使表面具抗磨特性。内层为高密度板（俗称密底板），高密度板是由原木碎片、木材废料经分解后，与合成纤维胶一起压合而成。由于高密度板本身吸水性强，因此超耐磨地板会怕湿，且容易膨胀变形。

为改善易变形的缺点，之后又有海岛型超耐磨地板出现。海岛型超耐磨地板的内层为基材板（俗称夹板），一片片的夹板纵横交错相叠，最后在表面贴上美耐板，同样耐磨、好清洁，但因内层用的是夹板，相较于一般超耐磨地板，其稳定性高，较不易变形。

耐磨度逾 1 万转

美耐皿本身的原料为纸浆，在制作过程中加入多种化学原料以及树脂，经高温模具热塑成形，材质坚硬，耐磨度高达 1 万转以上，深具耐磨的特性，而表层的印刷花纹，其色泽宛如原木质感。提醒消费者，挑选花色时，若只看一片样板，会与大面积地板的效果差异极大，最好多要三四片板材拼起来看。另外，若在超耐磨板材下再多铺层木芯板，可减少踩踏时嘎吱嘎吱的声响。

而表面贴美耐板的超耐磨地板，花色也很多样，如咖啡色的胡桃木、色泽较红润的花梨木等，若空间走极简风格可选橡木洗白款式。

↑海岛型木地板（基材板材质）的卡榫处。

海岛型稳定不易变形

过去海岛型木地板最大的缺点就是难保养，板材与板材间的缝隙常会藏污，表面也易有刮痕。超耐磨地板则可解决以上问题，施工时，超耐磨地板会预留收缩缝，但若施工不好，水分易从缝隙中渗进去，会影响到建材，易造成膨胀变形。而铺设海岛型超耐磨地板收边处则须加入填缝剂，以防止渗水，但若施工不佳或未慎选填缝剂，仍有可能产生变形的问题。

↑（左）白色橡木洗白海岛型超耐磨木地板。
（中）深咖啡色胡桃木海岛型超耐磨木地板。
（右）红色花梨木海岛型超耐磨木地板。

超耐磨地板（密集板材质）的剖面呈现一体成型。

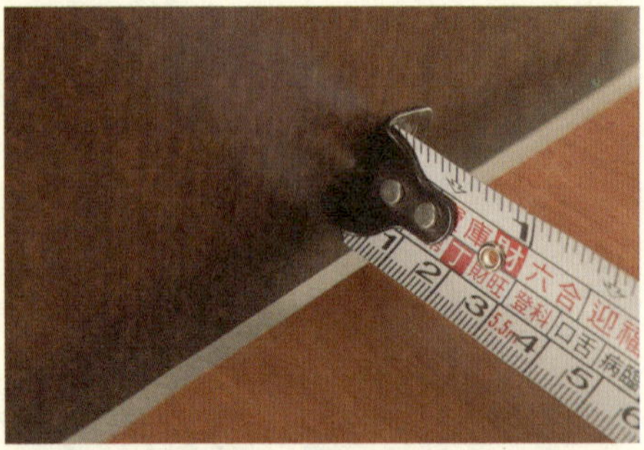

铺设超耐磨地板收缩缝应保持约 8 毫米的间隙。

铺设超耐磨地板底板前应在底板下铺上聚乙烯（PE）垫（防潮布）。

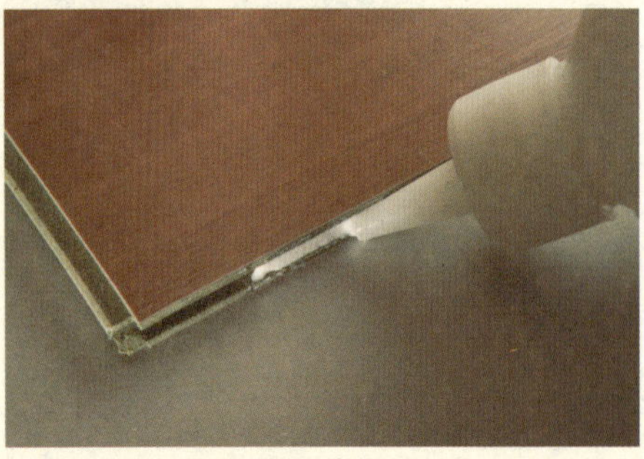

铺设超耐磨地板接合处应涂上防水胶。

不适合潮湿空间

虽然和实木的质感仍有些许差距，但是和传统木质地板相比较，“超耐磨地板”的耐用度，才是吸引人的最主要因素。超耐磨地板在正常状况下使用，耐用度可达永久性的维持，不管是锐利物品摩擦、重物撞击或是脏污，都能够被处理；普通脏污清洗擦拭即可；若是特别难处理的脏污，可以使用甲苯加以擦拭。

但因超耐磨地板怕潮湿，故较不适合潮湿空间，邻近潮湿空间的区域最好也不要铺设，像卫生间旁。家中每周至少除湿 2 ~ 3 次，可有效降低室内湿度，让地板维持在最佳状态。选购时，除了看防潮能力外，板材衔接时是否有锁扣设计也很重要，不然使用半年就容易松开。

省拆旧地板成本

超耐磨地板在施工部分，和传统木质地板一样，只要地板的平整度良好，无需拆除住家原有的旧地板，直接铺上即可，省去了拆除旧地板的成本，还要注意在收边处或靠墙处保留大约 8 毫米的收缩缝，以预防人为或是自然因素产生的热胀冷缩。铺设地板的方式比较特殊，和传统木质地板采用的钉钉子的工法不同，是利用卡榫技巧，能降低噪声的产生。

在铺设过程中，因为产品本身密合度高，裁切时只需要用小锯子即可轻易切割，减少了尘屑的产生。以 100 平方米的空间来说，施工时间大约为 1 天，与传统木质地板相较，施工的时间缩短了许多。

防水超耐磨地板

防水超耐磨地板已经改善了易受潮的缺点，吸水厚度膨胀率仅 0.3% 。价格还算便宜，连工带料每平方米 200 元起，尤其适合养宠物的住家，再也不必担心地板因宠物的排泄物而变形。

由于市场上号称防水的超耐磨地板也很多，所以购买时可请商家提供测试报告，或将板材泡水一天，再查看结果。一般板材会严重变形，而真正防水的板材则不会。另外，也可比较保固期的长短，防水超耐磨地板可提供耐磨 15 ~ 30 年的保固及防虫蛀终身保固。

选购时要注意板材间留缝，若留缝过大，易积尘不好清理。价格依厚度与花色而定，基本款每平方米连工带料 60 ~ 90 元。板材越厚越贵，但影响价格的主因仍在表面花色，仿实木款越逼真越贵，每平方米 88 ~ 110 元不等。

↑防水超耐磨地板经测试后，淋一整天水仍不会膨起变形。

KNOWLEDGE BUILD UP

建材须知▲超耐磨地板勿上蜡

超耐磨地板表层的花纹，几乎与木材纹理相似。因此，不少人会将其误认为是木料，进而在表面上蜡，让表面光滑。但是所上的蜡若是含有化学药剂，会渗透到内层，侵蚀内层的密底板或基材板，或是引发膨胀变形，因此建议不要为超耐磨地板上蜡。

超耐磨地板小档案

材质	1. 一般表层为纸，再加三氧化二铝，表层为高密度板。 2. 海岛型表层为美耐板，内层为基材板。
优点	耐磨、好清理。
缺点	吸水率高、易变形。
价格（每平方米）	60 ~ 110 元。（连工带料）

＊本书所列价格仅供参考，实际售价请以市场现况为准。

Brick and Stone Flooring

大理石

遇水汽易“病变”

天然石材，单价较高

天然石材有许多种类，其中大理石和化石在花纹和触感上较相近，市面上统称为大理石，因花色丰富，普遍用于居家空间，用来铺设壁面或地板。纹理美观的大理石，具备高耐磨性、不易变形等优点，但大理石属于天然石材，容易吃色，若养护不当，易有吐黄、白华等现象，每平方米价格 200 ~ 500 元。

营造华丽质感

天然石材的纹路和色泽浑然天成，适合营造空间华丽质感。其中大理石和化石表层纹路丰富，且色泽自然柔和，颇受消费者喜爱。大理石和化石形成因素不同，大理石来自缓慢的造山运动，表层平滑，而化石则来自激烈的火山运动，表层稍有裂痕，所以背面会粘贴网状薄片，增加硬度，避免石块龟裂。

天然石材有一定硬度，室内若使用硬度太高的石材，触感冰冷且不舒适。大理石和化石的硬度虽然只有 3，但已不易受到磨损，适合用于室内壁面或地板。

⬆客厅使用银狐大理石地面，带来大气而艺术的氛围。

以黑色与白色大理石交错拼组地面，增加地板的律动感。

两种石材运用于空间时，可以利用拼接技巧将石材拼出优雅花样，自然散发大气风采。而常有耳闻的卡拉拉白、黑金锋等石材品名，则是以原产地矿区来命名的。

一般来说，浅色大理石不建议用于浴室，色变现象会较明显。

适合搭配暖色系家饰

大理石和化石若用于浴室，要小心受潮的问题。而且这些石材的表层平滑，不建议用作浴室地板。运用于空间时，虽然天然石材花色自然优美，但触感较为冰冷，可辅以暖色家饰，增添视觉温暖。

施工方式分为干式和湿式两种。用于壁面时，多为干式施工，且石材厚度至少要3厘米，便于在背后加装铁件，这样，厚重石材才能安稳地固定在壁面；运用于地板时，多为湿式施工，石材厚度约2厘米，在地板铺上湿水泥后，再铺上石材，等水泥干燥后即完成。

若要在浴室使用大理石，必须做防滑处理，并在表面裁切出防滑沟。

⬆在客厅铺设大理石地砖，营造华丽感。

吸水率高，遇水须立刻清理

大理石因表面有天然毛细孔，吸水率高，所以清洁时，忌用清水擦拭，就算遇水也要立刻清理干净，以防水分进入毛细孔，造成石材变色。平日清洁时，也不适合以化学清洁剂清洗，建议使用干布（或者是拧得非常干的湿布）擦拭即可。或是用温润水蜡保养石材表层，既不会阻塞石材毛细孔，又能在表层形成防护膜，维持美观。但水蜡的缺点是不持久，所以最好每 3 ~ 5 个月就做一次保养，才能保持大理石的亮丽面貌。

保养不当，易白华、吐黄

大理石不太适合铺在浴室等水汽过重的地方，以免产生严重"病变"。由于大理石使用久了以后亮度可能会降低，表面呈现雾状感，这时直接请专业厂商美容即可，切莫自行抛光、打磨或者以药剂处理。

大理石常见的病变包括白华、吐黄、风化等。大理石底下会平铺一层水泥砂，过多的水分经由毛细孔渗进未做防护的石材，水分蒸发后在大理石表面留下结晶体，即白华现象。除此之外，大理石若浸润水汽过高，还会产生霉苔，更可能会因为使用瞬间胶或高碱水泥砂浆产生吐黄现象，时间一久，表面甚至会出现小的洞孔。鉴于上述问题，大理石在安装前的防护方式和安装后的定期美容，都极为重要。

安装前的防护

大理石在安装前的防护方式分为 3 种：第一种是 6 个面向都整体浸泡了防护药水，但价格较高，每平方米 130 ~ 200 元；第二种是五面处理，不处理底层，每平方米 80 ~ 100 元；第三种是只有表面处理，每平方米仅需 60 ~ 80 元，但效果较差。即便防护完善，平日的保养和美容仍很重要。

大理石的单价会因为产地、石材状况、稀有性和耗损率而有差异。例如，来自欧洲的，如意大利、土耳其的石材，因为运费因素，通常价格较大陆产大理石高，较稀有的石材如银白龙，价格也会偏高。另外，纹路漂亮的石材价格较高，色差大的石材较便宜。

↑大理石餐桌具有高雅庄重的质感。

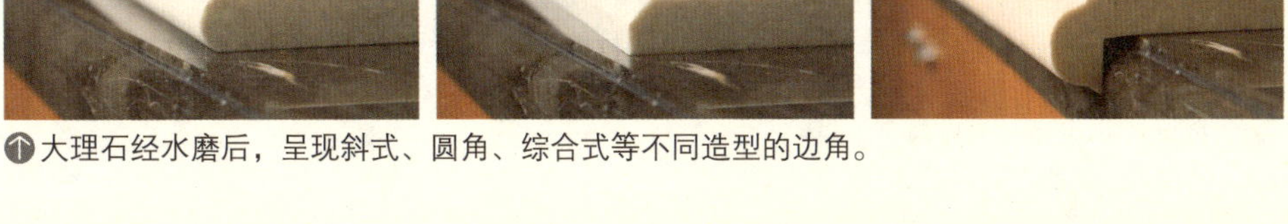

↑大理石经水磨后，呈现斜式、圆角、综合式等不同造型的边角。

↑地面铺设新米黄大理石的社区中庭景观。

↑以大理石打造的电视墙，让人眼前一亮。

KNOWLEDGE BUILD UP

建材须知▲意大利填缝剂耐久

近年来大理石美容多会使用“无缝处理”，以意大利胶状填缝剂取代传统的粉状填缝剂，将毛细孔补平后再进行研磨和抛光。无缝处理的填缝剂可选用和石材相近的颜色，且具有弹性，石材不易因为温度变化而变形，而且此种填缝剂的耐久性高，不易脏；传统填缝粉则颜色较单一，且较易吸收水分，较易变脏变黄。

各式大理石比一比

*本书所列价格仅供参考，实际售价请以市场现况为准。

		特点	主要产地	价格（每平方米）
黑金峰		黑底色上有着潇洒的白色线条，风格强烈。	中国大陆	约 150 元
浅金峰		褐色底上有金黄线条，风格强烈。	土耳其	约 220 元
新旧米黄		米黄色层次的花纹，风格较淡雅。	意大利	约 250 元
黑云石		漆黑发亮的底色上点缀亮白纹路，对比强烈。	中国大陆	约 150 元
银狐		颜色淡雅，吸水性强，不宜用于浴室或地板。	意大利	约 350 元
银白龙	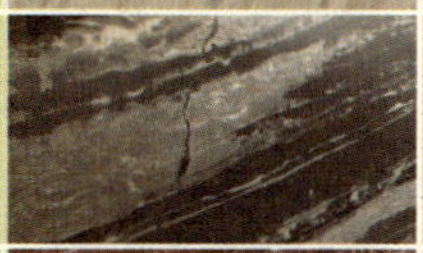	如水墨画般的黑、白、灰，具有层次感。	中国大陆	约 400 元
樱桃红		酒红樱桃色泽，风格强烈。	土耳其	约 400 元
帝诺		风格淡雅，不适合用于浴室。	意大利	约 400 元
波斯灰		颜色特殊，具有异国情调。	中国大陆	约 400 元
索菲亚		色泽清爽雅致，不适合用于浴室。	中国大陆	约 400 元
金龙石	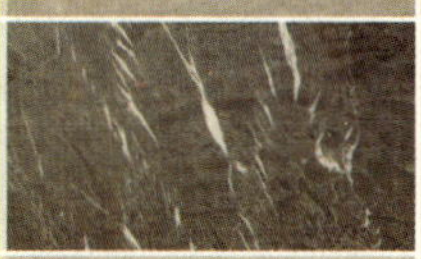	墨黑和白线条对比，鲜明而不杂乱。	中国大陆	约 400 元
木化石		纹路如木，但吸水性高，不宜用于地板或浴室。	葡萄牙	约 400 元

Brick and Stone Flooring

花岗石

耐磨、超抗水

纹路自然，多用于建筑物大厅和外墙

花岗石是一种非常坚固的石材，具有良好的抗水性、抗酸碱性和抗压性，每平方厘米面积能承重约 2200 千克。花岗石有抗风化、耐磨损、吸水性低等优点；缺点是没有大理石般多变的纹路，多用于建筑物大厅和外墙，且某些花岗石种类、产量稀少，每平方米要价 1000 元以上。

吸水率不到 1%

花岗石的组成成分 90%以上是长石、石英这两种矿物。长石多为白色、灰色或者肉色，石英则为无色或灰白色，这两种都是相当坚硬的矿物。

花岗石内部颗粒彼此紧扣，颗粒间的孔隙占岩石总体积的不到 1%，这个特性使得花岗石具有良好的抗压性和较低的吸水率。一般来说，花岗石可分为黑色系、棕色系、绿色系、灰白色系、浅红色系及深红色系 6 类。

花岗石的硬度高达 5.0 以上，目前多用于室外的地壁材；另外，因花岗石结构细密，故吸水率仅为 0.08% ~ 1%，较一般石材吸水率（约 7%以上）要小得多。

价格随供需变动

花岗石价格随供需关系变动，产量少而需求量大时，价格自然攀升；另外，价格也与开采环境和产地有关，若是只能在某种天气开采，而产地又远，影响运费，价格自然提高。花岗石单纯的施工费用，包含丈量、切割、安装及养护，每平方米约 10 元。

少数特殊的含铀量高的花岗石可能危害人体健康，但大部分的花岗石虽然有放射性，却对人体几乎没有影响。而这些含铀量高的花岗石，多用来提炼铀——核能发电的原料，很少用于建材。

KNOWLEDGE BUILD UP

建材须知▲后续养护较容易

相对于大理石，花岗石养护较为容易，因其吸水率较低，不易产生白华现象；且其含铁量较少，故也不易有生锈现象。若因为时间久了，光泽锐减，只需请专人整平打磨即可恢复光泽。

各式花岗石比一比

*本书所列价格仅供参考，实际售价请以市场现况为准。

		特点	主要产地	价格（每平方米）
翠林钻		产量稀少，货源有限，需预订。	越南	200 ~ 300 元
绿野仙踪		左为防滑面（粗面），右为光面，纹理大胆。	越南	200 ~ 300 元
奥林匹克金		肉粉色掺杂少许枣红色泽，颜色讨喜。	马来西亚	200 ~ 300 元
蓝珍珠		色泽独特、带晶亮光彩；产量少，价格较贵。	挪威	500 元
黑珍珠		色泽漆黑到发亮；产量少。运费高、价格较贵。	挪威	500 元
印度红		色泽鲜红美丽，让人印象深刻。	印度	200 ~ 300 元
山西黑		色泽漆黑神秘，令人着迷，十分抢手。	中国大陆	200 ~ 300 元

Brick and Stone Flooring

天然板岩 防滑、层次丰富

厚度有差异，无法如瓷砖般平整

可用作壁地材的天然板岩，与一般天然石材相比，不用特别养护，其沉稳静谧的质感、防滑特性和丰富的色彩，颇受市场欢迎，室外室内均可运用；但需注意，天然板岩的厚度为 1.2 ~ 1.5 厘米，每片厚度都有点差异，铺设地板时，会有点高低落差，无法像瓷砖一般平整。

质变岩石，具自然触感

天然板岩具有板状劈理结构，是一种质变岩石。地层挤压质变的过程中，板岩会产生色变，因此板岩拥有丰富的色彩，如紫、金、黑、蓝等，且同块板岩的色彩也有多层次变化。此种地层变化形成的色彩，渐层之间非常自然，非人工产品能比，故受到了许多热爱自然质材者的青睐。

表层凹凸易卡污

天然板岩表面粗糙、坚硬，具有防滑的特性，适合铺设户外人多的人行道，也适合用于室内玄关、客厅等处。一般石材因有毛细孔，吸水率高，多有怕潮的问题，但天然板岩因本身材质的关系，虽易吸水，但挥发也快，也可用在通风的浴室或庭院等处。不过，因表层凹凸不平，铺于浴室较易卡污。

天然板岩用作室外建材时，为了呈现自然美感，表层无须如花岗岩、大理石等做防水保护，但使用久了后，板岩内的氢氧化钙成分会和二氧化碳作用产生碳酸钙，产生所谓的白华现象，石材表面会出现白色异物。而石材内部也含微量的铁，铁遇到水就会有氧化现象。不过，全球各地产区的板岩含铁量不同，氧化程度也不同，一般来自印度尼西亚等地的石材含铁量较少，氧化现象较不明显。

天然板岩用作地材时，因本身厚度不一，所以施工要抓好水平线，避免造成高低落差。用作壁材时，底胶常用益胶泥，或者在水泥中添加较高比例的海菜粉，增加其黏着力，天然板岩的附着性会更好。

KNOWLEDGE BUILD UP

建材须知▲易吸油变色

天然板岩的细孔不仅吸收水汽，还易吸油，除了黑色之外，其他颜色不太适合铺设厨房地板，以免吸油变色，并形成油渍。平日维护，用清水或吸尘器清洁即可。

天然板岩比一比

＊本书所列价格仅供参考，实际售价请以市场现况为准。

		特点	运用	价格（每平方米）
紫醉金		易呈片状脱落，不宜用做地板。	壁材	约 100 元
蓝花楹		包含灰、暖橘，色泽层次丰富。	壁地材	约 100 元
巧克力摩卡		如巧克力般的颜色。	地板	约 100 元
木麻铜		质地较硬，适宜做地板。	地板	约 100 元
花梨木		色泽如木质般温润。	壁地材	约 100 元
繁星黑		质地坚硬、色黑。	地板	约 100 元
柚木金		色调优雅，微带金黄。	壁地材	约 100 元
雾玫瑰		色泽淡而雅致，有着玫瑰色的美丽纹路。	壁材	约 100 元

Brick and Stone Flooring

板岩砖

耐磨防滑

充满自然风味

表面为岩石质感的瓷砖称作板岩砖，纹路充满自然风味，为一种常见的家居建材。板岩砖的材质多为石英质，吸水率低，耐磨且不易热胀冷缩，养护容易，并有防滑效果。但进口板岩砖价格较高，跟一般进口施釉砖比起来，大约贵三成，且印刷的纹路不若天然板岩生动具有变化。

大多数的板岩砖都是石英质，表面纹路以喷墨印刷、滚筒印刷或网版印刷而成，再经过1200℃的高温窑烧。成品表面近似天然的板岩层状纹路，可分成光面、半抛面、雾面、自然面和凿面等不同效果。

纹理起伏大，易卡污

相较于陶质瓷砖的吸水率最高达18%，石质瓷砖最高达6%，板岩砖的吸水率不到0.5%，因此热胀冷缩的变形程度小。且强度好、硬度高（莫氏硬度为6～8），耐磨而稳定，室内外皆可使用。板岩砖表面纹路较清楚，具有防滑效果，也适合铺在浴室等潮湿的地方。

板岩砖的自然风味可用来做设计时的特殊表现，雾面板岩砖常用在地板和墙壁，为居家带来静谧的禅意效果。但板岩砖的纹理若高低起伏太大，则易卡脏污，不适合用于常需清洁的浴室或厨房。

KNOWLEDGE BUILD UP

建材须知▲镘刀施工填缝剂

一般光滑的瓷砖加填缝剂时，往往先大面积涂抹后，再以海绵蘸水清洁瓷砖表面。但板岩砖的填缝剂则要避免整片涂抹，因为凹凸不平的纹路会残留填缝剂，不易清洁。应在板岩砖的缝隙直接以镘刀少量涂抹填缝剂，或采用“勾缝”的方式，以填缝袋尖端直接挤到缝隙里。

↑以方块板岩砖拼成的可爱吧台，充满乡村风的悠闲气息。

板岩砖种类比一比

* 本书所列价格仅供参考，实际售价请以市场现况为准。

	天山岩马赛克	香榭大道	奥林巴斯	万金石

表面效果	自然面	凿面	自然面	自然面
价格（每平方米）	约 2140 元	约 900 元	约 810 元	约 560 元

	中理岩	立山石	苏格拉底	凡古石	德意志
		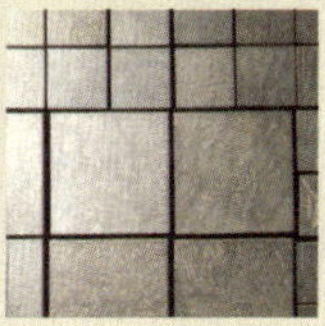			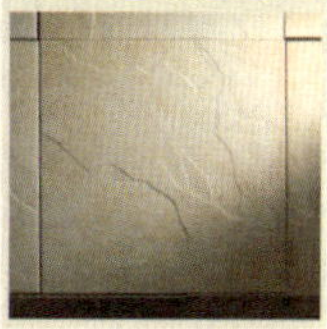
表面效果	半抛面	自然面	板岩面	雾面	釉面加板岩面
价格（每平方米）	约 530 元	430 ~ 510 元	约 475 元	385 ~ 440 元	约 430 元

板岩砖 VS 天然板岩

	板岩砖	天然板岩
成分	主原料为黏土、长石、石英（约占 70%），印刷纹路后再窑烧。	具有板状劈理结构的质变天然岩石。
优点	吸水率低，强度好、硬度高。 不易热胀冷缩，可防滑，易保养。	具有天然渐层的丰富色彩，纹路多变美丽表面粗糙，硬度高，可防滑。
缺点	印刷纹路变化较小。	表面凹凸不平，易卡脏污。吸水率高，养护较困难。使用久了易有白华现象和氧化现象。厚度不一，施工困难度稍高。
适用区域	室内外皆可，适用范围广。	户外、室内墙面，避免过于潮湿区域。
价格（每平方米）	中国台湾地区产约 100 元， 进口 430 元起。	约 100 元。

Brick and Stone Flooring

抛光石英砖

越重越耐磨

指定"Made in Italy"，"Design by Italy"多是次品

抛光石英砖为一种仿天然石材的产品，常运用于居家地板与墙面。优点是表面光滑质感佳，耐重压，抗压强度高，在正常使用下，不易破裂、缺角，相当耐用；缺点是容易吃色，若不慎打翻饮料，要赶快擦拭，以免留下脏污。购买时，先观察平整度，再掂掂重量，越重者越好，耐磨性较佳。

表面光滑，聚晶型抗污力较佳

抛光石英砖主要由石英、陶土、高岭土、黏土等成分制成坯体，表面再以机器磨光、抛亮。常见的抛光石英砖，因制作过程不同，概分为渗透抛光石英砖、多管抛光石英砖、微粉抛光石英砖与聚晶微粉抛光石英砖等4种。

渗透抛光石英砖的花纹，是印刷上去的，制作过程较简单、成本亦较低，因而价格较便宜，每平方米90～100元（规格为60厘米 ×60厘米）；多管抛光石英砖在制作过程中会一次下多色石粉粉料，搅拌出丰富的花纹变化；微粉抛光石英砖的质感细致，纹理具层次感，仿石材效果佳；聚晶微粉抛光石英砖的细孔小，抗污力佳，不易吃色，故价格较贵，每平方米约170元（规格为60厘米 ×60厘米）。

若想改铺抗污力较强的抛光石英砖，可挑硬度大于莫氏（莫氏为硬度单位）7以上的石英砖，或选烧制时间较长者，抗污力与耐磨度都会较好，意大利多管与聚晶微粉型的抛光石英砖都属于此类。

尺寸越大，厚度越厚

抛光石英砖尺寸以60厘米 ×60厘米最常见，也有80厘米 ×80、100厘米 ×100厘米，尺寸越大，厚度亦随之增厚，原料、燃料成本皆增加，价格呈倍数成长，如微粉抛光石英砖，100厘米 ×100厘米的价格约为60厘米 ×60厘米的3倍。工费则每平方米另加50～80元，且水泥砂、黏着剂等另计。

挑选抛光石英砖时，可请销售人员取一箱4片的抛光石英砖铺在地上，并平放直尺，察看平整度，1毫米内的翘起为合理范围；另可以手指轻敲砖体，声音越清脆，表示砖烧得越透，耐磨度越好。而同尺寸大小的抛光石英砖，重量越重的，即表示越结实、硬度越高，相对也较耐磨。

意大利产品色彩亮丽

若喜欢色彩亮丽、有大波浪或如云彩的纹路，可考虑意大利进口的多管抛光石英砖，有红、橘、米黄等色彩可选，

且纹路弯曲弧度较大，几乎与大理石石材纹路相仿。

另外，因抛光石英砖表面有毛细孔，所以抗污力较差，会“吃色”，所以平常保养时要注意，若有咖啡或茶倒在地上，得赶快擦拭，不然，砖面会有污点。也可以每月为抛光石英砖上一次水蜡，将毛细孔填上，以改善吃色的状况。

抛光石英砖挑选四部曲

1. 切割良好的石英砖四角一定是直角，可丈量两条对角线，只要对角线等长，且四边也等长，即为方正的砖体。
2. 砖块直立正面相对，检查是否翘曲。石英砖属烧制品，若仅出现一点翘曲，师傅可调整贴出平整地面。
3. 背面“烧结认证”印有产地，如“Made in Italy”（意大利制），部分厂商以“Design by Italy”（意大利设计）鱼目混珠。
4. 砖体背后的“产地名称”被打磨，找不到产地字样，可能是大陆产品，虽然价格便宜但品质良莠不齐。

↑背面“烧结认证”印有产地，如“Made in Italy”（意大利制），部分厂商以“Design by Italy”（意大利设计）鱼目混珠。

抛光石英砖质感佳，但表面易吃色。

KNOWLEDGE BUILD UP

建材须知▲施工前检视平整度

施工方法不对，日后抛光石英砖就易出现“膨管”（翘起）的现象。建议施工前可先拆开 1 ~ 2 箱产品，在现场排列审视，平整度无问题再施工。施工中，最好用弹性黏着剂同时粘贴地面与瓷砖背面。铺好后，应等 2 ~ 3 天后再上弹性填缝剂，并确保将缝隙填满。瓷砖之间需预留 1.5 ~ 2 毫米的空间，才不易造成“膨管”现象。

各式抛光石英砖比一比

注：价格后面括号内为石英砖的规格。
*本书所列价格仅供参考，实际售价请以市场现况为准。

		特点	主要产地	价格（每平方米）
渗透抛光石英砖		图纹较单调，亮度、硬度、耐磨度均较差，但价格最便宜。	多为印度尼西亚、越南和中国大陆。	90 ~ 100 元（60 厘米 ×60 厘米）
多管抛光石英砖		制作过程由电脑控制，随机掺入不同颜色的石粉，故图案皆不同。	多为越南和中国大陆。	120 元（60 厘米 ×60 厘米）；150 元（80 厘米 ×80 厘米）；330 元（100 厘米 ×100 厘米）
微粉抛光石英砖		具层次感，硬度、亮度、耐磨度均有较佳表现。	多为中国大陆和中东。	150 元（60 厘米 ×60 厘米）；180 元（80 厘米 ×80 厘米）；430 元（100 厘米 ×100 厘米）
聚晶微粉抛光石英砖		加入玻璃成分后，耐磨度略低于微粉抛光石英砖，但光泽度较佳。	多为印度尼西亚、越南和中国大陆。	150 元（60 厘米 ×60 厘米）；180 元（80 厘米 ×80 厘米）；430 元（100 厘米 ×100 厘米）

Brick and Stone Flooring

木纹砖

不怕水，好清理

仿木纹，可用于浴室厨房

喜欢木纹的色泽和触感，碍于保养不易，无法在浴室和厨房使用木料装修吗？木纹砖可解决这个困扰。木纹砖凭喷釉和压纹技法，在瓷砖表面创造仿木纹的色泽和触感，可用于浴室，厨房的地、壁面，耐潮且清洁便利。国产和进口木纹砖价差大，每平方米从 100 元至上千元不等。

容易保养，浴室及淋浴间也能使用

木纹砖其实是一种瓷砖，无木质成分。内含不同成分和比例的土壤胚体，根据烧制温度不同而分瓷质（特性接近石英砖）、石质和陶质 3 种，有硬度和吸水率的差异。国内较普遍、样式多元的是瓷质木纹砖，硬度、强度高于石质和陶质，吸水率也最低，控制在 1%以内，故能用于户外或湿气最高的浴室及淋浴间。

瓷质吸水率最低

木纹砖表面效果多样，若要用作地砖，尤其是用于潮湿的淋浴间，宜挑选吸水率最低的瓷质木纹砖，且摸起来带粗糙感的面纹效果，增加踩踏时的摩擦力，提高居家安全性。瓷质木纹砖，用在其他室内空间或户外阳台等区域也可以。但也有人担心表面为防滑而设计的深刻纹理会卡污而难清理，所以购买这种木纹砖前，可拿铅笔试画表面，若湿布能擦去痕迹，使用起来便无清洁问题。

石质木纹砖的防潮、抗污性，皆没有瓷质强，只适用于室内地面，如客厅、卧室等区。陶质木纹砖硬度更低，且吸水率高，但因相对重量轻于瓷质、石质产品，且表面多有亮面抛光处理，此种类可贴于厨房壁面，便于清理油污。

可对齐平贴，创造复古感

贴木纹砖时，可对齐粘贴，营造木地板的复古效果，但记得保留至少 1 毫米的边缝，防热胀冷缩破坏平整度。另外，1/3 交错的拼接方式最常见，因这种拼法视觉上能模糊瓷砖烧制过程中造成的缺角或砖材不够笔直的缺点。

↑木纹砖常用 1/3 交错的拼贴方式。

KNOWLEDGE BUILD UP

建材须知▲以软布擦拭清洁

厨房若要营造乡村风气息，墙面可选贴陶质木纹砖，表面施釉便于清除油污，哪怕贴于流理台前方墙面亦可。刷洗时，可用一般清洁剂，但尽量要用软布擦拭，避免用钢刷或坚硬材质刮擦。

木纹砖小档案

*本书所列价格仅供参考，实际售价请以市场现况为准。

		特色	运用	价格（每平方米）
洗白木纹砖		瓷质，硬度高、吸水率低，表面较平滑。	室内客厅、卧室。	约240元
浅褐木纹砖		瓷质，硬度高、吸水率低，表面略粗犷。	室内外、浴室皆可。	约240元
半抛木纹砖		表面略施亮釉，刻纹较深。	贴地面或壁面，因刻纹能增加摩擦力，也可铺于浴室。	进口产品1000元以上
意大利进口木纹砖		木纹色泽层次丰富、逼真，触感粗犷。	室内外各空间均可。	进口产品1000元以上
陶质木纹砖		陶质，硬度低、吸水率高，但质地最轻，表面施亮釉。	适合墙壁，不可铺地板。	约140元

Brick and Stone Flooring

金刚砂瓷砖

防滑效果佳

表层喷矽砂，硬度与石英砖相当

瓷砖是家家户户必用建材，不过，用来装饰空间，实用还是最重要的。若家中有长者或幼童，瓷砖是否防滑就关系到居家安全的问题。防滑功能强的金刚砂瓷砖，在陶砖表层喷上天然矽砂，再进窑室烘烤让矽砂和陶砖熔为一体，因此具有防滑功能。唯独产品花样选择性少，仅数种颜色可选。

实用建材，硬度高

防滑瓷砖的质量，对居家安全影响甚大。金刚砂瓷砖属于陶砖，传统陶砖吸水性较石英砖更佳，但硬度较差。而金刚砂所使用的陶砖，经过特殊烧制技术，硬度和石英砖相当，加上表层喷上一层天然矽砂，再重新窑烤，天然矽砂会密实地和陶砖融合，使用再久都不会脱落。表层因为有这层天然矽砂，让金刚砂的防滑效果大为提升。

金刚砂瓷砖不仅防滑，亦有防刮效果。

花色选择性较少

金刚砂瓷砖因为诉求功能性，所以花色选择性少，外观朴素，一般多用于公共空间或中央厨房里。但若以功能性来说，防滑效果极佳，很适合有长者或幼童的家庭使用，尤其是厨房、卫浴和阳台。若觉得金刚砂的颜色太朴素，但又想要它的防滑效果，可以和其他花色的瓷砖交互使用，就能兼具美观和实用。

在产品规格上，目前有 15 厘米 ×15 厘米和 25 厘米 ×25 厘米两种，但以前者更为普遍。小块瓷砖的拼贴勾缝比较多，清洁时排水性较佳。而金刚砂因为诉求防滑功能，所以大多做小瓷砖。瓷砖面积越大，越容易滑，反之瓷砖面积小，因为拼接的缝隙多，可强化防滑功能。金刚砖有些可搭配的陶砖配件，比如，外脚踢脚砖可用于凸面转角，内角踢脚砖可用于凹面转角，还有阶梯立面陶砖，让铺在地板的金刚砂和壁砖或楼梯瓷砖可顺利衔接，在视觉上也比较美观。

⬆用清水和扫把即能将瓷砖上脏污清理干净。

⬆金刚砂材质的防滑瓷砖（前），另可搭配组合配件：红砖片（后右）和转角饰片（后左）。

KNOWLEDGE BUILD UP

建材须知▲表面粗糙，可用刷子清洗

金刚砂瓷砖施工起来每平方米约200元，比一般平价瓷砖贵约三成，但防滑功能强，对居家安全帮助很大。清洗上，因为金刚砂表层有砂粒，较粗糙，建议直接洒上清洁液，并用刷子刷洗，最好不要用拖把或抹布，免得表层残留棉屑，反而容易脏污。

金刚砂瓷砖小档案

材质	陶砖加天然矽砂。
尺寸	15厘米×15厘米、 25厘米×25厘米。
特点	防滑、吸水性强，但花色较少。
运用	厨房、卫浴和阳台。
价格（每平方米）	约200元

*本书所列价格仅供参考，实际售价请以市场现况为准。

Brick and Stone Flooring

纹理砖

防滑，质感多样

釉彩阻隔脏污，易清理，耐磨不褪色

目前市面上贩售的纹理砖，主要有木纹砖、布纹砖和皮纹砖三大类。询问度最高的木纹砖，能让居家空间呈现木质地板的温暖氛围，且不存在刮伤的问题。挑选纹理砖时，应该留意纹理砖表层的釉烧原料是否容易脱落，可请商家出示证明，增加购买信任度。

质地自然，较抛光石英砖防滑

纹理砖在市场上询问度颇高，与之相比，抛光石英砖的光滑表层虽然美观，但不防滑表层有安全隐患，且质地冰冷，而纹理砖因表层的彩釉处理，具有防滑功效，且质地温暖自然，能营造居家温馨气氛。

纹理砖分为木纹砖、布纹砖和皮纹砖三大类，另有竹藤砖，但种类花色不多，不太普遍。木纹砖自然花纹多变，表层施以特殊配制釉料，每片纹理不尽相同，具有耐磨、不褪色的优点，深受年轻消费群体喜爱；不仅质地自然朴实，且容易保养和清理，很适合用于居家空间。

布纹砖又称仿布砖，和居家装修上所听到的“布砖”不同。布砖指布质砖块，质地如同布料般柔软，不想破坏室内原有墙面时，可悬挂布砖来营造砖墙的视觉感。布纹砖则是在石英砖的表面上做仿布纹或仿针织的处理，触感细腻但不及布砖自然温暖。

↑木纹砖容易保养清理，很适合用于居家空间。

↑布纹砖在石英砖表面做仿布纹或仿针织的处理，触感细腻。

皮纹砖是新兴技术

皮纹砖是近两年的新兴产品。仿皮革纹路制造的瓷砖，质感高雅且沉稳，制作过程较复杂且技术新颖，单价比木纹砖或布纹砖来得贵，且色泽较厚重，多用来铺设卧室。

纹理砖因表层上釉，经高温高压等技术生成，釉彩能阻绝脏东西，具防滑和高硬度优点，适用于家中任何空间。建议选购时要考虑产品使用效果和自身喜好，毕竟瓷砖铺设后，使用年限长远，请屋主依据需求加以选择，找到真正适合自己的产品。

➊仿皮革纹路制造的皮纹砖，质感高雅且沉稳，单价较贵，多用来铺设卧室。

KNOWLEDGE BUILD UP

建材须知▲现场可测耐磨防滑度

挑选瓷砖时，不能只挑选喜爱的花色和材质，瓷砖的耐磨度、防滑度、抗酸碱度也是考虑重点。因优劣难辨，可要求店家示范：用锐利物在瓷砖上刮磨，测试耐磨度；在表层滴几滴清水，用手摩擦测试防滑度。唯独抗酸碱度无法现场测试，须请店家出示相关的文件证明。

纹理砖小档案

特点	自然纹理砖的图样逼真度极高，加上表面经防水处理，易于清洗，还具有防火、不腐蚀等特点。
价格（每平方米）	1. **木纹砖**：100 元起。 2. **布纹砖**：200 元。 3. **皮纹砖**：300 ~ 500 元。 4. **竹藤砖**：200 元。

*本书所列价格仅供参考，实际售价请以市场现况为准。

Brick and Stone Flooring

复古砖

怀旧素材

留缝较大，可避开白色填缝剂

复古砖是表面做成仿旧质感的砖材，常见于乡村风居家。与其他进口瓷砖相较，它的优点是价格较便宜。缺点是留缝较大、较深，因此缝隙卡垢明显，建议使用细颗粒、低吸水率的填缝剂，较不易卡垢。或避开白色填缝剂，改用米色、灰色。

复古砖价格每平 90 ~ 130 元，价格主要受砖体丰富性影响，若表面刻花或做波浪状修边等特殊处理，价格则较高。

其次，受品牌知名度和产地影响。以产地而言，西班牙、意大利制最贵，但花色变化多，同片砖上能有多层次色彩。印度尼西亚、马来西亚制的花色虽不如前两者丰富，但比起台制的选择要多。中国台湾制复古砖最便宜，每平方米约 90 元，色泽均一，较无层次变化。

粗糙面有防滑效果

复古砖的颜色多为红色和棕色，质感有平滑及粗糙面，居家多用在室内外地板和墙面。但庭院地板适合用粗糙面的，有防滑效果。

一般地板适用的尺寸较大，多为 50 厘米见方以下的砖，如 30 厘米 ×30 厘米、45 厘米 ×45 厘米、50 厘米 ×50 厘米等。

用在壁面的多为 20 厘米见方以下的小尺寸砖，如 10 厘米 ×10 厘米、15 厘米 ×15 厘米、20 厘米 ×20 厘米等，也有 15 厘米 ×30 厘米、30 厘米 ×60 厘米或 16.5 厘米 ×50 厘米等长形砖可选，具有延展视觉的效果。

花砖也算复古砖的一种，以片计价，每片约 55 元，不算便宜，但多作局部装饰使用，增添地板和墙体上的变化，创造视觉效果。

Knowledge Build Up

建材须知▲上釉不卡垢好清理

目前市面上的复古砖，表面多上釉，没有毛细孔，不会吃色、卡垢，不需上防护剂。平时以清水清洁即可，若特别脏污，可使用中性清洁剂。

↑复古砖常用在地板或墙面上，营造怀旧风情。

复古砖比一比

* 本书所列价格仅供参考，实际售价请以市场现况为准。

	波浪边复古砖	格状花砖	地中海风花砖	拼图复古砖

特点	砖片边缘做波浪修边，富手工感。	表面分割方块图案，每片花色皆不同，缤纷热闹。	富有地中海风情，做转角砖使用。	四片拼接出图样。
运用	多用于室内地板。	室内外地板、墙面做跳格。	室内地板，拼花用。	室内外地板。
价格	每平方米约 110 元	每平方米约 90 元	每平方米约 120 元	每平方米约 120 元

	腰带花砖	角花复古砖	框边复古砖	仿红砖复古砖

特点	多滚边，做局部装饰。	拼接出角花图案。	四片拼接，有框边效果。表面光滑、较易滑倒。	表面做仿红砖处理，斜向拼接图案。
运用	室内地板、墙面。	室内地板。	室内、露台地板。	表面粗糙，适合庭院地板使用，有防滑效果。
价格	每片约 55 元	每平方米约 110 元	每平方米约 100 元	每平方米约 100 元

 注：此类建材在中国台湾地区较为多见，目前中国大陆尚未普及。

陶砖

天然环保富古意

可自然分解，不破坏环境

陶砖是一种主成分为陶土的砖，多用作壁地材，且室内外皆可使用。陶砖的优点是成分天然，可自然分解，不会影响环境；但缺点是吸水率高，易脏。陶砖质感天然，主成分是陶土，再加入其他矿物质来调配颜色、强化硬度。依造型和表面处理的不同，可分为清水砖、火头砖、陶土二丁挂、罗马石、面包砖、陶板砖等。

罗马石价格较高

陶砖价格在每平方米 65 ~ 430 元之间，施工则须再加 100 元。各式陶砖中，最常见的是清水砖、火头砖和陶土二丁挂，其中，清水砖和火头砖最便宜。清水砖就是我们常见的红砖，每平方米价格约 65 元；火头砖价格则较清水砖略高一些。

最贵的是罗马石，每平方米价格约 430 元。由于罗马石是仿罗马街头的地板砖，需模具压模，多了开模和压模的成本，厚度也较厚，所以价格较高。

吸水率高易卡污

国内铺陶砖用的是一般的瓷砖工法。在水泥地板上，涂上黏着剂来固定陶砖，这种工法的好处是不会塌陷、省事。但缺点就是无法保水。国外铺陶砖则是在底层铺碎石子，中间夹细砂，最后才铺陶砖，并用机器压紧，是较扎实的环保工法。想改善陶砖吸水率高且易脏的状况，可使用水渍防护剂，就能解决卡污的问题。

↑（左）未上防护漆，水分会直接渗入，易脏污、吃色。（右）上了防护漆的陶砖，水珠会凝结在表面上、不会渗入。

KNOWLEDGE BUILD UP

建材须知▲声音越清脆，硬度越高

陶砖中除清水砖的结构较松散外，其他结构均很密实。挑选陶砖时，可轻敲陶砖，声音越清脆，表示硬度越高、越耐用。

各式陶砖比一比

*本书所列价格仅供参考，实际售价请以市场现况为准。

种类		产地	运用	尺寸	特点	价格（每平方米）
清水砖		多为中国台湾地区。	多用于庭院墙。	10 厘米 × 20 厘米 × 5 厘米或 24 厘米 × 11.5 厘米 × 5.3 厘米。	含高铁质陶土，呈红色。质地脆弱，不适合用作地板，常用于砌墙。价格最便宜。	连工带料约 160 元
火头砖		多为中国台湾地区。	庭院墙、花台。	10 厘米 × 20 厘米 × 5 厘米。	砖头表面有碳烧效果，有红、黄两色可选。	连工带料约 270 元
陶土二丁挂		多为日本。	庭院外墙或室内造型墙。	22.7 厘米 × 6 厘米 × 1.5 厘米。	加入氧化铁和其他矿物质，调配出各种颜色，如砖红、米黄、金黄、黑色和棕色等。	连工带料 365 ~ 395 元
罗马石		多为澳大利亚。	庭院、车库及室内地板。	23 厘米 × 11.5 厘米 × 4 厘米。	以模具压出圆弧纹路，结构结实，制作成本高，是最贵的陶砖。有米黄和棕两色选择。	连工带料约 515 元
花色面包砖		多为澳大利亚。	庭院、车库和室内地板。	23 厘米 × 11.5 厘米 × 3 厘米。	外形像面包，结构结实、硬度高。有砖红、米黄、金黄、棕和炭黑等色。	连工带料约 365 元
陶板砖		多为中国台湾地区，以及越南、澳大利亚等国家。	庭院与室内地板、墙面。	30 厘米 × 30 厘米 × 1.5 厘米。	模仿以前的陶砖尺寸，有复古味。有砖红、米黄、炭黑等色。价格因产地不同而有差异。	连工带料 210 ~ 395 元

Brick and Stone Flooring

塑胶地板

仿铁仿锈，花色繁多

多用来铺地板，有时也作壁材

在印刷技术精进的推波助澜之下，塑胶地板除了常见的仿木纹、石纹，还能做出仿锈蚀的效果，表面经对花压纹处理后，甚至能形成特殊的视觉感。塑胶地板花色多、价格便宜、施工快速，多用来铺地板，有时也做壁材。但怕晒怕潮，因为会破坏底层胶质而造成翘曲、膨胀变形等，不适合用在庭院、阳台、露台和浴室，同时有西晒的房间也不能用。

塑胶地板每平方米约30 ~ 70元，表层和底层皆为塑胶，花色由中间的印刷花纹纸决定，依制程不同分为印刷和透心两种。最常见的花色是仿木纹和石纹。每平方米约35 ~ 45元，跟使用木头、石材比起来，约可省下1/3 ~ 1/2的费用。

特殊压纹有立体感

现在的技术已可做到仿鹅卵石或仿铁件等特殊纹路的塑胶地板，表面借由对花压纹处理，表层以仿鹅卵石或仿铁件模板，对准印刷花纹纸纹路来压纹，该凹的凹，该凸的凸，呈现丰富的质感及立体感。

印刷塑胶地板的价格受总厚度、表面耐磨层厚度，及有无对花压纹处理等因素影响，厚度跟耐磨层越厚，价格越贵。一般而言，塑胶地板的总厚度在1.2 ~ 3毫米内、耐磨层厚度约0.2 ~ 1毫米。居家使用总厚度2毫米、耐磨层0.2毫米厚，便已足够。

透心塑胶地板则是一体成形制作，表里一致，即使表面纹路不小心磨掉也没关系，底下露出的还是同样花色，但缺点是花样选择少。国产的每平方米约60 ~ 120元，日产的每平方米160 ~ 210元，质感较佳。

预留数量以便更换

施工必须确认地板平整，如凹凸不平，会影响铺设效果。地板施工，使用越踩越黏的感压胶来固定地砖；铺设墙面，感压胶便派不上用场，一般多用强力胶，建议施工后打开窗户释放味道。此外，为避免日后地砖损坏却买不到同样花色的，建议预定时预留一些以便更换。

厕所地板为仿石材效果。

塑胶地板依制程不同，分为印刷（上）和透心（下）两种；后者一体成形，表面纹路若磨掉，底下还是同样的花色。

印刷纸花色变化多，可视需求、喜爱或风格选择。

KNOWLEDGE BUILD UP

保养方式▲沾到饮料，尽快擦净

塑胶地板很好保养，平常以清水擦拭，脏污则使用地板清洁剂。每两个月可上一次水蜡，让表面有保护膜，地板会更亮。塑胶地板虽不易吃色，但不小心打翻有色饮料或酱料，还是赶紧擦拭比较好。

建材须知▲须经常踩踏，才会贴地

塑胶地板的黏着剂为感压胶，这种感压胶与一般黏胶不同，越踩它的黏着性会越强。当地板刚铺设好时，最好经常踩踏，这样塑胶地板才会与地面更紧合，若空间没有人使用，久了之后，反而容易翘起。

塑胶地板虽不易吃色，但打翻酱料或有色饮料，最好赶快擦拭。

塑胶地板居家铺设 DIY

- **基本工具：**美工刀、锯齿刮刀、铁尺、专用胶
- **检查旧地板：**

1. 地板须干燥、平坦。
2. 原地板若是瓷砖、大理石，最好先将接缝凹槽补平。
3. 清洁地面，确认地面干净即可铺设。

- **步骤：**

1. 找出空间的中心位置：找出中心点后，在地板上画出十字中心线，将地面分成 4 区。
2. 背胶地板：撕下背面贴纸；无背胶地板：用刮刀涂上塑胶地板专用胶。
3. 从中心向四面铺设，铺设到墙边时，以美工刀将地板裁切成所需大小。

- **注意事项：**

1. 铺设时，务必让每片地板紧密接合，并服帖于地面。
2. 若发现贴的位置不正，要马上撕起来重贴。
3. 使用专用胶时，每次以涂抹 1 平方米为准，避免因涂抹面积太大而使胶水干掉。
4. 最好留有备用花色地板，用作未来磨损时所需的修补材料。

←自行铺设，要准备专用胶、锯齿刮刀、美工刀、铁尺等工具。

塑胶地板刮伤替换 DIY

家中塑胶地板若不小心有刮痕，可亲自动手替换，首先用手把较粗的美工刀划过有刮痕的塑胶地板一角，使地板的一角翘起，顺势撕下整片地板，接着在地板四周与中间粘适量三秒胶，最后粘上预留的塑胶地板即可，记得粘好后下压几秒固定。

更换步骤❶：以手把较粗的美工刀划刮起塑胶地板一角，顺势撕下地板。
更换步骤❷：需替换的地板四周与中间粘三秒胶。
更换步骤❸：粘好新的塑胶地板后，下压几秒固定使其粘住。

塑胶地板种类比一比

＊本书所列价格仅供参考，实际售价请以市场现况为准。

	木纹塑胶地板	竹纹塑胶地板	仿砖石塑胶地板	特殊纹理塑胶地板
种类				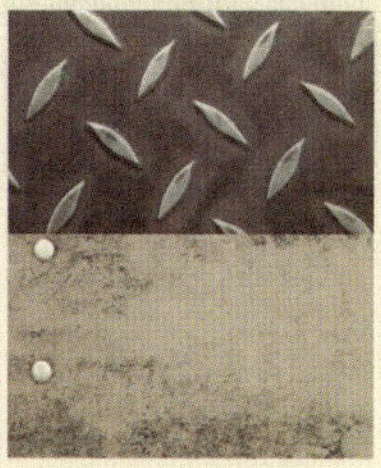
特点	仿木纹质感，表面凹凸纹理明显，很逼真。木种选择多，是最受欢迎的塑胶地板花色。	表面仿藤竹纹理，触摸有凹凸感，很适合用在和室。	仿石纹理有鹅卵石、板岩、页岩、大理石等，也有仿马赛克砖、红砖的选择。	仿铁件（上）、锈蚀感（下），或几何图样效果。
价格（每平方米）	约 35 元	约 35 元	约 68 元	约 38 元

↑居家塑胶地板常用来当地材或铺设墙面，但怕晒怕潮，易翘曲、变形。图中壁面为仿砖效果。

 注：此类建材在中国台湾地区较为多见，目前中国大陆尚未普及。

Brick and Stone Flooring

负离子瓷砖

净化空气，精神好

售价较一般施釉砖贵

靠近瀑布的时候，很多人会觉得身心特别舒畅，思路特别清晰，这是因为瀑布飞散的水滴会散发大量的负离子（Negative ions）。负离子是空气中带负电荷的微粒子，又称“空气维生素”，具有净化空气，消除失眠、头痛、焦虑等作用。负离子的应用产品很多，居家装修上便有负离子瓷砖，售价比一般施釉砖约贵 1 倍。

负离子瓷砖是添加了负离子原料的瓷砖，制造方法是将负离子粉末加入釉浆，再以 1200℃高温烧结于施釉砖的生胚。

环保材未普及

负离子材料的能量可以激发空气电离产生负离子，不需要外加热能或电能，且永久有效。

根据有关数据显示，都市住宅房间空气中的负离子含量约为 40 ~ 50 个 / 立方厘米，郊外、田野的含量是 700 ~ 1500 个 / 立方米。有的厂家的负离子瓷砖表面检测量约为 541，虽然还不到森林浴的等级，可是置身于贴满这些瓷砖的会议室中，的确会让人神清气爽，有被补充能量的感觉，越靠近瓷砖，效果越明显。负离子瓷砖属于环保新建材，目前使用还不普遍，且价格较贵，小量购买不容易，厂商一般没有存货，大量下单才生产。

KNOWLEDGE BUILD UP

建材须知▲不建议用于卧室

负离子瓷砖可以振奋精神，居家空间多用在书房和浴室，办公空间则常用在会议室。不建议在卧房使用，因为可能会令人精神太好睡不着。空气流通的地方，负离子瓷砖所产生的负离子也比较多。

⬆需要上釉的瓷砖都可以添加负离子原料。

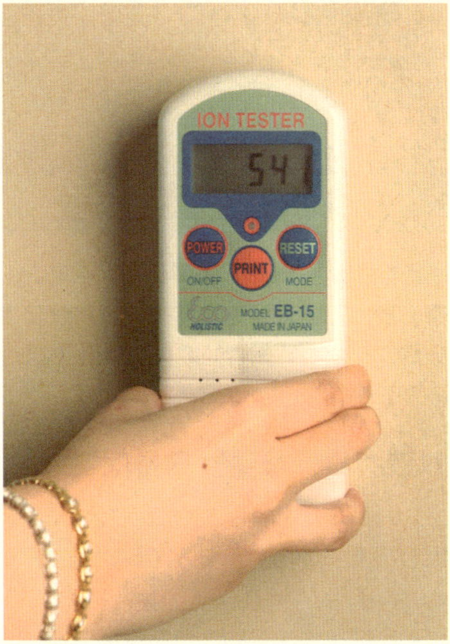

⬆在负离子瓷砖表面测得负离子含量541个/立方厘米，靠近时让人精神越来越好。

【负离子含量对人体健康影响】

◎ 含量(个负离子/立方厘米)/影响程度
★ 100000～500000/具有自然疗效
★ 50000～100000/杀菌作用、除臭、解毒功能
★ 5000～50000/强化人体免疫力、增加抵抗力
★ 1000～2000/维护健康的基本需求量
★ 50以下/诱发生理障碍

资料来源：台湾林业局网站

负离子瓷砖小档案

作用	散发负离子能量，具有净化空气、消除头痛和焦虑、分解挥发性有机物质（如甲醛）等作用。
负离子释放量	约585个/立方厘米。
生产限制	负离子能量原料只能添加于施釉砖。
价格（每块）	64～180元 （60厘米×60厘米）
最小订制量	2600平方米
交货期	45～60天

＊本书所列价格仅供参考，实际售价请以市场现况为准。

Other Flooring

Epoxy 地板

无缝，不卡污

适合养宠物的住家，不建议用于浴室

Epoxy 主成分为环氧树脂，用作地板建材，能营造无缝光洁的效果。若地面够平整，即便已铺设抛光石英砖，只须磨粗表面即能施工，不必拆除旧地板。Epoxy 因表面无缝，很适合有宠物的家庭，但会怕潮，不建议用于浴室。

双液材质，有弹性不易龟裂

环氧树脂 Epoxy 是一种双液材质，需混合 A 剂（母剂）和 B 剂（硬化剂），按 4∶1～2∶1 的重量比例调配，搅拌两者进行热反应后，半小时内要倾倒、涂抹完毕，此后便逐步进入硬化阶段。这原用于工业厂房的建材，在居家空间施工，会因材料等级、施工细腻度和工程面积影响报价，连工带料每平方米 30～100 元。

Epoxy 最初大量用于工业厂房、地下停车场，便是因它具有些许弹性，不易龟裂而造成底下水泥地面渗出粉尘的缘故。一般表面无缝、光滑的 Epoxy 地板，多须采用专业施工的“流展法”，共分 3 层涂抹，工程才完成。

首先是上底漆。运用稀释过的 Epoxy 涂料，封住地基毛细孔，并增加上层涂料的咬合力。但居家空间在施工 Epoxy 前，

↑ Epoxy 地板表面无缝，很适合有宠物的家庭。

⬆ Epoxy 的 A 剂透度越高，代表纯度越高，品质越好。

原本水泥地要放干至少 1 个月，将来才不会因水汽反渗，导致涂料破裂。接下来是进行中材施工。这部分的施工最重要，因此层最为浓稠，有整平地面的功能，所以要够厚，涂料等级强度也要够，并添加石英砂，防止流展过程生出气泡。最后的步骤是上表层面材，于 A 剂里增加滑石粉和颜料，调配理想色彩，若只添加颜料，涂料会呈半透明状而非饱和。

适用于有宠物的家庭

在工程排序上，一般多在空屋状态时，先进场进行底、中材两层的施工，干燥后其他工作人员才可进入，待最后清洁阶段完毕，室内无粉尘、碎屑时，再入内完成面材施工。Epoxy 能营造无接缝的地板效果，便于清洁，不易卡污，所以适用于有宠物的家庭；但易溅水的厨房、浴室，则不适合采用 Epoxy 地材。

KNOWLEDGE BUILD UP

建材须知▲铺完 3 天硬化

好的 Epoxy 涂料铺到地面后，8 ~ 16 小时就会硬化，2 ~ 3 天后便完全硬化，可入内继续施工。但要注意：一周内尽量不要置入梯子、大型家具或穿高跟鞋踩踏地面，避免小面积施力在表面留下凹痕。

Epoxy 小档案

成分	双剂环氧树脂，分为母剂和硬化剂，另有石英砂和滑石粉当助剂。
表面效果	无接缝地板，施工结束后表面光亮，用久了会有较自然的消光效果。
运用	居家可用于客厅、餐厅、卧室。
特点	无接缝、有弹性，不易破裂或产生刮痕，防泼水。
缺点	施工时有刺鼻化学药剂气味，若长时间泡水，硬化剂会和水分子氧化而变白，降低使用寿命，故不适合用于浴室。
价格（每平方米）	连工带料 30 ~ 100 元，视材料等级、施工复杂度和现场规模而定（面积越大，单价越低）。

＊本书所列价格仅供参考，实际售价请以市场现况为准。

 注：此类建材在中国台湾地区较为多见，目前中国大陆尚未普及。

Other Flooring

盘多魔

无接缝地材

纹路媲美天然石

再大的瓷砖或石材，使用在居家地面上，都会造成分隔线，目前市场上出现了一种强调无接缝的室内地面材料，名为盘多魔(PANDOMO)，PAN是希腊文，代表“全然”或“完整”的意思，DOMO则是拉丁文，代表“房舍”或是“建筑”，两个单词合起来的意思，就是可以全然(毫无接缝)地铺设在房舍的地面材料。因为其色彩变化多元，加上表面会有自然气孔及纹路和可媲美天然石材的质感，而且硬度高，成为居家地面的新选择。

硬度高，需现场施工

无接缝地板因为没有分隔线切割视线，所以地面完整，会有放大空间的效果。过去无接缝地板最知名的材质为Epoxy环氧树脂，但是由于硬度较低，容易产生刮痕，保养不易，有时还会有凸起或龟裂的问题，常被用于户外停车场或是3～5年就会重新改装的商业空间。近年来出现的一种以水泥为基材的无接缝地板，名为盘多魔(Pandomo)，由于硬度较高，可以用于居家室内。

瓷砖、石材是在工厂制成成品后，送到工地再进行铺设，但是盘多魔必须在工地现场直接施工，经过灌料、刮出纹路、抛光、保养等步骤，前后工程要7～8天。盘多魔为水泥基底，因此可以添加任何颜色，变化多端，由于现场施工，更可依照设计师的需求调整。

↑盘多魔色彩多元，表面有自然气孔及纹路，媲美天然石材，成为居家地面的新选择。

↑盘多魔为水泥基底，可添加任何颜色。

可省去敲除旧地板的工程费用

除了色彩之外，盘多魔地板的表面有自然气孔与纹路，带有特别的手工质感。盘多魔的质感类似于天然莱姆石，崇尚简约自然的居家环境，最适合使用这种材质，气质较为沉稳大气，而且气孔会慢慢浮现，展现随时间变化的生命力。

盘多魔造价不便宜，连工带料每平方米约 700 元，不过，因为盘多魔铺设的厚度仅在 0.5 ~ 1 厘米之间，因此，不需要敲除原有地砖即可直接施工，可以省去敲除的费用，整体来说，与重新铺设石材地板的价格相差不远。每次地板施工之后的纹路呈现都不一样，就像是为客人定做般独特，而且材质色彩自然，选择多样，更延展了地面的空间感，与一般石材、瓷砖、木质地板相较，更能给人耳目一新的感受。

由于盘多魔地板会有自然气孔，可能会卡脏污，所以最好每 2 ~ 3 个月打一次蜡。

KNOWLEDGE BUILD UP

建材须知▲不适合大型开放空间

现在居家设计追求复古自然的建材，盘多魔虽然是新的地面建材，但是很有自然朴实的质感。盘多魔会随时间产生自然气孔，若破孔较小可以修补，使用数年之后，可以重新抛光再使用，因此，使用年限比 Epoxy 更长。不过，建议最好不要将盘多魔运用于大型开放空间，若来往人次过多，被太尖锐的鞋跟剐到会留下痕迹，影响美观。

无接缝地板小档案

*本书所列价格仅供参考，实际售价请以市场现况为准。

种类	盘多魔 Pandomo	Epoxy 环氧树脂
材质	自平水泥。	树脂。
运用	以室内居家空间为主。	室外停车场或商业空间。
表面效果	地板表面无接缝，色彩变化多，表面有毛细孔，且有自然纹路，似观音石。	地板表面无接缝，色彩变化多，类似于很厚实的油性漆，平滑光亮。
硬度	硬度较高，但仍怕尖锐物品。	容易有刮痕，保养不易。
价格（每平方米）	约 700 元	约 100 元

Other Flooring

竹地板

表面平整度高

铺置无须留缝，减少藏污纳垢

在家装建材的选用上，人们越来越关注环保建材的应用，期望为环保多尽份心力。3～4 年便能长成的竹子，就是一种环保建材，但价格较高。竹子表面光滑细致，平整度高，相当有质感。

仿海岛型木地板，好用好看

目前市面上有两种竹地板，一种是全为竹子打造的实竹地板；另一种为薄片化的竹地板。全为实竹的竹地板，多为大陆产，因糖分与淀粉含量较高，易招虫蛀，且应力膨胀系数过大，比木头热胀冷缩得更厉害。薄竹片地板则已克服了实竹地板的缺点。

改良后的薄片化竹地板，是将竹子切成薄片，以复合型木地板的做法，在木夹板上铺上薄竹片，借此降低竹子的糖分与淀粉，同时一并解决了热胀冷缩严重的问题。也因竹薄片地板不易热胀冷缩，铺置时无须留缝，可减少藏污纳垢。

地板耐磨，价差大

地板表层仅铺设薄薄的竹薄片，难免会让人认为很容易磨损，但其实竹子本身即很坚韧，加上地板表面会上保护漆，只要正常使用，可使用长达三十几年。

竹地板价格差异极大，每平方米 90～2000 元皆有。进口产品，价格会较高，每平方米千元以上；部分花色如菱纹图案，是将条纹以倾斜角度呈现，会产生较多的损料，因此，价格昂贵，每平方米约 2000 元。

薄竹地板可克服实竹地板的缺点。

KNOWLEDGE BUILD UP

建材须知▲用水清洁无须打蜡

在生产过程中，竹地板的表面会被涂上专用的保护漆，内含特别成分，可防止金黄色葡萄球菌和大肠杆菌形成，因此日常保养只需用水清洁，无须特别打蜡，相当便利。

各式竹地板小档案

*本书所列价格仅供参考，实际售价请以市场现况为准。

种类		特点	价格（每平方米）
璀璨系列竹地板		表面染成金、银等特别色，适合古典风格，为无甲醛和重金属的环保建材。	约 600 元
旋竹系列竹地板		自竹子表层将竹片旋切下来，保有原始的纹理美感。	约 400 元
菱纹系列竹地板		条纹变化以倾斜角度呈现出来，因会产生较纵竹多 3 ~ 6 倍的损料，故价格昂贵。	约 1000 元
横竹系列竹地板		制成过程中，约会产生较纵竹多 3 倍的废料，价格较高。	约 850 元
格纹系列竹地板		格纹系列，图案活泼。	约 600 元

注：此类建材在中国台湾地区较为多见，目前中国大陆尚未普及。

Other Flooring

亚麻仁油地板

无毒又环保

弹性防虫，抗菌不助燃

亚麻仁油地板的主要成分为亚麻仁油、木粉、树脂和矿物颜料等，不含化学成分，是无毒且可生物分解的环保建材，踩起来有弹性且防虫、抗菌、不助燃。不过亚麻仁油的味道不如木头清香，且比功能相近的塑料 PVC 地板贵逾 4 倍，连工带料每平方米 500 ~ 700 元。

适宜铺儿童房

早在 1863 年，英国人就发明了亚麻仁油地板，踩起来具弹性且比石材温暖，拼接的色彩变化性又大于木板和地毯，故风行至 20 世纪。20 世纪 50 年代后被能大量生产、价格更便宜的塑料 PVC 地板取代。

直到近年，环保意识抬头，亚麻仁油地板才重获重视。亚麻仁油地板皆在欧洲生产，含有机材料如亚麻仁油、木粉等，或无机材料如矿石粉，无化学成分，所以无毒 。而亚麻仁油的气味能解决虫害问题，故比木地板耐用，也适合铺儿童房。

亚麻仁油地板多为天然素材，表面虽有防水处理，却得尽快擦拭水渍，若空间湿气过重，如浴室、地下室、山区住宅，或地板下方有漏水问题，皆不宜铺设，否则地材容易从底层渗水腐烂。所以，施工人员在铺设亚麻仁油地板前，通常会先测湿气，再告诉屋主是否适合采用亚麻仁油地板。

↑大理石系列亚麻仁油地板，具有石纹般的纹理。

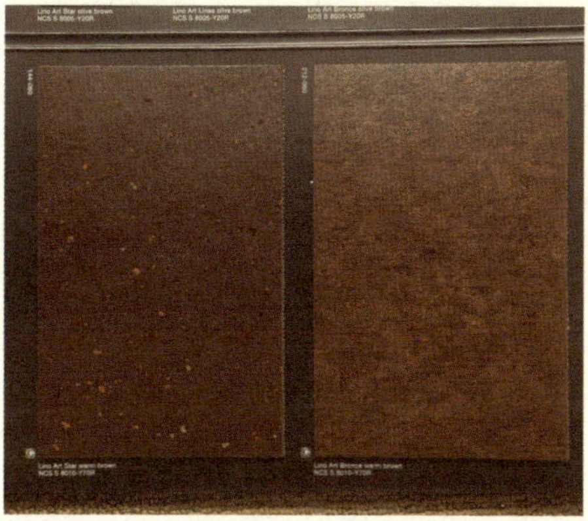

⬆掺入矿石后具有仿锈铁及水泥质感的亚麻仁油地板。

⬆与亚麻仁油地板色系相近的焊条（中央淡色直线）。

吸尘器清洁即可

铺设时，平均2.5毫米厚的地材，需要非常平坦、坚硬的地面，表面才会平整。最好是在毛坯屋阶段直接铺亚麻仁油地板。而宽幅最大仅2米的卷材仍须拼接，不过，亚麻仁油地板有专门搭配的同色焊条，施工时会在接缝挖出沟槽，再热熔上焊条衔接，营造无缝效果；甚至能将材料延长上墙，营造踢脚线和地板连在一起的效果，降低水渍、灰尘卡入板材的概率，更便于清洁。平日保养，建议用吸尘器干式清洁即可，若打翻有色饮料，尽快擦拭就不会渗入地材。

KNOWLEDGE BUILD UP

建材须知▲无法做出纯白效果

亚麻仁油地板的颜色，来自天然矿物石粉调配，虽然每个系列均有数十种以上的选择，但唯一做不出来的就是纯白色，除非掺入化学药剂，否则仅保留亚麻和木粉的天然色泽，最淡也只能到米色效果。

亚麻仁油地板小档案

成分	亚麻仁油、树粉、软木粉、石膏石粉、矿物石粉、树脂、黄麻。
表面效果	无接缝，色彩选择多，易切割，能拼贴特殊图样。
运用	室内干燥区域，如客厅、卧室，不宜用于浴室和地下室。
特点	有弹性、降噪声、防虫蛀、防火、无毒，同质透心，故表面略有刮痕也不会产生色差问题。
缺点	亚麻仁油气味不如木头清香，材质怕水，若地面渗水或空间湿气重，容易泡烂。
价格（每平方米）	500～700元，视材质、施工面积和拼花复杂程度而定。

＊本书所列价格仅供参考，实际售价请以市场现况为准。

Other Flooring

榻榻米

常用更耐久

能吸放湿气，调节温度

内部叠铺天然稻草，再由蔺草包裹缝制而成的榻榻米，不但闻起来清香，植物毛细孔亦具有吸放湿气、调节温度之效。但榻榻米不添加化学物质，一体两面的缺点即是在使用不频繁、空气不流通且湿气重的空间里易发霉。

↑榻榻米会自然散发出一抹淡淡的蔺草香。

稻草，具弹性又可吸放湿气

国内榻榻米填充物分两种：第一种是日本进口木纤维板，可再夹一层泡棉，整体质感偏硬，但因纤维板密度高，故易保养且无须顾虑发霉；第二种是普通的稻草。做榻榻米的稻草，通常要放干1年左右，再靠机器烘干，垂直、水平交错排放7层后缝制固定，而后再由蔺草编织成的席面包裹住。这种填充物会比日本纤维板有弹性，也保有吸放湿气的功能。

因为蔺草的关系，榻榻米会自然散发出一抹淡淡的草香。此外，随不同方向的纹理，再结合光的折射，在视觉上可呈现出不同的色泽效果。

↑日本木纤板榻榻米，泡棉夹层，每片90厘米×180厘米。

湿布擦拭抹除霉斑

内填稻草加上表面蔺草，里面全是无添加化学防腐的天然材料，是否会发霉呢？其实，榻榻米是“需要使用”的材料，若放在山中度假屋，几个月才有人去几次，加上密不通风湿气又重，自然容易发霉。若铺在家中室内干燥处，平日空气流通，偶尔用拧干的湿布擦拭表面灰尘，甚至用鬃刷刷去霉斑，每半年拿到阳光下晒一天，就能延长榻榻米使用寿命至10年以上。

若榻榻米表面有霉菌附着，千万不要因为怕湿而只用干布擦拭。正确的处理方式：用清水，或以清水稀释过的酒精、漂白水或清醋，浸湿抹布后拧干擦拭表面，表面的水汽很快就会蒸发，潮湿的抹布才有办法抹除卡在缝隙内的霉斑。

↑（左）常见的有边榻榻米，每片约90厘米×180厘米。（右）喜欢线条更单纯的屋主，可考虑定做无边榻榻米，每片约90厘米×180厘米。

↑除了湿布，用干燥鬃刷顺着蔺草纹理方向刷除霉斑，也是日常保养方法之一。

除了传统的尺寸外，其他形状如小正方形、圆形、八卦形等，适合当坐垫使用。

有多种花色可挑选

别担心榻榻米的色彩过于单调，缝制边缘的布料，现在至少有20种花色可供挑选，不仅能选择自己喜爱的花样，还能配合空间的基调来做色彩的选搭。榻榻米除了大量用于和室外，少部分人睡不惯弹簧床，也将床做改良加了榻榻米来使用。

若有腰酸背痛问题，睡榻榻米可以获得改善。另外，除了传统的尺寸外，商家也陆续接受特殊尺寸的定制，如小正方形、圆形、八卦形等，这些就适合当坐垫使用。

除此之外，选材时要看蔺草边缘，剩下的尾端长度越长，代表是采用成熟的蔺草，材质较肥厚、坚固，表面也不会有“草花”等不平整的问题。

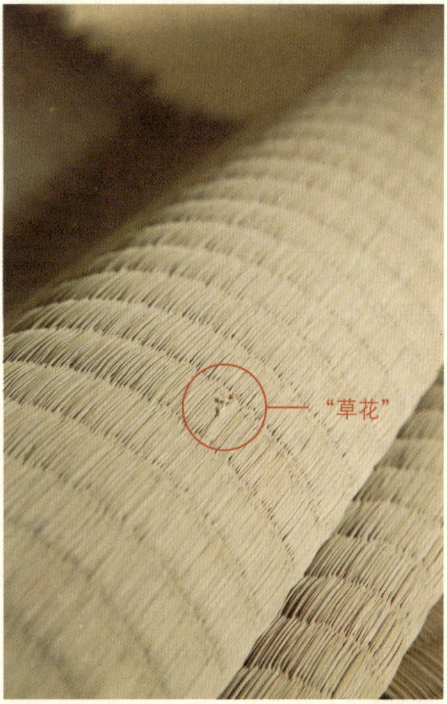

未满生长期就被割下的蔺草，常带有“草花”，容易开裂。

KNOWLEDGE BUILD UP

建材须知▲勿用水洗，半年晒一次，记得要翻面

由于榻榻米是天然物品制造而成，保养时切记勿用水洗，只要定期使用吸尘器清洁，再用布擦拭即可。最好每半年能将榻榻米置放于阳光下，曝晒 1 小时左右；晒榻榻米时最好晒背面，或隔一段时间翻面晒，以免长时间直晒席面，会使蔺草过于干燥而脆裂。家中若无阳台，可将榻榻米直立置放于通风处晾放一日，也可以预防发霉。

⬆内填稻草丰厚、排列整齐并捆缝严密者（左），品质较好不易凹陷。

⬆表层蔺草尾端较长者（下方处），代表取材自生长期完整的蔺草，草根饱满扎实，榻榻米才耐用。

榻榻米小档案

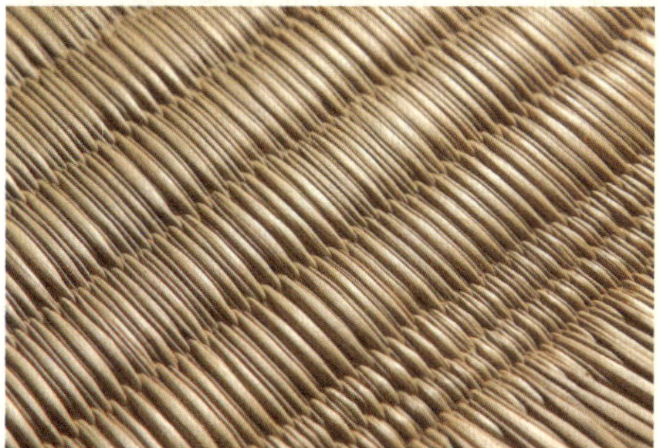

成分	席面均为蔺草，内容物有天然稻草和木纤维板两种。
运用	多为室内地材，须铺于干燥区域，如和室或卧室。
特点	整体厚度约 5.5 厘米，内填稻草的弹性较佳，能吸放湿气。夏天，榻榻米还有吸汗、防臭功能。
缺点	怕潮湿易发霉，需要铺设于通风、频繁使用的空间，梅雨季最好开除湿机。
价格（每平方米）	230 ~ 380 元

*本书所列价格仅供参考，实际售价请以市场现况为准。

Other Flooring

楼梯材质

内行人教你选

瓷砖宜做防滑沟，家有幼童用木质

楼梯常见于复式居所及别墅住家，除挑选不同材质、颜色、大小搭配居家装修外，安全为选购关键，例如，有幼童或老人，不妨选择木质梯面，触感温润，冬天不会太冰冷；瓷砖梯面易清洁，但容易滑倒，需在梯面做 4 ~ 5 条防滑沟，增加居家安全。

各式瓷砖，各有优劣

瓷砖种类多，含抛光石英砖、高亮釉等，表面有仿皮纹及大理石纹路，质感不错且易清理；缺点为冬天会较冰冷，且表面较滑。为避免使用者滑倒，可在瓷砖及大理石梯面增加防滑条、防滑垫，若担心防滑垫不够美观，可请厂商在铺设前，直接在梯面做上 4 ~ 5 条防滑沟，同样有防滑功能。

塑胶材质易清洁

梯面材质以地面材质延伸为佳，若考虑预算、吸音、易清洁等理由，塑胶材质是不错的选择，市面上有仿实木、大理石纹路等塑胶材质梯面，其中功能性塑胶材质，如抗菌、防污处理材质，价格略高。

另外还有木质梯面，因组成方式不同分超耐磨、复合型及实木楼梯 3 种。超耐磨为混合木材压碎后挤压制成，但易热胀冷缩而变形，含工带料每平方米约 150 元。若担心变形问题，可选复合型木质梯面，稳定性相当高，分厚皮、薄皮两种，含工带料每平方米 250 元左右。实木最贵，有柚木、紫檀、橡木及胡桃木等，视觉及触感最自然，但怕水，易刮伤，勾缝易卡灰尘，含工带料要每平方米 300 元到上千元。

楼梯施工时留意梯面四角，粗糙处做左右抛光呈圆弧状，称为“左光、右光”；另外瓷砖、大理石有一定厚度，横切面需抛光及修边，避免行走不便。

↑担心防滑垫不够美观，可直接在梯面做上 4 ~ 5 条防滑沟，同样有防滑功能。

↑木质梯面触感温润，冬天不会太冰冷。

石梯可涂防滑液

市面出售的地板防滑液，能增加摩擦力提高行走安全，适用瓷砖、大理石、花岗石等，透明无色的液体直接擦拭在梯面上，不影响外观且易清洁。此外，同色系楼梯易产生错觉，上下楼梯有踩空危险，建议可在立面上挑选不同颜色，若考虑整体家居装修，立面可用马赛克砖装饰，还有丰富空间功能。

KNOWLEDGE BUILD UP

建材须知▲瓷砖耐用 10 年以上

室内楼梯梯面挑选原则不外乎安全性、价格及美观，建议以家里人口及使用机能为考虑，如家里人口多，不妨挑选较耐用的瓷砖，至少可用 10 年以上。此外大理石质感也不错，但亮度只能维持 3 ~ 5 年，若要维持亮度须再抛光。

楼梯材质小档案

可使用种类	木质、瓷砖、塑胶等。
注意事项	1. 除挑选不同材质、颜色、大小搭配居家装修外，安全为选购关键，如有小孩或老人家，不妨选择木质梯面，触感温润，冬天不会太冰冷；瓷砖梯面易清洁，但容易滑倒，须在梯面做 4 ~ 5 条防滑沟，提高居家安全。 2. 楼梯施工时留意梯面四角，粗糙处做左右抛光呈圆弧状，称为“左光、右光”；另外瓷砖、大理石有一定厚度，横切面须抛光及修边，避免行走不便。
价格（每平方米）	依材质不同，含工带料 300 元至上千元。

*本书所列价格仅供参考，实际售价请以市场现况为准。

注：此类建材在中国台湾地区较为多见，目前中国大陆尚未普及。

Other Flooring

远红外线木地板

材料来自火山矿石
具有促进血液循环的作用

远红外线具有提高免疫力、促进血液循环及新陈代谢的作用。它的应用产品不少，市面上已有远红外线木地板，除了是超低甲醛的F1板材外，其他产品皆取得了中国和日本专利，而且从研发、生产到营销都在中国台湾地区，是真正的MIT（Made in Taiwan）。消费者挑选木地板，除了木种、宽度与耐磨度，还可考虑是否具有远红外线能量。

材料来自火山矿石

这种远红外线能量，来自于火山矿石，运用纳米科技将无机矿物纳米化，注入木材细胞当中，再做成实木地板的表层。

纳米矿物材料会产生远红外线能量，与人体产生共振效应。如果用360倍的高倍显微镜观测，会发现，右手放上远红外线木地板后，左手的手指头微血管会扩张，流动速度也变快。踩在远红外线木地板上，则会有微热感。

由于质量不错、花色自然，远红外线木地板被越来越多的人选用。远红外线的波长可达15厘米，穿着袜子或拖鞋，仍有效果。身体不好的人长期使用，会感到显著变化。

↑希望促进血液循环，家里已经铺木地板的人，可考虑穿远红外线木屐。

KNOWLEDGE BUILD UP

建材须知▲保质10年不会长虫

远红外线木地板为复合式地板，合板层使用俄罗斯生产的寒带桦木，经过120℃的热处理，保质期10年不会长虫。

远红外线木地板小档案

特点	以纳米科技注入远红外线能量，具有提高免疫力、促进血液循环与新陈代谢的作用。
远红外线有效期	永久有效
价格（每平方米）	360 ~ 730元

*本书所列价格仅供参考，实际售价请以市场现况为准。

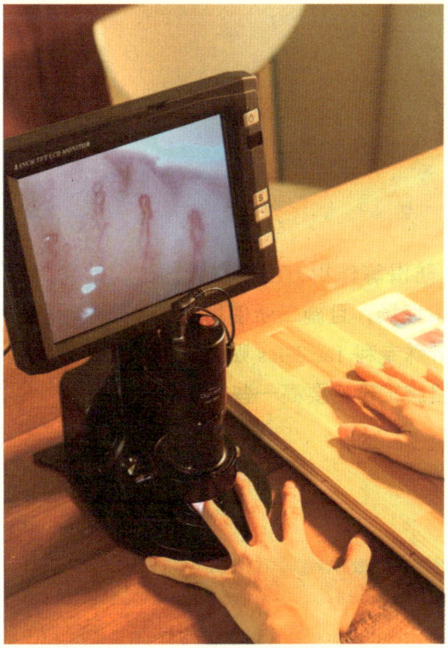

【血流观测】用 360 倍的显微镜观测，右手放上远红外线木地板后，左手的微血管扩张，血液流动速度变快。

【耐刮测试】以牛顿笔做耐刮测试，一般木地板会被划花（上），使用特殊钻石漆涂装的远红外线木地板则不会，它的牛顿压力等级为 10（230.97 千克 / 平方厘米）。

↑远红外线木地板为复合式板材，2 ~ 4 毫米厚的实木层下方，有九层桦木合板，以十字交错贴合。

↑远红外线木料也能做成装饰壁材，以魔术贴固定在墙上。

Other Flooring

环保方块地毯

纱线与背材可回收

专利贴纸，不会产生异味

地毯可彰显家居风格，具有隔音、保温、防滑等作用，但很少人想过，地毯工业对地球的污染。地毯废弃时，大多是丢向垃圾填埋场，且施工所使用的胶会产生甲醛异味。环保方块地毯强调产品可回收利用，并以特殊专利 Tac Tiles 贴纸施工的环保方块地毯，不会产生异味，价格与进口地毯差不多，但施工价格要高一些。

永续使用，回收再利用

地毯分为纱线与底背两大部分，美国方块地毯品牌 Interface，是全球著名的方块地毯制造商，为了让产品可以永续使用，经过漫长的努力，从 2013 年下半年起，该品牌全面使用可回收的尼龙纱线，地毯底背也可全部回收再利用。

花色灵感取自自然

提到“环保”“永续”等议题，大多数人会认为，产品看起来肯定是灰暗、了无生气的。Interface 方块地毯，其饱和的色彩度与花样创意，近年来已成国内外许多商铺、办公空间的宠儿，在家装领域，也受到青睐。

以 Red Carpet 命名的地毯，鲜亮抢眼的红色，常常成为空间的主角。Urban Retreat 系列则效法自然，灵感来自草地、树叶、树皮、岩石等。这个系列在亚太地区最受欢迎，透过机器将大自然的元素，栩栩如生地织进地毯里。其中，仿木纹质感的产品，以 25 厘米 ×100 厘米的尺寸自由排列，让喜欢木地板自然纹路的消费者，多了一种选择。

KNOWLEDGE BUILD UP

施工方式▲专利贴纸无异味

Interface 研发的专利贴纸，可避免地毯施工时因黏胶产生的恼人异味。且施工方便，只要在地毯拼接处贴上贴纸即可，还可以重复使用。

建材须知▲铺设平整无接缝

Interface 的方块地毯，铺设时十分平整且无接缝。花色无方向性，即使随意排列也能让空间出色有型，并减少施工的废料。

每根纱线都做防菌

针对一般人对地毯易生螨虫的刻板印象，一般地毯通常只上一层防污处理，但 Interface 的每一根纱线，都使用专利技术，可在长时间使用下，仍具有抗污力。平常只需通过吸尘器打理，并且每半年送专业厂商洗涤一次即可。

Interface **环保地毯** VS. **一般方块地毯**

	Interface 环保地毯	一般方块地毯
面纱	提花圈毛，立体变化多。	针织圈毛或印花。
底部结构	Glasbac 5 层底，抓地力较佳。	PVC 3 层底。
防菌性	永久防菌层	毯面防菌处理
保质期	15 年	5 ~ 10 年

Interface **环保方块地毯**小档案

应用区域	居家、办公室或商铺的地面、墙面。
特点	尼龙纱线及背材均可回收。
缺点	最低订购量为 150 平方米。并非所有系列都可以少量生产。
价格（每平方米）	160 元起

* 本书所列价格仅供参考，实际售价请以市场现况为准。

↑花色无方向性。

↑仿佛走在“木地板”上，大地色的质朴十分讨喜。

↑无接缝。

Ground Processing Accessories

收边条 让空间有条理

黄铜材质最贵，塑钢易凹凸不平

若是使用同色系的瓷砖铺设居家，收边条是区隔空间不错的方式，例如，大理石纹路的塑钢收边条，搭配天然石材，质感佳又美化视觉。不过，各式材质价格差异悬殊，最贵的黄铜收边条，一根长 2.7 米的要价 150 元；塑钢材质 30 多元，但禁不起强烈碰撞，表面易凹凸不平。

图为台湾地区产瓷砖收边条（右）和进口瓷砖收边条（左）。

选购时需留意材质色系差异

收边条的应用相当广泛，不只用于同色系的瓷砖，即使是不同材质的地面，如木材及瓷砖，加入收边条也可加强两侧地材平贴地面的稳定度。收边条亦常用于壁面或柱子，像是当腰带装饰或与地板的垂直收边处，可修饰外观。选购时仅需留意收边条材质与地壁材质的色系差异，避免视觉不协调。

间缝伸缩条防隆起

若担心瓷砖久用后会像木材一样有热胀冷缩的问题，隆起后甚至有割伤人的风险，不妨加入有弹性橡胶材质的间缝伸缩条，这也是收边条的一种，使用时将伸缩条放置于两片瓷砖的中央，仅铺设居家角落即可，可解决瓷砖隆起的难题。比较常见于地面踩踏频率较高的公共空间，或家中人口较多的住宅。

此外，瓷砖转弯处无法使用直式收边条的，可运用相关转角配件，例如外转角等。但选购时要注意，中国大陆产的产品质量良莠不齐，加上多是塑胶材质，易有破碎风险；欧美进口的还不错，但价格略贵。中国大陆产外转角每个十几元，进口不锈钢外转角则要上百元，但品质较有保障。

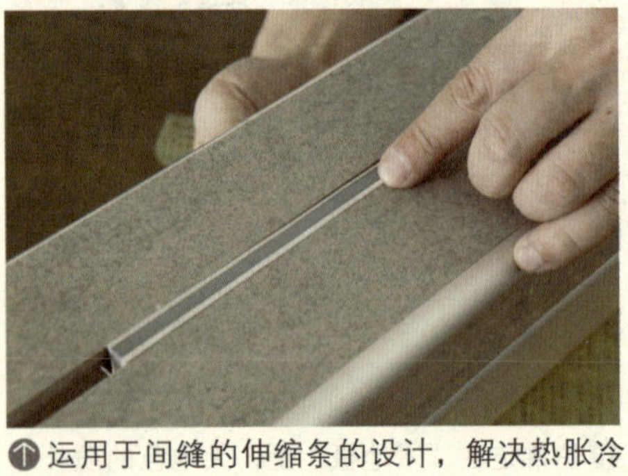

运用于间缝的伸缩条的设计，解决热胀冷缩的问题。

KNOWLEDGE BUILD UP

建材须知▲欧美材质厚实耐用

依照制造国家和地区不同，收边条产品材质略有差异，例如中国大陆和中国台湾地区产的，厚度约 0.1 毫米，欧美进口的在 0.3 毫米左右。材质越厚实，越坚固，但价格也越高。以 PVC 来说，中国大陆产的每条 75 元左右，进口则要 90 元左右，可依预算及需求决定。

各式收边条小档案

＊本书所列价格仅供参考，实际售价请以市场现况为准。

种类		价格（每条，长 2.7 米）	特点	缺点
塑钢		约 30 元	色系丰富，颜色较多种。	材质略软，用力踩踏，表面易凹陷。
PVC		约 75 元	适合高量釉或抛光瓷砖。	材质略软，表面易因踩踏或碰撞而凹陷。
铝合金	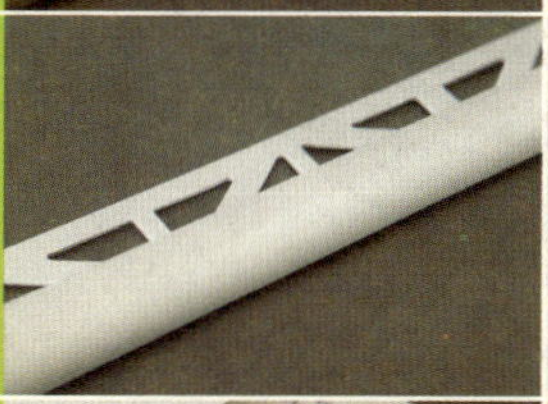	60 ~ 80 元	适合搭配板岩砖或复古砖。	亮面铝合金易刮伤。
黄铜		约 150 元	较厚实，质感不错。	价格最贵。
不锈钢	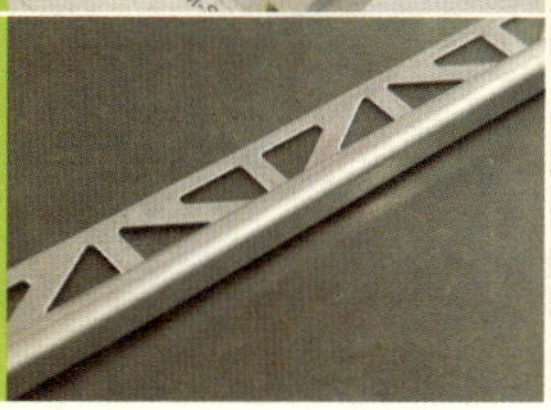	约 120 元	因硬度较强，适合公共空间。	材质不纯者易生锈。

Ground Processing Accessories

铝合金基座防滑条

美观、抗锈

可搭配 PVC 芯条

若担心上下楼梯时滑倒，梯面可加装防滑条。传统金属防滑条材质多以黄铜、铁为主，用久容易生锈；铝合金基座防滑条则采用铝合金凹槽搭配 PVC 芯条，优点是 PVC 条可替换，并可嵌入梯面，不破坏楼梯美观，但价格较贵，一般款式每米 30 ~ 80 元，加夜光条的每米 50 ~ 100 元。

安全防护，可替换

早期的金属防滑条多半由黄铜、铁制成，材质本身有点滑，仍有滑倒的疑虑，用久了也容易生锈，替换时更要全面翻修，相当费事。另一种常见的 PVC 防滑条，虽可直接粘贴于梯面上，不过不太美观，也不具质感。

为解决这些问题，加有铝合金基座

↑加有铝合金基座的防滑条，在底部装了一道铝合金凹槽。

↑铝合金基座防滑条采用铝合金凹槽搭配 PVC 芯条，可嵌入梯面不破坏美观。

平常整理时，可用刷子清理防滑条。

的防滑条，在底部装了一道铝合金凹槽，凹槽内再装置PVC芯条，使之完全嵌入梯面，不影响美观，加上芯条也可替换，日后若要搬家或修整楼梯，整个防滑条仍可重复使用。

铝合金基座的防滑条除一般款式外，还有加上夜光材质的款式。夜光条有吸光与放光特性，平日会吸收光源，当灯源全关掉时，便会散发光线，可成为梯间的指引器。

搬家装修可重复使用

在楼梯踏面前沿加装防滑条，让阶梯更为明显，若家中有幼童或年长老人，可增加安全性，但相对会影响家居风格的一致性。至于清理部分，为了让使用者好清理，在左右两端刻意改成平滑面，只要用刷子将脏污从凹凸面扫到平滑面，再一并清理即可，且最好使用刷子来清理，若担心清不干净，可搭配清洁剂一同使用。

KNOWLEDGE BUILD UP

建材须知▲年久更新只须换 PVC 条

铝合金基座的防滑条若两边紧粘墙面，一般人会担心不好更换，其实用久了，想要整条更换时，只要先用美工刀割开内部的PVC条，并整个抽出后，再轻压新PVC条的两边，顺势放到凹槽里轻压后即可。

铝合金基座防滑条小档案

材质	铝合金基座、PVC防滑条。
色彩	红、黄、咖啡、黑、蓝灰色。
运用	石材阶梯、木造阶梯、地毯梯面。
价格（每米）	一般款价格每米30～80元、加夜光条的每米50～100元。

*本书所列价格仅供参考，实际售价请以市场现况为准。

Ground Processing Accessories

填缝剂

抗污又增色

须确认色调再施工

瓷砖壁地面并不易发霉脏污，多是因瓷砖间的缝隙发霉或脱落粉尘才造成壁地面脏污，选择好的填缝剂即可预防上述问题。填缝剂材质推陈出新，除强调抗污防霉外，还有十多种颜色可选择，让原本平凡无奇的瓷砖墙为之一亮。

（左）填缝剂材质推陈出新，不仅抗污防霉，还有多种色彩可选择。
（右）色彩多元的填缝剂，可用来装饰墙面。

添加乳胶，耐磨增弹性

传统施工多使用水泥、矽利康取代填缝剂，甚至不填填缝剂，造成缝隙出现剥落、渗水等问题。瓷砖会脏，多是因为瓷砖间的缝隙吸附油污或掉落粉尘。因此，填缝剂的品质相当重要。

目前市面上的填缝剂有水泥、硅胶、水泥加乳胶、环氧树脂等4大类，有预拌好的，也有需要再加水调和的，多数填缝剂已添加乳胶，耐磨度、黏度与弹性都有所提高。

强化浴室防霉

选择的填缝剂，应具有低吸水率、高抗污性等特质，才能减少油污渗入。且不同场所需要不同的填缝剂，如用于浴室、厨房的，就必须更加注重抗菌、防霉、抗酸碱腐蚀等功能。

一般填缝剂多是水泥色、白色、咖啡色、黑色，市场也有色彩多元的填缝剂，可用来装饰墙面，还可添入金、银粉，使瓷砖与缝隙颜色得以统一，也可自行创意设计图样。一般填缝剂售价每千克20 ~ 30元，视防水、防霉或纳米材质等有别，而多彩型填缝剂售价每桶5千克约200元，可用于10平方米以下的空间。

填缝剂施工便利，可DIY，使用填剂最适当的时间在贴好瓷砖48小时后，施工前，应先将砖缝砂粒清除，避免脱落或凹凸不平。施工时也要保持通风与除湿，避免填缝剂出现色泽不均的现象。DIY时，只要将所需材料搅拌调匀，或拌入干净的水，就像批土般，将颜料压填入缝隙，再将砖面上的余物清除即可，也可用以填补已经剥落的间隙，只是颜色会稍微不均匀。

KNOWLEDGE BUILD UP

建材须知▲确认色调再施工

购买填缝剂时，应确认填缝剂包装的完整性，避免买到过期或受潮的材料。瓷砖填缝工程所需工时非常短，修改却非常困难，所以应确认色调再施工，可以用选购的瓷砖贴在木板上做个样品，先看效果再说。

填缝剂小档案

材质	水泥、硅胶、水泥加乳胶、环氧树脂。
特点	防水、易施工。
运用	填补、美化缝隙。
价格（每千克）	20 ~ 30元

*本书所列价格仅供参考，实际售价请以市场现况为准。

Ground Processing Accessories

塑钢土

修补好帮手

不易断裂，运用范围广泛，室内外都能用

塑钢土常用来当黏着剂、填缝剂。主要成分是环氧树脂，加入玻璃纤维强化韧性，使其不易断裂，故称“塑钢土”。它的运用范围广泛，可以修补五金、陶瓷、木制品，处理墙面凹洞及填缝等。塑钢土硬化后不易收缩变形、耐候性佳，室内外都能用。缺点是会有一点刺鼻的化学味道，施工时可戴上口罩。

塑钢土分为一般塑钢土、木质专用包心塑钢土和塑钢浆 3 种。一般塑钢土用途广泛，依硬化时间快慢分成两种，但价格相同，100 克约 6 元、500 克 25 ~ 35 元。

快速硬化约需要 30 分钟，施工只要 5 分钟，当遇上水箱破裂、水管漏水等紧急情况时，就挑硬化速度快的塑钢土使用。无迫切之需，可以选择硬化时间 90 分钟、施工时间 15 分钟的产品。

修补木家具有专用款

修补木家具，有木质专用包心塑钢土，价格最贵，35 克约 20 元，但不需要自行切分比例，可直接混合使用，很方便。将塑钢土做成胶状的塑钢浆，价格最便宜，每千克约 20 元，不过，用途不像塑钢土广，而且施工时间长，约 40 分钟，硬化时间更长，要等上 4 ~ 6 小时才会干。

一般而言，墙壁有凹洞、裂缝，椅脚断裂、水管松脱、瓷砖裂开等，可用塑钢土处理。施工时记得先将欲修补或填缝处擦拭干净，以免脏污影响塑钢土、塑钢浆的附着力。

不论塑钢土或塑钢浆，皆以 1 : 1 的比例混合 A、B 两剂施工，修补时若觉得塑钢土太硬，可加水软化。一般塑钢土多为白色、米色，如有特殊需要，可以另行上漆补色。

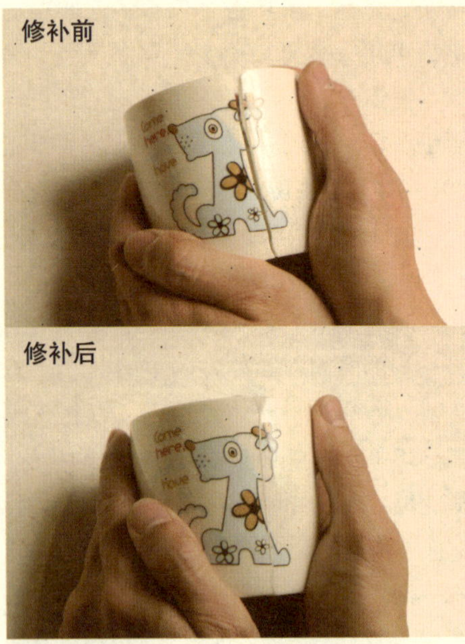

↑马克杯裂了，不必丢掉，涂抹塑钢土就能再用。

各式塑钢土比一比

*本书所列价格仅供参考，实际售价请以市场现况为准。

	塑钢土	木质专用包心塑钢土	塑钢浆
种类			
特点	分成硬化时间30分钟、90分钟两种，以1∶1混合A、B两剂施工。有白色、米色。	已将A、B剂包在一块的包心设计，可直接切割揉捏使用，但只有原木色可选，价格最贵。	将塑钢土做成胶状，使用方式同塑钢土，价格最便宜。
适用范围	可修补瓷砖、墙壁、塑料管、五金等。	木制品。	适用1毫米以下的细缝修补，也可改善墙面粉化问题。
价格	100克6元， 500克25~35元。	35克约20元。	1千克约20元， 2千克约30元， 3千克约38元。

塑钢土修补水管裂缝DIY

1. 擦除脏污
先将水管上的脏污擦拭掉，修补的塑钢土才不易脱落。

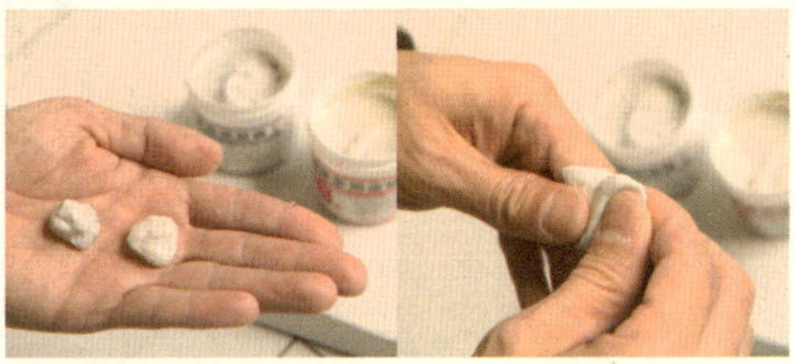

2. 1∶1混合
取出1∶1比例的A、B剂使用（左图）；将两剂揉搓混合（右图）。

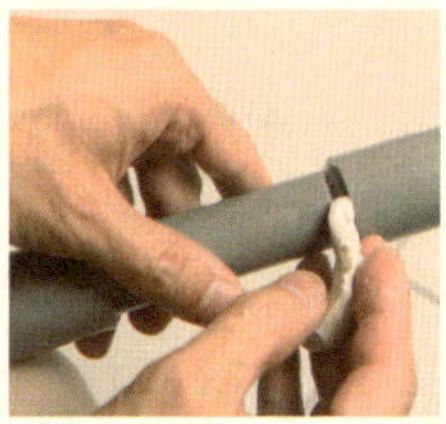

3. 揉成条状
揉成条状后，覆于破损处。

4. 软化压实
可加水软化塑钢土，会更好施工。

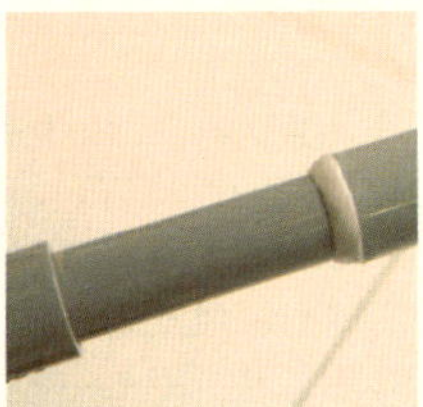

5. 完成
压实抹平后就完成啦！

KNOWLEDGE BUILD UP

建材须知▲可用抹刀混合塑钢浆

欲混合塑钢浆可用抹刀，施工时要戴手套，才不易沾手。塑钢浆干掉不好清理，所以最好趁还没干时用肥皂水洗净。塑钢土可直接徒手施工，完工后以肥皂水清洗即可。

Ground Processing Accessories

矽利康 为家居补妆

中性防霉受欢迎，收缩率低效果佳

矽利康的主要成分为硅橡胶，是居家常用的填缝剂和黏着剂。不论厨房、浴室、木地板、铝窗、门框或墙面缝隙，都能见到它的踪迹。矽利康的优点是延展性好、填缝效果佳、防水且价格便宜，但用在转角处特别容易裂，常须重填。而环境潮湿则易发霉，此外，颜色透明的矽利康易泛黄、不美观。

矽利康分为水性和油性两大类，前者可上漆，后者不能。市面上常见有中性防霉、中性无防霉、酸性及水性矽利康等4种选择。除了中性防霉矽利康外，一般300毫升装的价格都在10 ~ 30元。中性防霉矽利康因具防霉效果，受民众欢迎，所以价格比较高，300毫升装的15~35元。

矽利康的价格差异主要来自品牌知名度及收缩率的不同，收缩率高较便宜，反之较贵。收缩率高的矽利康，干掉以后容易收缩凹陷，此时就需再填缝。购买时，除需考虑施工材质，最好选择收缩率低的，填缝效果才好，省得再次填缝。

矽利康，填缝好帮手

A. 硅胶油污清洁剂，可清除浅层霉斑
B. 矽利康专用遮蔽胶带
C. 矽利康架式施工枪
D. 填缝胶刮刀

清洁剂除浅层霉斑

大多数消费者使用矽利康最头疼的问题，莫过于用久容易发霉、变黑，虽有防霉矽利康和专用清洁剂可选购，但并不是用了防霉矽利康就完全不会发霉，它只能抑制霉斑生长，太潮湿还是会长霉。

至于，防霉清洁剂只能去除浅层霉斑，发霉太严重还是得刮除重填。

KNOWLEDGE BUILD UP

施工须知▲管口斜剪 45 度角，不用刮刀也平整

填缝矽利康时，记得基材表面要保持干燥，否则潮湿易使菌丝渗透矽利康而发霉、发黑。师傅因经验老到，填缝习惯直接用手涂抹。但一般人易用力不均，造成表面不平整、不美观，这时以刮刀辅助较好，也可将矽利康管口斜剪 45° 角操作，便可不用刮刀。

矽利康填缝 DIY 示范

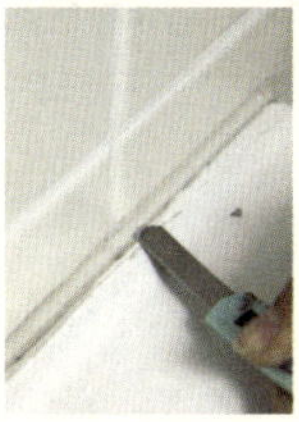

1. 用刀片将旧矽利康刮除。

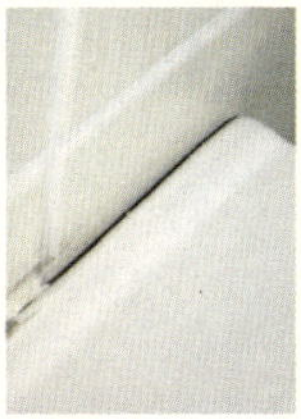

2. 缝隙要刮除干净，才不会影响新填充的矽利康的附着力。

3. 缝隙两侧贴胶带，以免矽利康溢出，造成填缝线条不直。

4. 重新上矽利康。

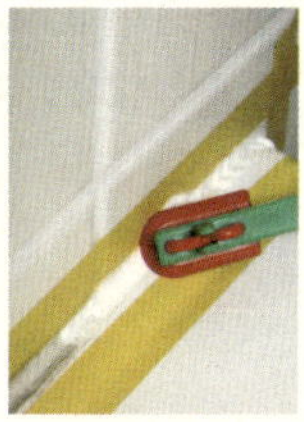

5. 用刮刀抹平矽利康后，撕去胶带。

6. 这样就完成啦！但记得需静置 4 ~ 8 小时后，才会完全干噢！

矽利康比一比

＊本书所列价格仅供参考，实际售价请以市场现况为准。

	中性防霉矽利康	中性无防霉矽利康	酸性矽利康	水性矽利康
种类	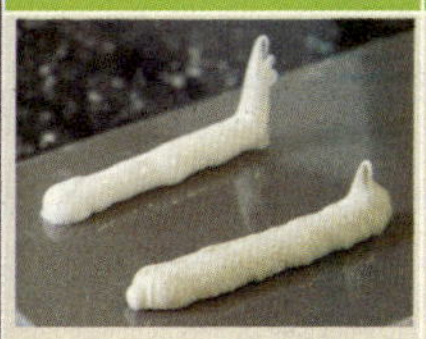		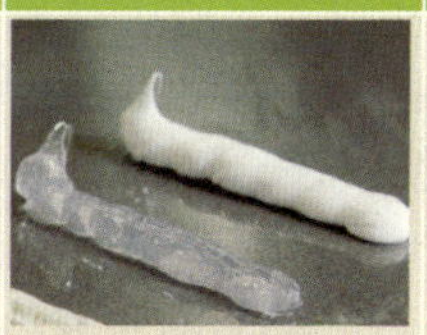	
特点	能抑制霉斑生长，常用于环境潮湿的浴室、厨房，有透明、白色和象牙色可选。	适用材质广泛，但透明色干掉后颜色会泛黄，用在玻璃上较不美观。常见透明、白与灰、黑等颜色选择。	味道刺鼻，若将酸性透明矽利康使用在玻璃上，干后仍能保持透明，不影响美观。另有白色可选。	唯一可上漆的矽利康，延展性较其他矽利康佳，可用来填补木地板缝隙，不易脱落，有透明、白、百合白与棕色可选。
适用范围	浴室面盆、浴缸淋浴门、马桶底座、厨房水槽、铝门窗、墙壁裂缝。	陶瓷、木头、金属、玻璃、铝门窗、墙壁裂缝。	玻璃、塑料、铝门窗、鱼缸。	外墙、木头、瓷砖、墙面裂缝。
价格（300 毫升装）	15 ~ 30 元	10 ~ 25 元	10 ~ 25 元	10 ~ 25 元

Ground Processing Accessories

地暖系统

冬季不怕冷

可埋入地材下方，更均匀维持室内温度

埋入地板内的地暖系统，相较于暖气，更能均匀维持室内温度，不会有脚底发冷时呼吸道却觉得干燥的困扰。线体地暖系统可埋入瓷砖、大理石材或木地板下方，但不宜铺在塑胶地板下，塑胶地板易因热而变形。比起暖气，地暖工程费用较高，连工带料每平方米 300 ~ 800 元不等，依施工面积大小调整施工费用。

不易过敏，每平方米工料 300 ~ 800 元

靠电流产生热能的电热地暖系统（也称地热系统），埋入地板的工法概分为两种：一为无须使用水泥的干式施工，搭配木地板，加装在原有的地板上；二为湿式施工，装修时将水泥埋进瓷砖、石材类地面下。增设地暖系统后，地板将增加约 1 厘米的厚度。

地暖与暖气、暖炉都是利用热空气向上流动的原理，但地暖优于暖气之处在于室内温度是温和向上递减，因此足部最温暖，而呼吸道和双眼高度处，不会有热风扬起灰尘或觉干燥不适，运转时也不会产生噪声。

目前地暖的线体和电阻设计皆有高度稳定性、安全性，像丹麦品牌恒康的地暖，缆线外部包裹特殊绝缘材料，可承受 90℃高温，又具强度抗压、抗拉特性，不会有破损而漏电的危险，加上内藏电阻丝，在温度超过 60℃时将切断供电。日本进口的 MITAKE 电热膜地暖，有专利 PTC 银浆半导体控温。简单来说，可避免无限量发热，或因家具重压、窗边日晒等环境状况，异常升温造成短路、漏电，甚至火灾等意外。

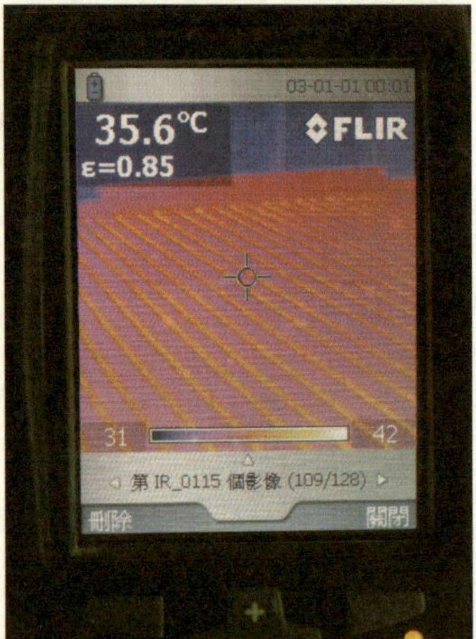

⬆地暖系统设有热感应器，影像显示埋在地面下、等距排列的地暖电缆。

塑胶地面不宜铺设地暖

既然设备埋在地板下方，选用的地材种类也会影响整体安全性。一般来说，石材、瓷砖较无安全隐患，至于木质地面，建议选择复合型木地板，会比实木地板来得合适。问题不在于实木易燃，而是某些地区温差和湿度变化大，若加上地暖干燥功效，长期下来，实木板材易变形、龟裂。另外塑胶地面也不宜铺设地暖，因塑料易受热质变、变形，是少数不适用地暖设备的地材。

⬆地暖系统使用的双芯热导线能抵消电辐射，不影响室内其他电子产品运作。

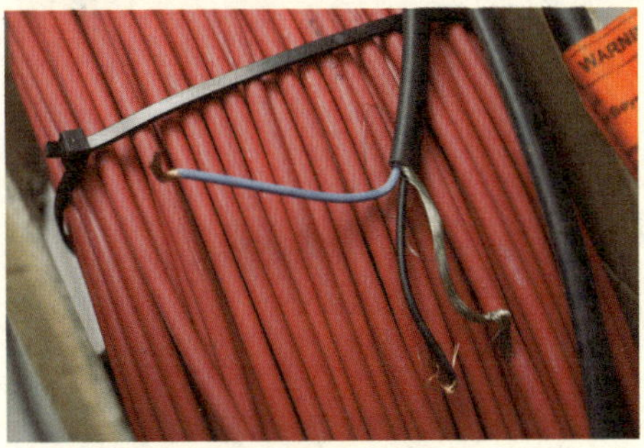

⬆地暖系统，线体地暖缆线越厚者瓦数承载力越高。

KNOWLEDGE BUILD UP

建材须知▲实木地板须先热处理

如要在地暖系统上采用实木地板，地暖系统完工后须进行预热。因为地暖系统施工时多数家庭会选择湿式施工，水泥中会有一些水汽，如不在铺设实木地板前预热把水汽排除，日后则会造成实木地板起泡起拱。

地暖小档案

结构	靠电流产生热能，导电介质有电缆热导线、银等；发热体则有热导线或 PTC 银浆碳素半导体等。
运用	埋在地板下，室内各区域皆可。
特点	空间温度较均匀，无热风和噪声，不会过分干燥而影响呼吸道、皮肤舒适度。
价格（每平方米）	连工带料 300 ~ 800 元不等。

*本书所列价格仅供参考，实际售价请以市场现况为准。

位于视线上方的天花板，

可千万不要小看。

不只可依照功能，

选择适当的天花板材，

若再加上一些小设计、

和一点微晕光线，

打造完美家居一点都不难！

Ceiling ×

顶面建材大观

Chapter 3

- 顶面 Ceiling
- 灯具 Lighting

Ceiling

硅酸钙板

质轻、防火又隔音

稳定性高，天花板的主要板材

硅酸钙板是一种防火轻质板材，成分以硅酸钙为主，目前是天花板和轻间隔的主要板材，产地主要为日本和中国大陆地区，由于发源地日本板材稳定且表层较细致，所以占中国台湾地区一半以上市场。其优点是防火性佳、隔热和隔音效果佳，材质稳定性高，不易热胀冷缩，施工方便迅速；缺点是不耐潮，在湿气重的地方如浴室，板材易软化。

原产日本，稳定性高

过去惯用的防火建材为石膏板，但因其笨重且钉着力差（在上头钉附物品易脆裂），故日本研发出的性能更良好的防火建材——硅酸钙板，取代了流传200多年的石膏板。早期间隔多利用砖墙，后来大量使用木板，如今，稳定性高且轻质具有防火功能的硅酸钙板，正逐步成为间隔主流材料，被大量应用于室内隔间、天花板。

小心含石棉之劣品

硅酸钙板以水泥、硅砂、纤维等材质，经高压高温制成，硅酸钙板的厚度不同，6毫米、8毫米、9毫米、12毫米均有。目前市场上以日本进口的板材为主，中国大陆和中国台湾地区也有量产，由于材料比例的影响，产自日本者色泽白皙，表面光滑，密度高，施工时粉尘也较少，品质最佳，但价格也最高；中国台湾地区的产品品质居中；中国大陆产的颜色最深，表面最不光滑，需要再费工批土才能将表面整平，但价格最低。

选购时，可看硅酸钙板背面的材质说明，因为部分产品会含石棉等有害健康的物质。另外，市面上也有商家仿造日本出口产品，所以可向销售商要出厂证明，并比对板材上所附的流水号码，看其是否为同一批的硅酸钙板。

轻间隔施工方式

采用硅酸钙板作为天花板材，虽然无法做出弯曲的圆弧造型，但能保障居家安全。目前板材厚度区分为6毫米、8毫米、9毫米和12毫米，其中厚度6毫米的产品最常用，尤其是用在天花板上，因为重量较轻，施工比较方便。一般以平顶硅酸钙板做天花板，不含油漆，连工带料每平方米32 ~ 45元。

以墙面而言，硅酸钙板必须搭配轻间隔来施工，轻间隔大致可分为干、湿式施工两种。湿式施工是在两块硅酸钙板中，以C型钢填入轻质填充浆。干式施工则用木骨架搭配C型钢，并填入隔音棉施工。一般来说，硅酸钙板当间隔墙，因本身线条较为平直，会比传统木板更平整美观。尤其日制硅酸钙板品质优良，在施工中，不会有粉尘脱落和弯曲的问题，

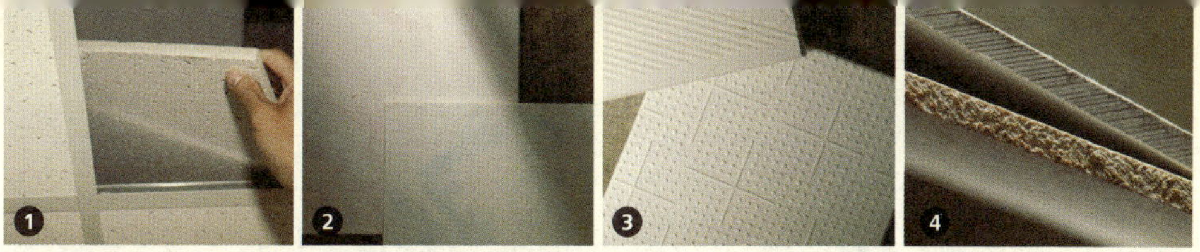

❶ 以硅酸钙板作为天花板材，能保障居家安全。
❷ 表面有彩色花纹的硅酸钙板，可以不再上漆，省去粉刷或贴壁纸的费用，最适合用于天花板，也更加环保。
❸ 立体浮雕纹路的硅酸钙板，是广受市场欢迎的防火建材。
❹ 硅酸钙板是由水泥、硅砂、纤维等材质经高压高温制成，厚度也不尽相同，6 ~ 12 毫米均有。

墙面平整度佳，虽然较贵，但相较于其他产区的板材，防潮效果最好。

硅酸钙板当壁材，不宜挂重物

若用硅酸钙板做间隔墙，因承重力不足，故若要悬挂重物，须在背后钉制铁板，增强载重量，或选用厚度较厚的板材也可。另外，因施工时会有钉制痕迹，因此外层通常会再上漆，或覆盖木板做美化处理。施工时，要注意日后热胀冷缩会挤压到板材，造成变形，建议每块板材之间保留 0.2 ~ 0.3 厘米间隙。

表层花纹选择多，以清水保养

硅酸钙板当间隔使用时，外层覆盖木板即可，也可当壁面使用。若要美化板材，可漆上喜好的色彩或粘贴壁纸。硅酸钙板做壁面使用，成本较低且施工便利又省时。若不想另外上漆或粘贴壁纸，也可选择表层印有图纹的硅酸钙板，也就是俗称的“化妆板”。表层印有图样的化妆板，有仿木纹、大理石和花岗岩等，选择多样。

硅酸钙板用途很广，不过因为板材材质脆硬，不耐重击，表层用清水擦拭即可。若选择表层印有图样的化妆板，因为印纸具有抗酸性，若有脏污，可用清洁剂、松香水或去渍油等溶剂直接擦拭。

KNOWLEDGE BUILD UP

建材须知▲氧化镁板，便宜易变形

曾有设计师或厂商拿“氧化镁板”冒充硅酸钙板。氧化镁板大多为中国大陆产，也是一种防火板材。因氧化镁板的价格为硅酸钙板的一半，且防火性也佳，故最初引入时，曾被大量用作轻间隔墙。但氧化镁板不耐湿润气候，施工后 3 ~ 5 个月即发生变形膨胀，板与板的接缝处也会产生裂痕，目前已很少人使用。而“硅镁板”是氧化镁板的改良板材，基本特性仍和氧化镁板相同，虽然膨胀问题有所减轻，不过仍会变形。

硅酸钙板小档案

成分	水泥、硅砂、纤维。
尺寸	60 厘米 ×60 厘米、90 厘米 ×180 厘米、120 厘米 ×240 厘米，厚度 6 ~ 12 毫米。
价格（每平方米）	一般以平顶硅酸钙板来做天花板，不含油漆，连工带料每平方米 32 ~ 45 元。
运用	间隔墙、天花板、壁面。

＊本书所列价格仅供参考，实际售价请以市场现况为主。

Ceiling

石膏板

天花板材，防火隔音

重量轻，价格便宜

谈到天花板和轻隔间，绝大多数的中国台湾地区设计师会使用硅酸钙板，但是在美国有九成以上是选择石膏板，日本则超过八成。石膏板的价格大约是硅酸钙板的 3/4，而且近年来材料特性已经进步很多，不失为经济实惠的选择。不过，石膏板的耐潮性比较差，被碰撞的时候容易裂开，材质不够坚硬。

可做轻隔间

石膏板是把石膏两面黏纸的板材，以市场上常见到的环球石膏板来说，可防火 1 ~ 2 小时，耐震、无毒，隔音效果好，且重量轻，可回收使用，有环保建材认证。台北 101 大楼和很重视隔音效果的 5 星级旅馆 WHotel、钱柜 KTV，都是使用石膏板。

现在已经有防潮石膏板的产品，里面添加了防水剂，提升防潮性能，外面还可以贴铝箔，用在浴室或水电管道间都没有问题。如果真的用肩膀冲撞，会发现石膏板间隔墙其实非常坚固。而一般石膏板，若搭配适当的工法，受潮概率也会大幅下降。美国的标准工法是在与结构墙、天花板、地板的相接处留 1 厘米左右的空隙，做防水墩或以矽利康填补，以阻绝毛细现象。石膏板是物美价廉的间隔板材。

只要使用专属的锚钉组件，石膏板也能挂画，承重力为 15 千克。后面如果加铁片，还能挂薄型电视。

双层双面轻间隔石膏板，隔音性高，隔热效果比砖墙好很多，可上漆、贴壁纸、贴瓷砖。厚度 11.3 厘米，连工带料每平方米约 260 ~ 300 元。

壁面 地面 顶面 门窗 厨房 卫浴

【石膏板种类】

防潮石膏板
强化石膏板添加防水剂，吸水率低于10%，适用于浴厕、厨房等。

铝箔管道石膏板
厚度较厚的防潮石膏板，表面改贴防水铝箔，适用于管道间或潮湿场所。

贴皮天花板
有多种图案可以选择，适用于明架天花板。

强化石膏板
添加较多的玻璃纤维和蛭石，强度高，防火性好，适用于干燥场所。

石膏板 vs. 硅酸钙板

*本书所列价格仅供参考，实际售价请以市场现况为准。

	石膏板	硅酸钙板
价格（每张）	35~50元（120厘米×240厘米×9.5毫米）	约55~65元（122厘米×244厘米×10毫米）
主原料	石膏（不会变质）	水泥（会老化）
防潮效果	防潮石膏板＞硅酸钙板	硅酸钙板＞一般石膏板
隔音	较好	较差
硬度	较差	较好
环保	可完全回收再利用	不易回收再利用

KNOWLEDGE BUILD UP

建材须知▲柔性板材，抗震效果好

石膏板在美国已使用近百年，目前仍是主流建材，约占防火板材95%。石膏板不像硅酸钙板那么坚硬，然而实际应用已足够，且柔性板材在地震时可吸收结构挤压力，适合多地震地区使用。

Ceiling

装饰线板

衬托空间层次感

PU材质，防蛀、防虫、防火，渐成主流

钉装在天花板与墙面接缝处的装饰线板，虽然在空间中的能见度不高，却是彰显空间层次感的重要配角。早期装饰线板材质以木头与石膏为主，但木头有虫蛀问题，石膏则施工不易。因而目前以防蛀、防虫、防火的聚氨酯材质（简称PU装饰线板）为主流，消费者可以向工厂索取防火证明，以确保居家消防安全。

局部点缀，是室内最佳配角

一般消费者对装饰线板不甚了解，自行装修者多不会在意天花板与墙面之间的接缝。装饰线板是增加空间层次的好素材。现在装修流行混搭，若家具走的是欧美风格，装饰线板不妨选择样式较简单的；如果家具线条简洁，装饰线板花样则可以多点变化，成为局部点缀。

施工无法完全DIY

装饰线板非一般消费者可DIY施工完成，钉在天花板与墙板上后，须把接缝处补平，再上油漆。消费者若不想通过设计师，也可自行到建材行或装饰线板工厂挑选购买，备好材料之后再请木工师傅来施工。

早期装饰线板材质以实木与石膏为

↑装饰线板的使用可增加空间层次感。

↑基本款装饰线板（左）及雕有图样并已上色的装饰线板（右）。

主，实木装饰线板价格和 PU 装饰线板一样，但是会有虫蛀等问题，无法防火且雕花样式稀少；石膏材质虽然耐用，却容易碎裂，施工不易。

目前市场以 PU 装饰线板为主流，因为 PU 装饰线板有防火、质轻、防水、防潮、不龟裂、不蛀虫等优点，若到工厂直接购料，不上色的基本款装饰线板，每米价格十几元到几十元不等；若是雕花复杂、手工上色的款式，价格为基本款的 1.5 ~ 2 倍。

不服帖墙面者品质差

虽然装饰线板总是高高在上，消费者无法近观，但品质好坏仍可轻易辨识，若装饰线板接合明显有缝或不服帖于墙面，就是品质较差的产品。偷料的装饰线板价格是一般产品的 1/3，但是重量轻且易断裂，可能还有明显的气泡在其中，不过，防火效果无法肉眼看出，建议消费者最好向厂商索取防火证明，以确保居家消防安全。

除了装饰线板之外，方便雕刻、容易上色的 PU 材质可雕出小天使、葡萄藤蔓、几何等各式图形，另外也可制作仿古白、金箔色、古铜色等各种色系，摆在门上或钉在墙面上做装饰板，小小点缀就可让居家大大增色。

↑装饰板也可制作图样，增加居家美感。

KNOWLEDGE BUILD UP

建材须知▲面积大可选宽装饰线板

不同宽度的装饰线板有很多种，面积大的住家可搭配宽度较宽的装饰线板，且雕花纹路可复杂一点，彰显空间华丽感。至于面积较小的空间，建议装饰线板选窄一点的，样式越素越好，狭小空间也可有些许点缀。

装饰线板小档案

材质	聚氨酯材质
特点	防火、质轻、防水、防潮、不龟裂、不蛀虫，是增加空间层次的好素材。
价格（每米）	不上色的基本款装饰线板，价格十几元到几十元不等；雕花复杂、手工上色的款式，价格为基本款的 1.5 ~ 2 倍。

*本书所列价格仅供参考，实际售价请以市场现况为准。

Ceiling

发泡线板

防虫、防水、施工快

制造速度快，款式多样

不少人喜欢用装饰线板来装饰天花板，创造柔和、华美、立体的感觉。过去，装饰线板都以木头制作，但气候潮湿地区，木制线板容易被白蚁侵袭，现在的市场主流是发泡线板，防虫、防水、重量轻，且施工快，不会散发甲醛等危害人体的物质，但是价格约比木制线板贵一至两成。

发泡线板的材质是聚氨酯（俗称PU），由单体异氰酸酯（黑料）与羟基化合物（白料）聚合而成，聚合前是液体，在模具里灌注聚合后会发泡成形，大约二十分钟就变固体。除了线板，也大量用于装饰壁板、饰花、象鼻、罗马柱及门框等，款式非常多。

仿木纹贴金箔都行

发泡线板不但制造速度快，施工速度也比木制线板快，用白胶和气钉就可固定。产品出厂时已经涂过白色底漆，油漆只需要上一次，不用像木制线板那样得涂上好几次，可以省下一些油漆工钱。小尺寸发泡线板的价格虽然比白木线板贵（比高级木便宜），但是大尺寸就比木制的便宜。

发泡线板做成白色是为了方便消费者涂上颜色搭配装修，但也可以请厂商先上色。能做的效果包括局部描色、贴金银箔、历史斑驳感，装饰壁板及壁台的某些模具还可以仿木纹、仿石纹，或仿铜器。

↑白色的大型罗马柱及电视两侧象征丰收的象鼻，均为发泡线板制成，施工速度快。

↑这款斜边线板的材质是PU加塑料，比较硬，耐磨防刮，可做高压贴箔处理。买回去后不必再上色，可直接使用。

小天使灯盒里面可放灯具或花盆。

仿石壁饰板以双色呈现贝壳浮雕，惟妙惟肖。

仿铜壁饰板的涂料很拟真，看起来和铜做的几乎一模一样。

仿木纹壁台的模具已预留了纹路轨迹。

发泡线板 VS. 木制线板

	发泡线板	木质线板
原料	聚氨酯	各式木材
防水	有	无
防虫	有	无
重量	轻	重
施工	快	慢

KNOWLEDGE BUILD UP

建材须知▲裁切方便，安全性高

现在市面上七成以上的线板都是用PU发泡线板，裁切方便、施工快，安全性高，很受装修行业欢迎，各大建材城都买得到。对消费者来说，选择的款式很多，立体雕花非常细腻，颜色又可以自己决定，也比找人做木雕便宜。

从PU发泡产品的背面或侧面（图）可看出材质和木头不同。

Ceiling

铝塑板

防水、隔热又隔音

重量轻，施工速度快

如果想让墙壁或天花板呈现出高科技现代感，铝塑复合板是一个经济实惠的选择，便利商店和汽车展示中心就常常使用。铝塑板的花纹变化多、重量轻且施工快速，不过如果被尖锐的物品撞击，很容易凹陷。

铝塑板是用两片薄薄的铝合金夹住PE塑料，以高温压合而成。铝塑板大多用在建筑外墙，家庭装修比较常使用在厨房和浴室的天花板。它完全防水，隔热性和隔音性都很不错，固定好之后不需再涂油漆，可以省掉粉刷的时间与经费。

吧台下方使用铝塑板装饰，深具科技感。

当天花板材，纹理变化多

当天花板材时，以钉子固定于木头支架上。使用于墙面时，通常会先钉一层木板，再用强力胶将铝塑板黏在木板上，边缘则以小钉子补强。

铝塑板的款式很多，既可以仿木纹、石纹，还可以做凹凸刻痕等特殊处理，色彩也有很多选择。由于表面平整又不易沾脏污，所以很容易清洁，只要用湿布擦拭就好。清洗的时候不能用洗碗巾，以免留下刮痕。可以使用中性清洁剂。做了耐磨处理的款式比较不容易产生刮痕，摸起来会有颗粒般的触感。

铝塑板防水、耐燃，重量轻，施工快速，居家常用在浴室和厨房天花板。

➊ 颜色会随着观看角度变化而变化的变色铝塑板。

➊ 壁面若使用天然石材，在靠近天花板处以仿石纹铝塑板取代，可省费用。

➊ 仿木纹的铝塑板常用于长途汽车的内装。

➊ 钛锌铝塑板是这几年很热门的外墙壁材。

KNOWLEDGE BUILD UP

建材须知▲可弯折，装饰性强

有些人家里的墙壁使用天然石材，但是靠近天花板的地方改用同花纹的铝塑板，外观看起来很像，却可以省很多钱。铝塑板的加工性很好，可以弯折，做出有弧度的天花板或墙壁造型，装饰性强。

铝塑板小档案

运用	内外壁材、天花板材、遮阳棚。
材质	上下为烤漆过的铝合金片中间夹PE塑料。
特点	防水防火、隔热性好、隔音率高、加工性高（可弯折打洞）； 重量轻、施工快速、使用寿命长、易清洁； 可仿许多材质。
价格	165 ~ 700元 （122厘米 ×244厘米 ×0.4厘米）
最大宽度	160厘米（长度不限，但要考虑运输便利性）

＊本书所列价格仅供参考，实际售价请以市场现况为准。

➊ 铝塑板也可以做出各种凹凸纹路。

Ceiling

龙骨

结构支架大关键

常用于天花板及架高木地板

龙骨材质有木头和塑料两种，居家常作为架高木地板和天花板支架。此外，还可以用在视听室、山区房子结构墙及顶楼加盖屋的天花板、墙面等地方。前者填入泡沫棉做隔音，后两者则在龙骨架间加进隔热材料，达到夏天隔热、冬天保温的功用。龙骨好坏与施工质量，会影响使用者的健康及成品的使用寿命。

广泛使用，但价差大

龙骨价格落差大，因为规格和材质不同，每米价格 2 ~ 8 元不等，其中，最便宜的是集层龙骨，每米 2 ~ 4 元。以木头剩料制成的集层龙骨被广泛使用，但用久可能会脱胶。它是采用多层薄木片高温高压胶合制成，多取榉木、松木、红杉木等木质硬又富弹性的木头剩材制作，环保、耐用、支撑性佳，可做天花板、架高木地板的主支架。

塑钢木不怕潮

柳桉木是最易取得的实木龙骨,4 ~ 6 元，颜色偏红者，天然油脂高，防虫性佳；颜色偏黄的，油脂不够，一旦使用高甲醛除虫，则有害健康。

价格最贵的是塑料制成的塑钢木龙骨，每米 4 ~ 8 元，它不怕潮湿、虫蛀、耐用性高，适用于浴室及户外庭院、露台、阳台等潮湿或水多的地方。松木龙骨则较少见，每米约 7 元，多做家具如开放式衣橱的结构支架使用，木头表面有明显木节，视觉美观。

KNOWLEDGE BUILD UP

施工须知▲密度影响支撑力

施工前，应先和师傅确认龙骨材质及尺寸是否正确。天花板龙骨规格，应在 30 厘米 ×30 厘米内，架高木地板则在 60 厘米 ×60 厘米内，若密度太低，会影响支撑力，有损结构安全。

出厂多无虫害

购买龙骨，须留意外表是否完整，以无虫害、无瑕疵痕迹者为佳。最好选择低甲醛建材，保护健康。甲醛含量高，会有刺鼻味道。可询问店家是否提供质保，并保留购买收据或发票，以便日后有问题，较好要求赔偿。

现在龙骨出厂前，多经高温高压杀菌处理，已少有白蚁、虫害等问题发生。

各式龙骨比一比

	塑钢木	集层木	柳桉木	松木
种类				
特点	材质为塑料，不怕虫蛀、潮湿、耐用性高，但价格较贵，有白、棕、褐等颜色可选。	采用木头剩料高温高压胶合制成，是最便宜的龙骨，耐用、环保、支撑性佳，常以榉木、松木、红杉木等兼具硬度与弹性的木质制作，但用久可能会脱胶。	是常见的实木龙骨，颜色偏红者，天然油脂高，可防虫。颜色偏黄的，油脂不够，常有用高甲醛除虫的情况，恐危害健康。	木头表面有明显木节，外表美观。
适用地方	浴室、庭院、露台、阳台等。	多做室内天花板、架高木地板的主支架。	可做室内天花板、架高木地板的主次支架。	多做家具的结构支架使用，如开放式衣橱。
价格（每米）	4～8元	2～4元	4～6元	约7元

＊本书所列价格仅供参考，实际售价请以市场现况为准。

Lighting

灯具

用灯光创造层次感

黄光营造温馨感，两侧打光较立体

想改变居家气氛，可以从灯光着手：第一是利用不同灯具的颜色、造型和材质；第二是提高摆放位置的层次感。信不信由你，就这么两个原则，居家空间就能呈现出比以往更丰富的表情。

↑灯光是入夜后的主角，居家气氛全靠灯光引导。

扮演空间内的视觉焦点

居家灯光已经不再像以前，停留在对光线需求的基本照明上，而是以"空间魔术师"的姿态，扮演着居家空间里的视觉焦点。尤其，现代社会人们都是入夜后才回家，"灯光"是入夜后的主角，一个家的气氛，全靠灯光来引导。多种光源变化多样，以前灯光大多数是由天花板中央投射而下，现在灯光出现的位置可以是人的高度（如立灯）、茶几的高度（如台灯），甚至是地板的高度（如水管灯），一个空间里同时有好几个光源也不足为奇。

台北喜来登宴会厅里的主灯，不但材质是琉璃，而且灯光还会随着音乐的节奏变换。而欧美国家及中国大陆一些大城市的高档饭店，也渐渐舍弃"很明亮"的整体照明，改换重点式照明，重视灯光散发的细微质感。

布置灯光的两种原则

灯光用得好，家具的质感和造型才出得来，有的灯具本身就是件艺术品。在布置灯光时，有两项原则：一是灯具要能与空间整体协调搭配；二是采用何种光源，要由这个灯所扮演的角色是主要光源，还是辅助性照明来决定。餐厅用黄光，不仅可营造温馨感，亦可使食物看起来更可口；但厨房及梳妆台就不宜用太黄的光源。梳妆台的光源宜置于两侧，能使轮廓更立体及方便近距离整理仪容，若置于上方，容易产生阴影，影响化妆效果。

吧台适宜用造型灯具营造气氛，若要使沉重的书柜也能有表情，可以在书架里头设投射灯；小面积的住所则不宜使用大吊灯，以免造成压迫感。

↑各种节能灯泡。灯泡已发展出多种造型，摸起来灯泡是冷的，不会烫伤，表面亮度较低，不会如白炽灯泡般刺眼。

灯光照明公式：环境照明+局部照明

环境照明（environmental/ambient lighting）又称间接照明（indirect lighting），提供一个房间基础的亮度，布置的方式可以用荧光灯管设置在柜子上方；也可用立灯往上照，立灯的角度越宽，所投射出的光范围也越大，效果越好，否则仅能达到装饰效果；或者将桌灯上翻往上照，借由天花板或壁面反射，可产生低亮度、较柔和均匀的光线。

局部照明（localized lighting）又称工作照明（task lighting），可以用兼具造型的吊灯，或者有灯罩让视觉较舒适的台灯，又或者是可调整角度的桌灯，能产生高亮度光线，满足用眼的需求。

重点照明，凸显收藏

另外也有"重点照明"，可视需要设置，通常是以轨道灯投射在壁面的画作或艺术品上，若想强调出柜内的摆饰或收藏品，除了投射灯，也可以用日光灯管或吸顶灯置于层板内，可投射出面状或点状的照明效果。

不过，电灯有所谓"光源经济寿命"的观念——因荧光灯系光源，包括荧光灯管及所谓的节能灯泡（精巧型荧光灯），每一次点亮时都涉及电极放射性物质的耗损，基本的寿命是以每3小时开关一次的频率来评定，所以使用时若能超过3小时才开关一次，是比较经济的方法。

不同空间照明说明

*本书所列价格仅供参考，实际售价请以市场现况为准。

种类	环境照明	局部照明	特点
客厅照明 	柜子上方往上投射塑造环境照明：电子式T5荧光灯28W×2。	沙发旁阅读落地灯：3U精巧型荧光灯泡27W。柜子下方往下投射塑造强调照明，电子式T5荧光灯28W×2。	强调照明以管状荧光灯均匀照亮摆设的艺术品，投射到地板上也有环境照明的效果。
卫浴间照明 	镜子反射出的浴缸上方天花板的防潮吸顶灯：普通白炽灯泡60W。	玻璃层板柜上方的嵌灯可照亮化妆品及摆设品：卤素灯50W。镜子上方天花板的灯池：T8荧光灯管36W＋18W。	由上方扩散而下吸顶灯的光源即可满足洗澡所需，而来自镜子上方的光源则可满足照镜子的需要及在马桶上阅读的生活习惯。
走道投射灯照明 	钢琴上方的上照型壁灯：电子式T5荧光灯管28W×2。		该投射灯除可照亮琴谱外，还能凸显钢琴上的摆设。
餐厅照明 	橱柜吊柜上方的环境照明：T8荧光灯管36W＋18W。	吊柜下方及餐桌工作照明，分别为T5荧光灯管14W及卤素灯50W。	吊柜上方的荧光灯由壁面反射下来即可照亮整个厨房，用餐时再点亮吊灯，一来可享浪漫气氛，二来不必开启其他光源。
卧室照明 		照亮书柜及衣柜的轨道投射灯：卤素灯50W共3盏。	卧室中的各活动，如阅读、穿衣、找书等，都可有充分的灯光照明。

从五金店买回来的灯罩，加上漆包线和珠子，摇身走上华丽路线。

灯罩摔破没关系，用铁线随意绕个几圈，加上几颗小珠子，就是新的床头灯。

自制DIY灯罩，随心变化创意更高

除了灯光外，使用不同灯罩也能展现不同的居家氛围。一般居家装修时，可使用低成本的“串珠”自制灯罩，让房子展现生气。使用素材都很便宜，在一般文具店、美术用品店、五金店都能买得到；若是平常有时间的，逛逛二手家饰店、跳蚤市场，也能找到有味道的素材。另外如投影片、丝巾、纱布、棉纸、捡来的石头或贝壳、漂流木等，也可以为原本平淡无味的灯光变装，为生活增添更多情趣。

KNOWLEDGE BUILD UP

建材须知▲灯具购买小提醒

· 购买灯泡时详读标示，注意电力的最高负荷量及使用何种灯泡。
· 餐桌吊灯距餐桌面 50 ~ 60 厘米为宜，长方形餐桌可用两盏以上的灯制造温馨气氛。
· 光源方向以不造成阴影为原则，如厨房流理台光源需从正前方来，写字时惯用右手者光源应从左方或左后方来。
· 厨房经常有水蒸气，和二氧化硫反应会逐渐腐蚀灯具，安装灯具时应尽可能远离炉灶，安装灯泡时可在灯头上涂凡士林防锈，以避免更换灯泡时因锈死而拧不开的情形。
· 梳妆台应使用演色性较佳的白炽灯，因为荧光灯光谱偏蓝和绿，使得对红色的显色较不明显，容易造成妆已经画得很红了，但在荧光灯下看不太出来的情形。
· 电视两侧应设置光源，降低明暗对比，减少电视画面闪烁对眼睛的伤害。
· 需用眼的地方如桌面，可用深色以避免反光，但浴室可将墙面粉刷成浅色或使用浅色瓷砖，利用反光使光线均匀散播。

Lighting

节能灯罩

加亮不加电费

容易自行安装，节能又保光

新一代节能灯罩，是加强灯光反射效果的装置，安装于灯管与灯座之间，即使减少灯管数量，也能拥有同样的照度，可有效节省电费。其原理是以弯曲灯罩的弧度，集中光源，并涂上看似镜面的纳米金属或化学涂层，反射光源，每米灯罩零售价约 25 元。

安装容易，节省能源

无论是“倍光节能灯罩”还是“光学薄膜反射灯具”，都是厂商设计出的特殊弧度灯罩，可将往上与往两侧的无效光线向下集中，取得集中与扩散的最佳平衡点，并在灯罩上添加纳米金属或化学涂层，以增加反射率或加强照度。使用类似产品，少点几盏灯，就能减少用电量与灯光产生的热效应，节约能源。

↑节能灯罩原理是以弯曲灯罩的弧度，集中光源，并涂上化学涂层加强反射。

涂层增加反射率

要增强灯具照度，也有不用花钱的方法。一般灯具与灯管距离为 5 ~ 6 厘米，灯罩与灯管距离拉近后，即可提高能源使用效率。若自己无法 DIY，要购买节能灯罩，则购买前应请商家提供检验报告，以确认加强亮度的功能。

另外，加强光源、增加反射率的灯罩可概分为 3 种：白色烤漆面灯罩、镀上阳极铝的灯罩与纳米铝涂层灯罩。其中，阳极铝面灯罩为传统灯具，而纳米铝涂层的灯罩，以 PET 塑料为基底，镀上纳米铝的镜面层后，在表面镀上透明的防锈保护层。

阳极铝面灯罩的缺点是使用 5 年易产生氧化白斑。纳米铝涂层灯罩不用换灯具就可以自行加装。也有厂家推出吸顶灯具组、轻钢架灯具组，整组含安定器、T5 灯管灯罩的灯具，可视个人需求选购。

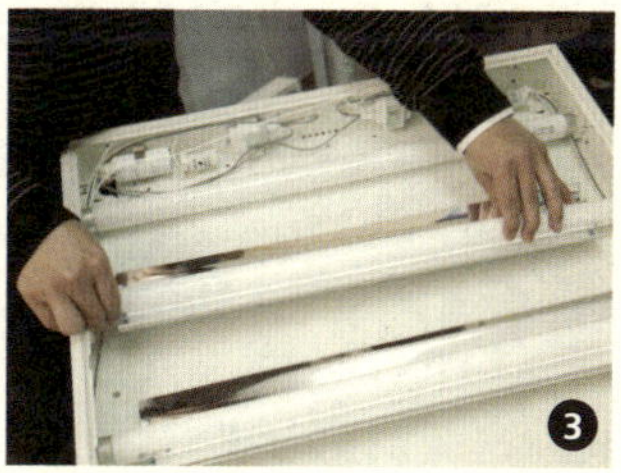

Knowledge Build Up

建材须知▲增强间接照明

许多室内设计师喜欢利用间接照明，但间接照明最大的缺点就是照度不够，加装倍光灯罩可解决问题。建议搭配 T5 灯管、3 波长省电灯管使用，即可达到最佳节能效果。

安装节能灯罩方式 DIY

1. 节能灯罩可自行安装，撕下保护膜后，在边缘扣上日光灯夹具。（图❶）
2. 将日光灯管扣在夹具上。（图❷）
3. 将灯罩组合连接上原有的灯具装置即可。（图❸）
4. 以 0.33 米的日光灯管、距离为 1 米实际测试照度，未安装倍光灯罩者，照度为 55lux（图❹）。已安装倍光灯罩者，照度为 168lux，明显较高。（图❺）

节能灯罩小档案

* 本书所列价格仅供参考，实际售价请以市场现况为准。

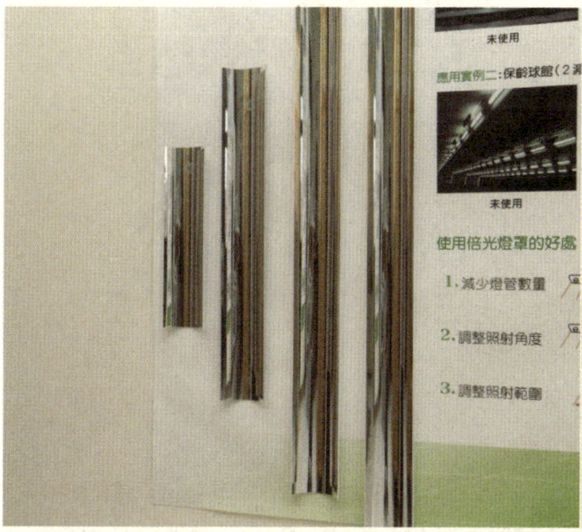

材质	**灯罩：**塑料。 **涂层：**纳米金属涂层，常见为铝或化学涂层，多为氧化铝，硫酸钡。
运用	集中光源、增加照度、节省电费、降低灯管使用量与其产生的热效应。
价格（每米）	约 25 元

注：照度是指光线在一定距离时，散布在单位面积上的光量，照度越高则越亮。计算照度单位为 lux：每平方米的流明数 (Lumen，人眼感知光能的亮度)，使用照度器即可测试出照度。

注：此类建材在中国台湾地区较为多见，目前中国大陆尚未普及。

Lighting

CCFL 灯

防紫外线不伤眼

外形轻薄，效率高

CCFL 冷阴极灯管源于液晶银幕的背光板技术，不仅省电，使用寿命也长达 3 万小时（约 10 年），可有效滤除 90%的紫外线，大幅降低紫外线对眼睛的伤害，且因闪烁频率每分钟高达 6 万次，超过人类眼睛的辨识范围，不易造成闪频光害。但 CCFL 灯管较细，施工时易压碎，须小心进行。

灯管细，施工易压碎

CCFL（Cold Cathode Fluorescent Lamp）灯管是将制作电视和电脑的液晶荧幕背光板技术，运用在一般家用灯管的制造上。这是一种低压水银放电灯，不使用灯丝加热，管径非常细，仅 2.2 ~ 5 厘米。其灯管内部涂装一种以二氧化钛为主要成分的涂料，能够滤除 90%的紫外线，可大幅降低紫外线对人体的伤害。目前，CCFL 灯管已运用在美术馆或医院妇产科，以减少艺术品经紫外线照射后的剥落现象，也可大幅减少紫外线对婴儿肌肤的伤害。

CCFL 灯管很适合用作餐厅和客厅的背景灯，但若是在阅读区或强调壁饰的区域，要以少许日光灯或 LED 灯做聚焦灯光，建议 CCFL 和主灯的比例以 7:3 最好。

此外，CCFL 灯管比较细、易碎，就连施工的师傅都可能压碎灯管，所以在安装时要特别小心。

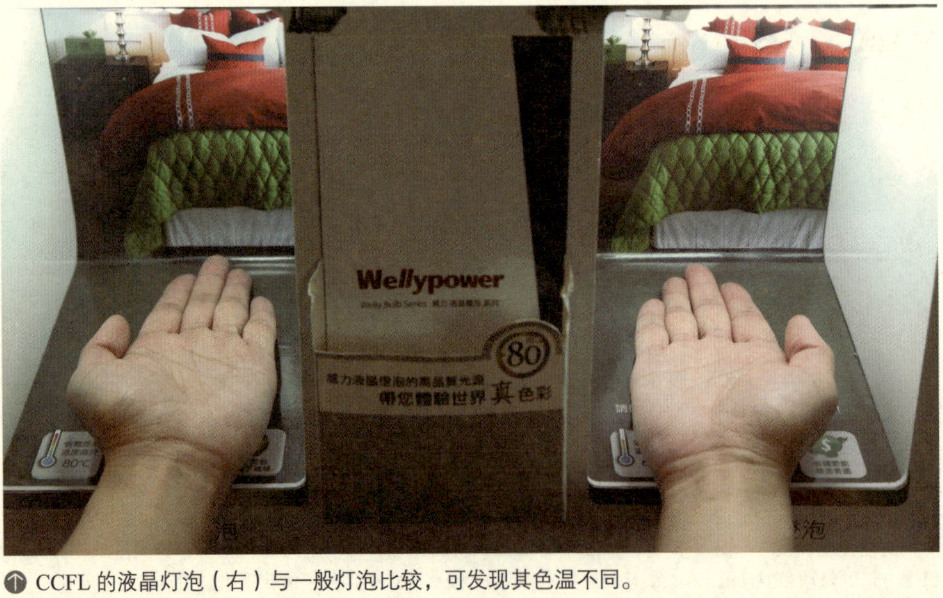

CCFL 的液晶灯泡（右）与一般灯泡比较，可发现其色温不同。

寿命为普通节能灯泡的 6 倍

CCFL 冷阴极灯管较贵，但它比白炽灯泡节省 80%电量，最长可用 3 万小时，相当于 10 年的时间；节能灯泡使用 1000 至 1500 小时后，会光衰（指亮度减弱）约 30%，CCFL 冷阴极灯管使用 2 万小时后才会光衰 30%，总体寿命为普通节能灯泡的 6 倍。

↑ CCFL 的螺旋式灯管（左）比飞利浦灯管（右）还细。

CCFL **灯泡**小档案

*本书所列价格仅供参考，实际售价请以市场现况为准。

种类		特点	价格（每个）
螺旋灯泡（21W）	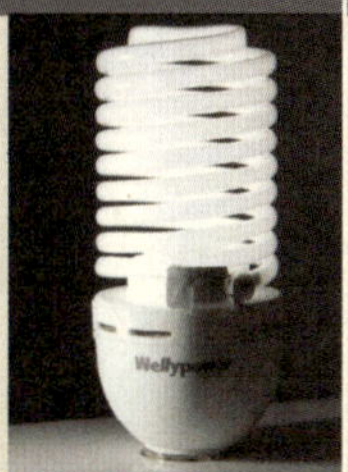	不仅省电，使用寿命也长；亦可有效过滤紫外线。	约 50 元
球形灯泡（15W）		CCFL 灯管除了基本的螺旋式灯管外，还有球形灯泡。	约 50 元
超薄型嵌灯（12W）		超薄型嵌灯厚度约 5 厘米，比一般嵌灯高度缩减 75 % 左右。	约 140 元
儿童护眼灯泡		加上灯罩的儿童专用灯管可滤除达 98% 的紫外线，降低皮肤癌和白内障的发生率。	约 50 元

大门，攸关家庭的门面，除了设计感外，

安全性才是关键！

不仅是大门，窗户在居家舒适度上，

也有着举足轻重的地位。

若想要提升环境品质，从门户着手就对了！

Door+Window×

居家门窗建材大观

Chapter 4

- 门 Door
- 窗户 Window

Door

居家大门 首重防盗、隔音

选购时先决定材质，再依照喜好和需求搭配锁和把手

居家大门，是门面，也守护着安全，所以防盗、隔音是选购大门最重要的原则。防盗也就是安全性，和门的材质、厚度及锁的精密度有关；隔音效果则和整体结构设计、气密程度有关。而对外的玄关门，是住家的外观，耐候性、防盗性、隔音及是否气派都要顾及，不但在表面要涂上特殊烤漆来防腐，也要采用强化玻璃和气密压条，在防盗和隔音上加强处理。

双玄关设计较安全

玄关门的形式大致可分为3种：门中门、双玄关门及艺术门。而依照门扇的设计不同，又可分为单扇门及子母门。由于国内“门”的尺寸很乱，目前正推动标准化尺寸，也有越来越多的商家响应标准化。所谓的门中门是采用单门设计，最大的好处就是居家方便，出门不必带两把钥匙，安全性也较差，一般设计多以锻造金属搭配强化玻璃，既美观也具实用性。

↑（左）多段式门锁，锁越厚，防盗性越强。（右）防爆锁采用6毫米的高抗力钢板来保护锁匣，断绝小偷强力撬门的机会。

↓红木钢板双玄关门，外门可防爆、内门可防盗。

艺术门板多采用铸铝锻造板，压模后要以手工上锻造漆，可定做。（右）防盗扣在面对陌生人的骚扰时，可发挥阻挡侵入的功能。

双玄关则是最传统的设计，共有内外两道门，以不锈钢材质最常用，不过市场价格也较乱，门锁部分多装设主锁及辅助锁。而艺术门因为价格最高，通常都出现于高级住宅，除了美化外观外，也具备防盗防爆的功能，每道门的价位多在万元以上。

门的结构可分为门板、内支架、铰链（也叫合页）、气密条及门锁五部分。门板及内支架材质多样，以不锈钢材质最常见，铰链则是影响门开合的重要配件，气密条则能阻绝室外噪声，好的气密条能自动调整密合度，至于门锁更是阻挡侵入的重要设备，选用品质好一点的，使用30年也没问题。

厚度5厘米，防火防爆，最好增加耐震功能

想清楚自己对门的需求，是选择大门的首要原则。大门有单扇、双扇、子母玄关门、双玄关门等，先决定门的材质，再依照喜好需求，搭配锁和把手，再考虑单、双扇或开门形式，这是选择的基本原则。

门板的厚薄，是安全性的基础。一般厚度达5厘米，就有一定防火功效。至于防盗功能，若用撞、用敲都弄不开，就是防爆门。且大门若有玻璃镶嵌，多会以强化玻璃搭配格栅，小偷就算打破了玻璃，还有格栅，这都是针对防盗所做的设计。而隔音也是大门主要的功用，若要门的隔音好，门与门框间要能紧密结合，门关上后很稳，没有杂音，就表示门与门框之间没有缝隙，隔音自然会好。

有些产品还有抗震功能，当地震来临时，门框不会变形，各扇门也能安全开启，不会影响逃生。若担心发生火灾，还可在门板内加装防火填充物。

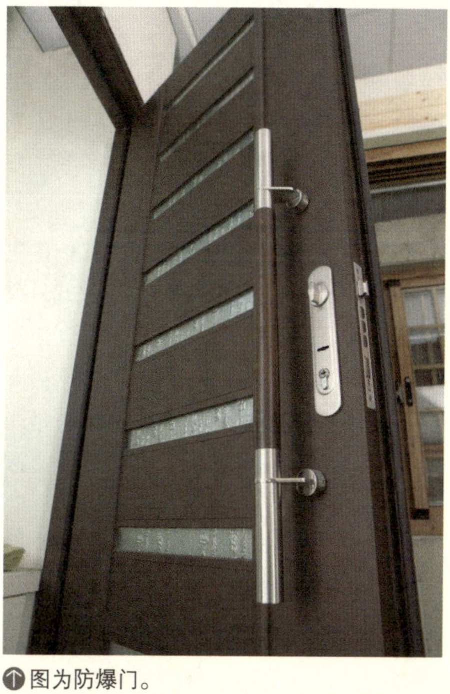

图为防爆门。

(左)图为专利开发的气密压条，能有效隔绝噪声。(右)指纹识别电子锁大门。

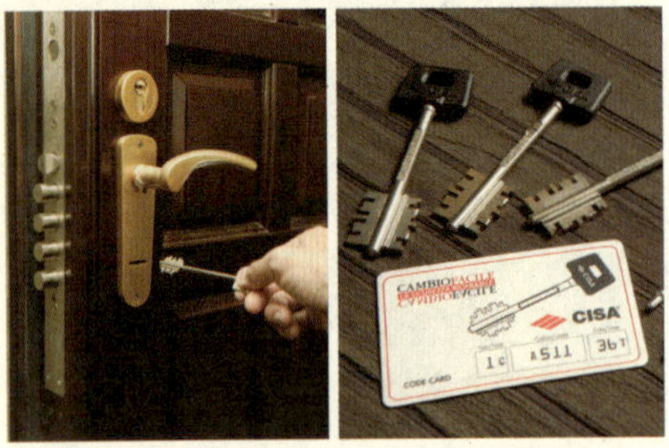

(左)意大利进口的 CISA 锁，特有的可变更锁芯设计及施工钥匙，相当受豪宅主人的青睐。(右)原厂的 CISA 锁组中，都有一张身份识别卡，3 把安全钥匙、1 把施工钥匙与扳手。

门框边宜贴气密压条

一般而言，门边及门框至少两边会贴气密压条，帮助隔音，利用自然吸盘的真空原理，当门关上时，噪声会跟着压条内沟槽往上散去，达到隔音，甚至隔热、冷的效果，若是四面都贴上，当门关上时，能达到和欧洲高级轿车一样的隔音效果。

锁，也是大门防盗的重要配备，大门锁有机械式、电子式两种。机械式，就是用一般钥匙开关，电子式则可分光电感应、密码、指纹等三种，这三种方式可一起使用，也能分开。电子锁重视的是时尚、科技性，除了密码一定要记住外，因为完全靠电子控制，若是电子盒被撬坏，锁就会失控，不如机械式稳定。

意大利进口的 CISA 锁，则是国内豪宅最常选用的门锁，特色是稳定性高、功能齐全，最让人称许的地方是“施工钥匙”的设计。在施工期间，施工人员使用专用的大门施工钥匙，完工交屋之后，再用扳手将开关归零，变更主锁的钥匙，原来的施工钥匙也将同时失效，可以确保门锁钥匙不外流。

白膜玻璃配上不锈钢门框的样式。

CISA 锁匣内设计四根实心高碳钢棒，可连动天、地栓，再套上钢板，更不怕被外力破坏，防爆防撬性最强，原厂均附有身份识别卡，想要复制钥匙得凭卡号才行。

不锈钢是最好的选择

消费者在选购时，经常只对造型有意见，其他部分就不知从何切入，其实可以从门的材质开始，如面材与底材的选择。面材部分以不锈钢最稳定，花色设计也多样，底材部分则有钢板、镀锌钢板、不锈钢及铝合金等多样材质，有些进口门的底材会选用铁，如果要应对潮湿气候，不锈钢仍是最好的选择。

国内最高等级的门都来自意大利，不过国产的设计水准也不错，价格还不到进口品的 1/2，加上多样的设计风格，也能满足各种需求。

KNOWLEDGE BUILD UP

建材须知▲依实际用途选购

门分大门、内门和阳台的后门等，选购时，用在什么地方、最需要怎样的功能，最好先想清楚，再依据需求和预算，找适合的等级，从中去选择自己觉得最美、最想要的门。

拥有华丽的把手或复杂的开锁方式的门一定贵，但不一定就是好门。门的厚度、材质、隔音和安全密切相关，功能性才是选择时最重要的原则，而这些原则，就和门的结构设计、气密度、表面处理有关。装修可能两三年换一次，可是大门不一定会换，所以，选门应该回到基本面，实用才是最重要。

↑图为触碰式门把，手上若拿很多东西，只要一顶，锁退，门就开了。

大门选购小档案

*本书所列价格仅供参考，实际售价请以市场现况为准。

组成要件	门板、玻璃、把手、锁、框、气密压条。
强调特性	防火、隔音、防盗、防台风、美观。
气密性	1. 气密性与门边条的材质、数量有关。 2. 气密性佳，不但隔音效果好，门也比较稳。 3. 气密性差，不但隔音效果差、门关上容易有杂音，冬天冷风还会从间隙进入室内。
选购原则	1. 先考虑要用在什么地方、最需要什么功能，再依据需求和预算，寻找适合的等级。 2. 与厚度、材质、隔音和安全密切相关。 3. 造型越复杂，人工技术的使用越多，价格也就越贵。
价格	1. 依据材质、厚度、制作精密度、表面处理和锁可分不同等级。 2. 基本上，机械锁可量产，价格就比较便宜。 3. 锁、把手基本上是选配，可依喜好预算，选择合适的配备，普通锁 200 元起，电子锁 800 ~ 20000 元，依功能计价，多一种功能要多几百元。 4. 连门带锁，价格从 1000 元到几万元不等。

Door

折叠门

加大通风空间

提升家庭居住品质

多数人会在阳台加装落地窗，但即使完全开启落地窗，窗体仍会占去1/2的通风空间，若加装折叠门，好处是可以增加通风面积，且品质良好的折叠门完全关闭时，可抗风压，并具备气密、水密性，还可搭配纱门使用，但单价略高，每平方米500～700元。

折叠门优点多，但价格较高

折叠门采用铝合金骨料当框架，有四色供选择。折叠门可从室内开关，室外另加装锌合金把手，门边贴有PVC气密压条，折合处利用隐藏式强化铰链，留出空间可防止夹伤。下方加装轨道轮五金，拉门顺畅，上方有固定开启门扇装置，打开也不会因风吹而摇晃。

↑折叠门采用铝合金骨料当框架，有香槟、铝色、象牙白、青古铜色四色可挑选。

↑使用特殊五金配件可固定开启门扇。

0.8厘米以上玻璃隔音佳

折叠门可搭配0.5～1.2厘米厚的玻璃，建议搭配0.8厘米以上厚度玻璃，折叠门若完全关闭，最高可隔音35分贝。一般落地窗是横拉或外推，但是窗户仍有玻璃阻隔，装设折叠门可打通更大空间，但有需要时，又可保有独立性。若担心蚊蝇，又想保持通风，可自行选择是否加装纱门，纱门完全折叠时，厚度

↑折叠门门框采用密封胶条。

不超过门框，不影响外观。纱帘有灰色、黑色，依照宽度，2 米以下可做成二拉式，2 ~ 4 米为四拉式。

折叠门售价不便宜，加装纱门还要另加费用。进口品的价格约为国产品的 1.5 ~ 2 倍。

KNOWLEDGE BUILD UP

建材须知▲施工最高 3 米

折叠门施工仍有高度、宽度限制，门框高度及宽度 2 米以上才建议施工，目前最高可做 3 米，宽度则无上限，只要折数增加即可。而折叠的宽度一扇为 30 ~ 100 厘米，60 ~ 80 厘米较佳，太短折数太多占空间，太长不好施力推拉。

折叠门小档案

材质与配件	铝合金框架、锌合金把手、不锈钢五金配件、PVC 气密压条。
特点	可完全开启，折叠收纳，抗风压，具备气密、水密性。
价格（每平方米）	500 ~ 700 元

加装纱门可保有良好的通风性，避免蚊虫飞入室内。

Door

玻璃拉门

材质选择多

视觉穿透性佳，但隔音功能较弱

以活动拉门当间隔，是近来室内设计很流行的手法。与砖墙相比，拉门兼具开放空间与间隔的双重功能，玻璃拉门具视觉穿透性，有放大空间的效果，但隔音较差，并要注意夹手风险。

兼具开放空间与间隔双重功能

玻璃活动拉门常以铝为框架，从材质到视觉表现都相当轻盈。材质上，玻璃具有延伸视觉的效果，可以放大空间感，从不透光到透光，从表面烤漆到夹纱玻璃，皆能展现有趣的视觉效果。要注意的是，玻璃厚度会影响价差，越厚，越稳，越贵。

↑拉门兼具开放空间与间隔功能，若考虑卧室隐私，还可加装勾锁。

分为悬吊式与落地式

玻璃活动拉门固定方式分为悬吊式与落地式。天花板置入轴心为悬吊式，天花板与地面皆有轴心则为落地式。落地式拉门较稳固，缺点是地面须留轨道，对整体视觉来说，一旦收起拉门后会看见地面轨道，视觉上较不美观。

悬吊式可搭配装修，分嵌入墙面及外露两种。嵌入式是将轨道隐藏在天花板内，可修饰空间，但最好在装修前就确认要安装活动拉门，做天花板时可将轨道藏在内。若是装修好后才考虑安装活动拉门，就要拆除天花板，两次施工成本较高。

悬吊式拉门因仅固定天花板，若天花板材质硬度不足则不能安装，如硅酸钙板、水泥板都不行，除非在硅酸钙板上面再加装至少 1.8 厘米的木材角料才能增加壁面的承载力。另外，安装落地式拉门前，要考虑地面是否具有绝对水平的条件，若地面不平整，则要架高再拉平地面，施工较麻烦。

↑玻璃活动拉门固定方式分为悬吊式与落地式两种，图为落地式拉门。

折叠式拉门。

安装活动拉门的注意事项

1. 折叠式：需预留收起后的旋转半径，避免发生无法收起拉门的窘境。易夹手，家有孩童或宠物不建议安装。
2. 连动式：可重叠收起，安装前计算好收起厚度即可。

固定方式：

1. 悬吊式：是在天花板置入轴心，比落地式美观，但天花板是硅酸钙板或水泥板都不能安装。
2. 落地式：安装落地式拉门会在地上设轨道，需考虑地面是否绝对水平，否则无法安装，除非架高再拉平地面，这样施工难度高。

玻璃价格：

越厚越贵。

KNOWLEDGE BUILD UP

建材须知▲有宠物或幼童，勿装折叠门

活动拉门种类有折叠及连动拉门两种，使用方式不同，可依功能及喜好选择。一般来说因折叠拉门收起后，拉门之间有缝隙，收起须格外留意，避免将手伸入，有夹手风险，因此家有幼童或宠物，建议使用连动拉门较适合。此外，门板可加装勾锁，维护隐私，可更安心使用。

玻璃材质比一比

*本书所列价格仅供参考，实际售价请以市场现况为准。

	夹白膜胶	夹纱	夹银丝	烤漆
种类				
说明	玻璃中间夹白膜胶，不透光，且胶合作用让玻璃即使破裂也不至于溅出碎片，使用上较安全。	夹纱玻璃造型千变万化，使空间有个性化效果。	夹银丝玻璃质感佳。	适合顾虑隐私者，视觉较不穿透，色彩选择也多。
价格（每平方米）	350元	480元	480元	260元

⬇折叠式

⬇悬吊式

⬇落地式

Door

卷门

双层铁片最防盗

具遮蔽效果，双层除防盗外亦可防台风

车库常使用的卷门，有电动及手动之分，购买时不妨依居家功能挑选卷门材质。注重安全性的住家可考虑材质较重的双层铁片卷门，有防盗防风功能，保障居家安全；讲究美观者可挑铝合金或塑料卷门，搭配阳台或窗户造型，材质轻盈有设计感，缺点是防盗功能不佳。

卷门材质各有优劣

居家常见的卷门材质有单层铝合金、单层铁片、双层铝合金、双层铁片及塑料，其中以钢铁材质最重，每平方米6～8.5千克，因为不易破坏，防盗效果最好，防台风功能也不错，适合一楼的住家。单层铁片如传统常见的铁卷门，仅有遮蔽效果，防台风、防盗功能不足，强风来袭恐会破坏整片铁卷门。

单层铁片卷门价格较便宜，因此普遍运用在工厂及车库。一般铁卷门分黑铁及白铁，黑铁其实就是碳钢，白铁俗称为不锈钢，其中不锈钢材质最不易受潮，建议安装卷门前，最好上1～2次烤漆，可降低湿气腐蚀的概率。

铝合金轻盈有设计感

市面常见的快速电动卷门，为了方便开关，通常选用材质较轻盈的塑料或铝合金。其中塑料最轻，每平方米1.5～3千克，铝合金每平方米4～5千克。铝合金卷门单价比塑料的略贵，单、双层铝合金价格差异不大，含工带料每平方米800元左右，但两者安全性皆不足。

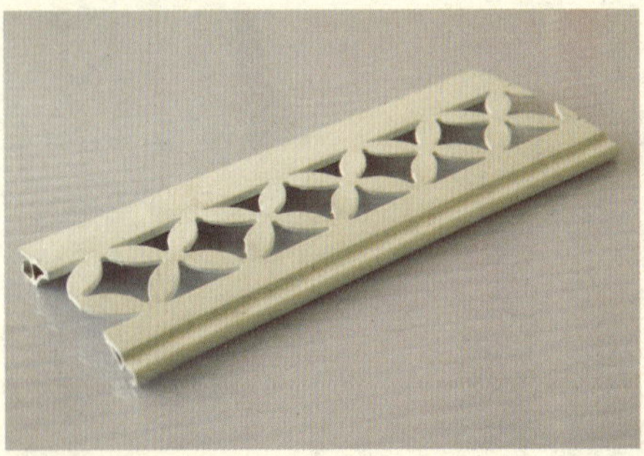

↑讲究美观者可挑铝合金或塑料卷门，材质轻盈有设计感，缺点是防盗功能不佳。

↑单层铁卷门质轻，但安全性不足。

KNOWLEDGE BUILD UP

建材须知▲引擎保修期 1~2 年

选用电动卷门，需留意引擎保修期，因引擎修理费用通常为加倍计价，建议最好有 1 ~ 2 年的引擎保修期。此外，电动卷门常用于车库或室内门窗，因为比手动更方便开关，适合有幼童、老人的住家，若担心停电后无法启动，可再加装手动摇杆。

电动卷门常选用塑料

双层与单层的差异，在于中间多了一层聚氨酯发泡塑料（俗称 PU 泡棉），该泡棉有吸音、隔热、保温及防水功能，具节能效果，中间有透气孔让空气对流，避免室内太闷，但双层卷门价格不低，不论铝合金还是铁片，含工带料每平方米都在 800 元以上。

预算有限者可选传统的单层铁卷门，有遮蔽效果，含工带料每平方米 500 元，跟塑料价格差不多。预算充足者可兼顾安全及美观，一楼可选双层铁片卷门，材质较重，可防盗、防台风，保障居家安全；二楼以上改为铝合金材质，可配合居家设计。

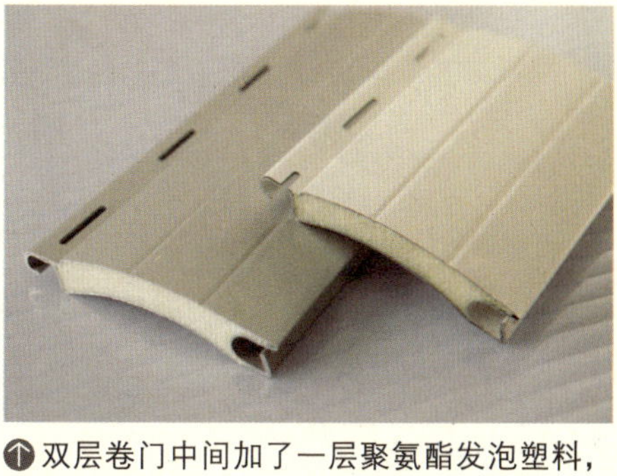

↑双层卷门中间加了一层聚氨酯发泡塑料，具节能效果。

卷门小档案

材质	单层铝合金、单层铁片、双层铝合金、双层铁片及塑料等。
特点	单层铁卷门有遮蔽效果，双层铁卷门中间有 PU 泡棉，有吸音、隔热、保温及防水功能，具节能效果，且中间有透气孔让空气对流，避免室内太闷。
价格（每平方米）	单层卷门含工带料约 500 元。 双层卷门含工带料约 800 元。

* 本书所列价格仅供参考，实际售价请以市场现况为准。

Door

铝合金门

烤漆喷砂玩花样

结合金属强化硬度，玄关支撑防变形

铝料材质软、质地轻，一般多应用于窗户上，近几年，市面上出现的铝合金材质的玄关门与室内门，利用铝与其他金属合成来强化硬度，铝挤技术则让样式带有更多变化，加上雾面喷砂的烤漆技术，让铝合金门摆脱以往的死板，成为居家最体面的门面。

铝合金门技术趋于成熟，体面又居家

铝合金建材有铝帷幕墙、铝窗、采光罩骨架、防水闸门、外遮阳板等产品，玄关门技术则在近三年较为成熟。一般人的传统观念认为铝料比较脆弱不坚固，但其实铝合金产品内，纯铝料为97%左右，其他3%包含钛、镁等其他十多种金属，因为各类金属比例不一样，所表现的机械性能也不同，铝合金玄关门当然会考虑到抗压程度，而加入硬度较高的金属，并会在门板上设计多处支撑点，防止变形。

烤漆细致表面雾化

此外，目前门锁防盗技术有很大进步，人们挑选玄关门多以样式为优先考虑；与外表冰冷生硬的不锈钢门、铁门相比，铝合金门烤漆颜色较细致，且选择不少。

目前铝合金门可利用烤漆技术，喷出5种色系，包括细质砂纹的咖啡色、墨绿色、银灰色，以及直纹烤漆的牙白色和枣红色，表面带有雾化的质感。虽然不锈钢门也可以烤漆，但是只能做亮面处理，且一般价格要比铝合金门高。

↑铝合金门的门扇与外框接合凹处贴有气密条，隔音效果比不锈钢门好。

↑前为做窗框的铝合金，后为做玄关的铝合金，比窗框厚，并设计了支撑点加强抗压。

单扇价格几百至几千元不等

不锈钢门硬度高，样式不多，但铝合金门可利用铝挤技术，创造样式的变化，如装饰线、格子等，带有简洁的日式风味，一改过去人们对玄关门冰冷刻板的印象。以价格来说，一扇铝合金门，价格为几百元起。样式更复杂的外玄关门、内玄关门或是双玄关门、门中门，价格可能高达几千元。

除了玄关门之外，铝合金门也可做室内门，因为其具有防锈蚀的特性，所以最适合作为卫浴空间的门面，一般来说，价格为每平方米 200 ~ 600 元。

铝合金材质门扇，设计有门中门。

KNOWLEDGE BUILD UP

建材须知▲抗锈防腐适用于浴厕

铝合金玄关门可耐日晒雨淋，但因为经过喷砂烤漆处理，比较担心剐伤问题，所以使用时最好注意不要被锐利的尖物剐到。铝合金的室内门其实质感也很好，但是因为一扇达千元，家中室内门通常多达 4 ~ 5 扇，对一般家庭来说可能无法接受，不过建议可以装在浴厕，防锈蚀防腐烂的特性绝对比一般木门或塑钢门寿命来得久。

铝合金门小档案

材质	铝合金。
特点	烤漆细致，表面雾化，可创造许多花样变化。
价格（每平方米）	几百元到几千元不等。

Door

隔音门

精挑严选、隔音佳

气密条紧贴度是关键

市售隔音门品质不一，隔音效果大不相同，该如何挑选品质较佳的隔音门？专家建议，挑选门扇内层结构加装隔音棉，门框及门扇四周装有嵌入式气密条，且关门后气密条须紧密贴合的大门，才能有较好的隔音效果。

双气密效果较好

门框与门扇间存有缝隙，必须靠气密条填充，好的隔音门须在门框及门扇四周装有嵌入式气密条，称为“双气密”，假使只有门框或门扇其中一项有贴气密条，则属于“单气密”，“双气密”因双层阻隔，隔音效果会比“单气密”来得好。

除一般常见的传统圆形气密条外，另有设计外露一片胶条的方形气密条，因弹性较传统气密条佳，当方形气密条加装于门扇、门框凹槽时，关门后较容易随门框与门扇间的缝隙调整，会比传统的气密条更紧贴大门。

↑外露一片胶条的方形气密条（左）为改良版，比传统气密条（右）更能紧贴大门。

↑门扇及门框四周装嵌入式气密条，称为双气密，效果比较好。

内铺隔音棉可吸音

大门材质多是钢板，门扇内若无加装隔音棉，则声音会透过空心的钢板门共振。有隔音棉可吸收声音，除装设隔音棉外，有些还会加装硅酸钙板加强隔音效果。

一些地产商会依住宅产品的总价高低，附赠等级不一的大门，价格从上千元到上万元的都有，差异在于门板材质、厚度和气密条设计或是否具备防盗、防爆等功能，最常见的还是以钢板门为主，材质包括不锈钢和镀锌钢板等，地产商附赠的一般大门，价格普遍在千元左右，消费者可检查门扇门框间是否有缝隙，

⬆门扇内层铺设隔音棉，可吸收声音，加上支架间隔，可加强硬度。

简易判断气密条的紧贴度。若发现家中大门隔音效果不好，可选购自粘式气密条，贴在门框上增加密合度。

板材逾 1.6 毫米较佳

门框及门扇的板材厚度也很重要，两者厚度须在 1.6 毫米以上，会有较佳的隔音效果，另外，市面上常售的大门类型有双玄关门和门中门，常见材质包括不锈钢或镀锌钢板，材质对隔音效果影响不大，以同样材质来说，双玄关门因有两扇门可阻挡声音，会比门中门的隔音效果来得好，缺点则是两扇门较占室内空间，住户须多开一道锁、一扇门才能进入屋内，较不方便。

KNOWLEDGE BUILD UP

建材须知▲室内门宜有隔音挡

隔音门的好坏除与气密条紧合度、隔音棉或板材厚度有关系之外，也须注意门框与门扇或是门槛之间的距离，距离最好在 1 毫米以下，声音较不容易泄漏，而较好的门扇铰链可适时调整与门框、门槛的间隙，声音较不容易穿过。

另外，大门的门槛可紧贴地面，阻挡缝隙不让声音穿过，但室内门无门槛设计，即使关起门来，声音仍可从门扇与地面间的缝隙穿过，因此建议消费者可选择装设隔音挡的室内门，当门关上时，挤压隔音挡弹簧，隔音挡将下降紧贴地面，可减少声音外泄。

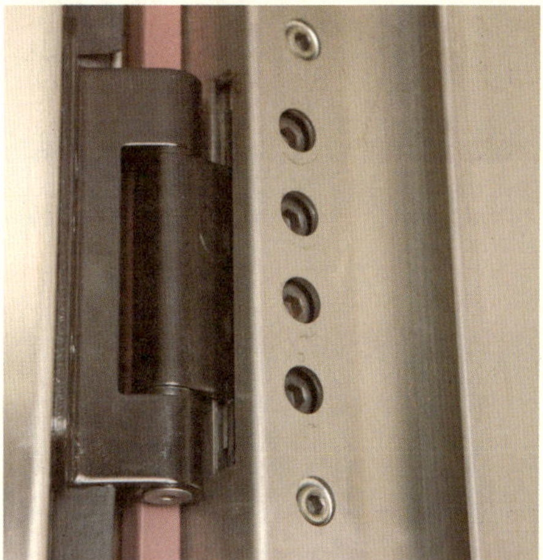

隔音门小档案

	标准版	升级版	顶级版
材质配件	门板材质为烤漆钢板，国产锁与国产五金配件。	门板材质为铸铝板，国产锁与国产五金配件。	门板材质为铸铝板或实木板，进口锁与进口五金配件。
价格（每扇）	1000 ~ 2700 元	1900 ~ 3000 元	3000 元至上万元
隔音效果	普通	较好	最好

* 本书所列价格仅供参考，实际售价请以市场现况为准。

Door

小门把大设计 画龙点睛添质感

精致门把提升空间美感

门把虽小，却是设计中的重要细节，就像时装的配件一般，一场完美的时装秀，皮带、项链等都是不可忽视的元素。小小的门把可以低调，可以夸张，一个精致的门把就可让整体空间更有质感。

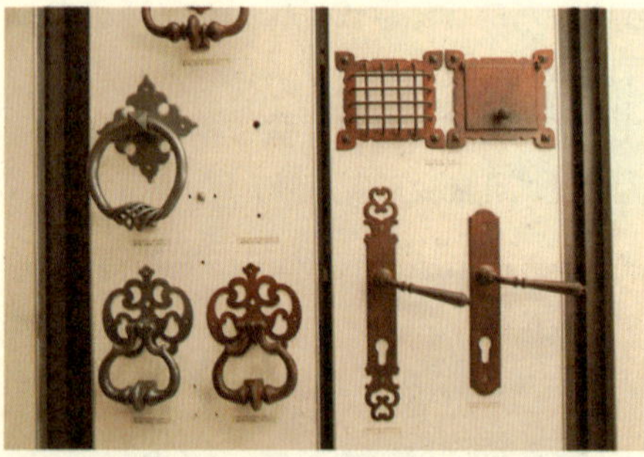

↑精致的门把的使用可提升整体空间质感。

居家内的重要配件

门把因与门锁相连，所以门把除了造型不同外，锁的功能也不同。一般常将门把依外观分为“水平门把”与“圆头锁门把”，圆头锁仅能用于室内门，常用作浴厕锁，单价便宜，每个40元左右。

水平门把的造型变化多，基本配备是一段门锁（就是锁匙转一次即可开门，两段锁指的是转两次才能开门），也可再加辅助锁，升级到五段锁。水平门把价格差异较大，每个100～1000元不等。价格的主要决定因素是产地，进口门把比国产贵1倍以上，另外也视材质与电镀等级来定价。

金属材质具现代感

水平门把的材质相当多元，金属类包括铝、锌、不锈钢、黄铜等，特点是表面有金属光泽，富有科技感与现代感。若居家环境较潮湿，建议使用不锈钢的门把。非金属类则包括塑料、亚克力、水晶、木头、皮革等。现在门把的材质多是混搭材质，如锁座用不锈钢或镀锌产品，把手则用木料或皮革等。

磁吸门把无声安全

除了水平门把与圆头锁门把，还有较少见的磁吸门把及推拉型门把等，都是进口产品。“磁吸门把”顾名思义，是利用磁铁吸力来开关门，其优点是开关门时“安静无声”，不像传统门把会有锁舌卡进门的声响，而且其门板外表平整，没有突起的锁夹，可免去撞到或伤到的危险，很适合安装在有幼儿的家庭，不过单价较高，每个500～800元。

推拉型门把则突破传统下压式的开关方式，通过前后方向推拉来开关门，如同汽车门的开关，配备的铰链为内嵌式，可使门板外表平整，看起来更美观。因是进口产品，单价贵许多，为1000 ~ 3000元。

门把的品质，除了材质外，电镀等级也有差别。电镀不佳者易掉漆，最好选购保障永久不掉漆的产品。另外，不带锁的门把单价最低，可选购不带锁的纯门把。

↑（左）门把材质功用选择众多，不带锁的门把单价最低，可选购不带锁的纯门把。
（右）水平门把价格差异较大，单个300 ~ 1000元不等。

KNOWLEDGE BUILD UP

建材须知▲搭不同门板，效果各异

门把，虽然是细微设计，但就是能呈现整体空间的质感。像西装的缝线，车工平整漂亮，就能表现出整套西装的精致度。

门把的种类很多，与不同的门板组合，会产生不同的效果。若要达到穿透的视觉效果，可用清玻璃当门板，搭配银色内嵌式门把，就是富有现代感的设计。

各式门把比一比

	圆头锁门把	水平门把	推拉型门把	磁吸门把
种类				
锁舌	有，开关有声。	有，开关有声。	有，开关有声。	无，开关无声。
开关方式	旋转	下压	推拉	下压
特点	价格便宜，不适合当大门锁。	门把造型多变。	内嵌式铰链，开关使用顺手。	内嵌式铰链，门板外观平整。
价格（每个）	40元左右	100 ~ 1000元	国产100 ~ 700元 进口1000 ~ 3000元	进口500 ~ 800元

*本书所列价格仅供参考，实际售价请以市场现况为准。

Window

气密窗

胶合玻璃隔音效果佳

好坏难辨识，须看出厂证明了解等级

气密窗几乎已经成为装修中的基本配备，气密窗的好坏，很难直接看出来，必须向厂商或经销商索取出厂证明及检验证明，来了解气密窗的等级，隔音 28 分贝以上，才可称为有隔音效果。

隔音效果好坏，由气密性与玻璃厚度决定

一般来说，窗户应有三大功能：水密性、气密性及强度。水密性指风雨同时作用下防止雨水侵入的性能，气密性与隔音有直接相关性，气密性越高，隔音效果越好。

气密窗除窗框为铝料外，绝大部分的面积为玻璃，所以隔音效果的好坏，大致由气密性及玻璃厚度决定，玻璃厚度增加，其隔音性相对变好，但气密性差的铝窗，即使增加玻璃厚度亦无法提高隔音性。

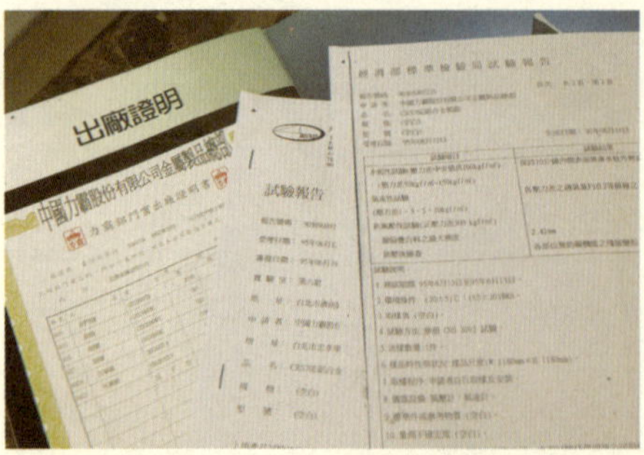

查看气密窗的出厂证明以了解气密窗等级。

平板玻璃隔音差

目前玻璃种类大约分为单层平板玻璃、胶合安全玻璃及双层玻璃，在相同厚度之下，胶合安全玻璃的隔音效果最佳，其次为双层玻璃，单层平板玻璃最差。胶合安全玻璃的两片玻璃中间，是以金属薄膜连接，所以声音的传递会因金属薄膜而降低，故具有较佳的隔音效果；双层玻璃具有隔热效果，但隔音效果比单层胶合安全玻璃差。

顶级气密窗内任何接触面均有气密条，可阻隔 80% 的音波。

↑双层玻璃气密窗的两层玻璃间设中空不锈钢管，具防盗功能。

难阻建筑墙面传音

双层玻璃的隔音性低于胶合安全玻璃。主因是两层玻璃难以完全密封，所以会产生共鸣现象，若能做到完全密封，双层玻璃的隔音性反而是最佳的。

玻璃的材质与隔音的效果无关，强化玻璃与一般平板玻璃的差异仅在于玻璃的强度而非隔音的效果。

气密窗的隔音效果在于阻隔室外的声音传入室内，以及室内声响传出室外。但在某些情况下，声音是由建物的结构体 RC（钢筋混凝土）共振传导，并非空气传导，此时气密窗便无法发挥隔音的功效，如大楼地下室的发电机，或位于高架桥旁的大楼，都是由钢筋混凝土共振传播噪声。

儿童专用气密窗，加锁无碍通风

装设气密窗时，为了维护儿童安全，也可选择专为孩子设计研发的儿童安全气密窗。同一扇窗，可横拉或外推，通过加装纱窗锁限制横拉功能，以及依客户需求设定的安全五金，让外推开口变小，当儿童靠立窗户边时，父母不需要再胆战心惊。

纱窗锁不使用时，可正常开启窗户，保持室内空气畅通，一锁上就可限制横拉功能，改以外推方式，避免儿童自行打开窗户。外推时，因为加装了安全五金，可限制开口大小，对儿童安全来说，具有防护效果。

↑纱窗锁不使用时，可正常开启保持室内空气流通，锁上时可限制横拉功能，避免儿童自行打开窗户。

半年需涂抹润滑油

开口大小可依据需求调整，并预留空间，儿童长大后，可让开口变大。安全五金承重量约 40 千克，装设上为了避免儿童玩耍时松开五金配件，另外设计了需用钳子才能开启的白钢质安全扣。

横拉式窗户也可在轨道上加装塑钢质栅栏，通过纱窗锁来限制窗户开口大小，一般保留 15 厘米的开口距离，此为“多点式固定横拉”。儿童安全气密窗在修护和保养上，建议每半年在五金配件上涂抹润滑油，保持开关时的顺畅。

↑儿童安全气密窗：多点式固定横拉式（左）；外推式（右）。

白钢不易氧化断裂

儿童安全气密窗的成本比一般气密窗贵两成左右，挑选时，要留意三点：其一，材质的坚固性，尤其是外露齿轮或五金配件，最好是白钢材质，才不会氧化断裂；其二，记得索取原厂的产品质量证明，确保产品符合安全需求；其三，确认外推式窗户是否为双榫结构，才能确保坚固性。

气密窗选择小档案

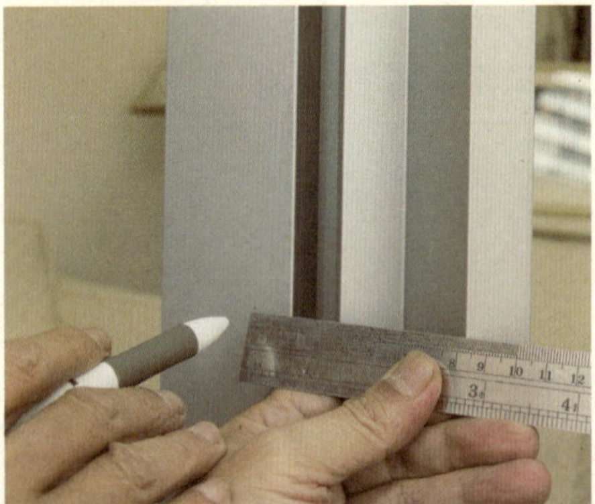

外观	目视气密窗是否方正；打开一条小缝隙，看缝隙会不会大小不一。
矽利康	玻璃四周及外墙与窗户交接处的矽利康，施工是否平整。
混凝土	敲打窗框与墙的接触面，听声音的饱实感，如声音中空，可能是混凝土填充不足，将来易漏水。
内窗	摇动内窗，如易摇晃不稳，气密度不佳。
价格（每平方米）	280～380元，使用的玻璃越好，价格越贵。

*本书所列价格仅供参考，实际售价请以市场现况为准。

KNOWLEDGE BUILD UP

建材须知▲注意出厂证明、检测报告

气密窗的好坏，一般人很难直接“看”出来，可向商家索取出厂证明及检测报告来了解水密性、气密性等各项数值。需注意所谓的品牌气密窗，是由该品牌公司直接出产气密窗，还是仅从该品牌公司购买铝料安装，若为后者，有可能五金配料并非原厂配备，以降低成本，若该品牌公司也不提供其隔音性能等各项保证，须多加留意。

⬇选购时须多留意其材质、检测报告及结构，确保其坚固性。

Window

广角窗

选购一体成型最好

窗框结构问题少，玻璃施工最重要

广角窗种类多样，八角窗、三角窗等多边形、甚至圆形窗都可称为广角窗。除造型多变外，广角窗最大的特色在于可突出墙面之外，增加室内使用空间，从室内往外看，视觉上更能利用左右两边突出的广角，让视野更加辽阔。

造型多变，增加室内空间

目前市面上的广角窗造型很多，三角形、六角形、八角形、圆形都很常见，可依照个人需求现场测量设计。气密性佳，隐藏式纱窗，大跨距景观窗，隔音效果佳，加装格状金属钢管等增强防盗功能，都是广角窗的特色。无论造型如何，功能上，仍以中间固定、两边可开启的形式最多，可开启的部分越多，价格就越高。

广角窗的大小、形式，都可依照需求定做，增广视线并增加使用面积。广角窗在室外的部分比传统窗户至少可多出30厘米，修饰一下，就能当做小平台，可放一些饰品来布置，也能当做小茶桌，不但增加使用空间，更能够增添生活乐趣。

使用广角窗可增加室内使用空间，并开拓室内空间视野。

广角窗的大小、形式，皆可依需求定做。

格状钢管加强防盗

广角窗，其实就是铝门窗材质搭配玻璃，一般有单层玻璃，也有双层玻璃。选购时首先注意，上下盖子是否一体成型，无接缝；其次，要注意玻璃、窗框的材质。广角窗凸出去的部分，会做上下盖，一体成型的最好，若能加强表面的防撞处理、发泡处理、膨胀处理，更能确保防水功效，还能减少噪声，达到气密、隔热效果。

目前市面上广角窗面宽 0.8 ~ 7 米皆有，高度为 1.2 ~ 1.5 米，一般突出部分皆不超过 60 厘米，以 45 ~ 50 厘米最多。

角钢控制强度结构

施工时每 30 厘米会插入一支角钢来支撑，每支角钢可承重 60 千克，1 米至少可承重 180 千克；会不会漏水，则要看转角、收边的情况。

控制广角窗强度结构的关键在于下面的角钢，角钢须嵌进墙壁，用不锈钢最坚固，也可使用铝材，价格比不锈钢便宜。

窗框的结构性，基本上不会有问题，若有问题，一般都出在玻璃上，若是玻璃组合得不好，就会滴水，室内外温差造成结露、起雾，甚至会影响窗帘、地板，整个装修都会跟着出问题。

广角窗里面的水汽比一般窗户的大，品质不良容易产生水汽，故主要价差也反映在玻璃材质和处理上。目前市面上广角窗连工带料每平方米为 960 ~ 1400 元，若玻璃经过特殊处理，则更贵。但现在室内空间寸土寸金，做一个广角窗，可增加不小的使用空间，其实很划算。

广角窗制作时下缘一体成型，有效阻隔噪声。

KNOWLEDGE BUILD UP

建材须知▲请厂商出具防雾保证

在选择广角窗时，因为顾及安全性，所以除了美观条件外，结构设计、表面处理、气密度、强度、双层玻璃、不锈钢、版面是否一体成型等，以及与抗风压、防水性、隔音效果有密切关系的元素等，都要仔细考虑，而施工品质、售后服务等细节，更是不可忽略的重点。

窗户的作用在于隔绝冷、热，广角窗的双层玻璃若密合度不佳，中空部分几年后就会受到水汽影响而起雾、发霉，这扇窗等于失效，这种状况和材质、施工有绝对的关系，要换又要花一笔钱，很不划算。建议选购时，请厂商出具防雾保证，目前市面上最高可保 15 年。

↑圆形窗户造型特殊，难度高、价格较贵，适用在本身就是圆形的窗户上。

广角窗选购小档案

＊本书所列价格仅供参考，实际售价请以市场现况为准。

形状	突出建筑物墙面，包括八角形、六角形、十二角形、三角形、圆形等立体造型。
材质	除美观外，还必须兼顾防腐、防水、防锈等功能。
类型	1. 多为中间固定、两边可开启的形式。 2. 开窗形式有斜开或侧推，通常还设有隐藏式纱窗。
功能	1. 可作为花台或桌面，增加使用空间。 2. 相对于普通窗户，由内往外的角度较大，视野更广。 3. 材质、造型选择多，增加美感。 4. 双层玻璃加上格状钢管，可强化承重能力、抗压力，还有防盗功能。
组成	玻璃、钢条、版片、上下盖、转角。
价格（每平方米）	960 ~ 1400 元

Window

折叠纱窗

防蚊不受限制

开窗方式多，加无纺布增隐秘

一般纱窗可防蚊虫跑进室内，维持室内通风，改良式折叠窗除了可整个收入线轴内，不占空间外，还可依需求调整为上下或左右等开窗方式，材质上也可加入无纺布及塑料，不必再担心开窗后雨水入屋、隐秘性不足等问题，但价格较传统纱窗贵，含工带料每平方米几百元。

折叠纱窗（一纱一窗）。

折叠纱窗（双道纱窗）。

改良新品，解决传统纱窗缺点

传统纱窗含工带料每平方米约50元，价格相当便宜，但缺点是稳固性不佳，遇到强风大雨，甚至会摇晃，掉落，且不易拆卸，清理上相当不便。

折叠纱窗让纱窗可整片收起，主要是纱网规划为可折式，内有线轴搭配轨道滑动，解决了传统纱窗面积大、占空间的缺点，折叠纱窗可水平或垂直移动，加上可整片收起或打开，让气流自由进出，保持良好通风。折叠纱窗具有多种开窗方式，视开窗面积大小，可设计为单道、双道或多道开窗，因此不用担心开窗条件，皆可定做，克服不同的居家环境。若考虑居家隐秘性，可在折叠纱窗中加入无纺布帘，降低视觉穿透性。

（左）折叠纱窗网。（右）折叠纱窗，加上一层无纺布遮挡。

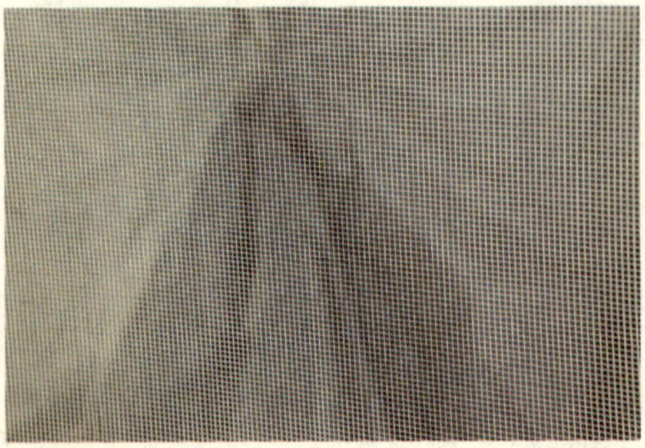

传统纱窗。

滚筒式纱窗容易有夹手的问题。

滚筒式纱窗，使用上要小心

半透光的无纺布可解决隐私问题，适合安装于浴室、卧室。安装在客厅或餐厅的折叠纱窗虽无隐私问题，但若是落地窗或 2 米宽以上的窗户，考虑到面积较大，不方便整面拉开或收起，建议安装多道或双道折叠式纱窗，方便收拉。介于传统及折叠式之间的，还有滚筒式纱窗，纱窗以滚筒状收起。另外在滚筒式纱窗上下或中央设有卡榫，可使其拉动平顺不跳动，且收起时无缝隙，蚊虫不会飞进来；但滚筒式纱窗会瞬间收起，噪声大且忽然收起的纱窗易夹手，使用时要小心。

KNOWLEDGE BUILD UP

建材须知▲
开关分两段或三段，延长使用寿命

折叠纱窗得以收起或打开是因为轨道里头设有线轴，当线轴运动时，活动式纱窗就可以打开收起。使用折叠纱窗时，虽然可以一口气拉到底，但为避免线轴卡住，建议最好采用阶段式开或关，分成两段式或三段式皆可，让线轴有缓冲机会，延长使用寿命。

不锈钢材质的纱窗网。

各式纱窗比一比

*本书所列价格仅供参考，实际售价请以市场现况为准。

	传统纱窗	折叠纱窗（双道纱窗）	折叠纱窗（一纱一窗）	滚筒式纱窗
特点	便宜。	适合大面积开窗或落地窗。	无纺布材质可遮阳，纱窗可通风。	拉动平顺不跳动，且收起无缝隙。
缺点	稳固性不佳，遇强风会摇晃，甚至掉落。	窗框宽度至少 10 ~ 13 厘米，会占开窗面积。	软材质易变形，要避免重压。	易夹手。
价格（每平方米）	约 50 元	约 130 元	约 150 元	约 180 元

Window

隐形安全护网

防儿童坠楼

无防盗功能，但可加装警报器

孩童坠楼意外事件频传，多因窗户的防护设计不良。隐形安全护网（又称隐形铁窗）由49条不锈钢丝组成，每条可承受80千克，就连大人都很难将钢丝扳开，还有不阻碍赏景的优点。不过，可用老虎钳剪断，防盗功能不足。

改良新品，解决传统纱窗缺点

隐形安全护网以不锈钢丝搭配铝合金轨道框架，直接固定在墙面或窗台上，钢线不位移、不松脱，使用年限至少10年，也不用担心清洗问题，钢丝若有卡垢情况，只要用水冲洗即可。

隐形安全护网可横向或纵向安装，每条钢丝直径约0.15厘米，配合装修需求，不会改变大楼原有风貌，也比装设铁窗美观。且每条钢丝可承受80千克的重量，加上每条钢丝间隔约5厘米，幼童无法穿过。

隐形安全护网价格便宜，含工带料每平方米约90元，但缺点就是防盗功能不佳，只要用老虎钳剪断即可通过，没有防盗功能。

↑固定在铝合金轨道框架内，设有防滑纹，不锈钢线不位移或松脱。

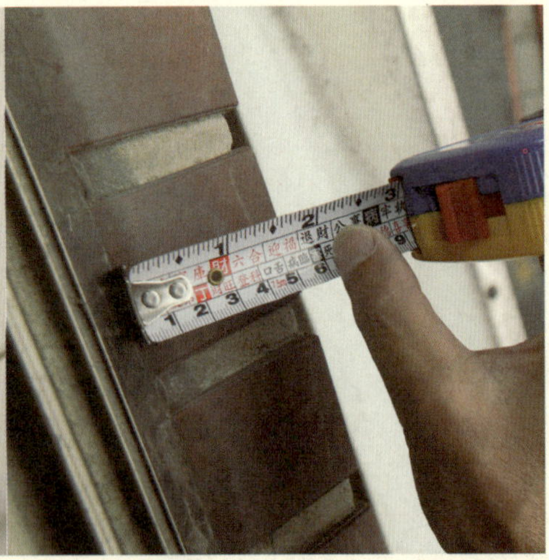

↑装设隐形安全护网，框架至少需6厘米宽。

↑隐形安全护网可用老虎钳剪断，不妨碍逃生。

隐形安全护网小档案

材质	直径约 0.15 厘米的不锈钢丝。
优点	不改变建筑物外观、不阻挡户外景色、防止儿童意外坠楼。
缺点	无防盗功能，但可以加装警报器。
注意事项	1. 窗台深度少于 6 厘米则无法安装。 2. 利用老虎钳剪断护网，可快速逃生。
价格（每平方米）	约 90 元

Knowledge Build Up

建材须知▲紧急时可用老虎钳剪断

铁窗若设计不良，火灾时住户可能受困，会危及生命。相较之下，隐形安全护网只要用老虎钳剪断，即可逃生，不用担心受困。但也因为可用老虎钳剪断，因此防盗性略显不足。且一旦剪断后，无法局部修复，须重新安装整组设备。

Window

家用隔热膜

挡阳光不挡美景

一般保质期10年

夏天的阳光总让人又爱又恨，既爱它美丽耀眼，又恨它酷热难忍。特别是白天待在家中时，如果拉上窗帘遮光隔热，就看不到窗外的风景；不拉上窗帘，又会增加冷气的运转耗电，而且担心家具因为晒了太多阳光而褪色。这些问题就交给居家专用的隔热膜来解决吧！

隔热膜一般都用于汽车，但是也可以用于家中的玻璃，许多名牌的百货橱窗都有使用，以保护高价皮制品或彩妆。

隔热能力有如厚墙

中国台湾地区有关科研机构的研究指出，厚度只有发丝1%的隔热膜，隔热能力相当于15厘米厚的墙壁，能隔绝99%的紫外线，防晒系数最高为SPF325，可见度最高能达到73%，户外美景仍能一览无遗。

有关研究也显示，隔热膜最高可隔绝79%的日照热能，于同样空调环境下降低室温3～6℃，而冷气的设定每上升1℃，就可以节省6%的耗电。

市场上的隔热膜主要分为“金属喷溅”和“树脂拉伸”两大类。

前者最早是应用于美俄冷战期间，隐形战机借此逃过敌方雷达的侦测，后来被科研机构转为商业用途，曾被美国《Popular Science》杂志选为千年来的百大发明之一。

后者为专利发明，不含金属，所以不会干扰电磁波，但具有吸热性，仅释放一小部分的热到室内。

上述两者的隔热效果都很好，贴在内侧的玻璃上，一般商家皆保证10年不剥落、不变色，有的产品甚至还保证隔热效果不递减。

KNOWLEDGE BUILD UP

环保效益▲省电效果惊人

实验显示，开冷气维持室内温度约27℃时，自2014年1月7日到7月21日有贴隔热膜的玻璃屋（7.8平方米）比没有贴的节省1401度电，相当于870千克二氧化碳排放量。隔热膜都由签约厂商施工，消费者记得要索取原厂保修证明。

建材须知▲装贴须无气泡

装贴隔热膜并不容易，必须没有气泡、完美收边，师傅光是洗玻璃就要练习一个月。现在市场上的假冒伪劣品很多，消费者要特别注意选择大品牌正品。

隔热膜小档案

材质	特点	价格（每平方米）
金属喷溅	含有黄金、银、铟等稀有金属，不会吸热，对辐射有部分阻挡效果。	22 ~ 55 元
树脂拉伸	化学材料，不含金属，会吸热，不受电磁波干扰。	约 22 元
陶瓷喷溅	最适合应用于海事的隔热膜，不会阻隔电磁波与 GPS 全球定位系统，可适应陆地与海洋最苛刻的环境，船舰常使用。	100 ~ 2000 元
镜面纸	有反光性，会造成光害。只有单向透光性，光线亮侧看起来像镜子，暗侧才能看到另一面的景象。白天室内有隐密性，但是晚上开灯后看不到屋外，反而会被外面看清楚。	约 25 元

* 本书所列价格仅供参考，实际售价请以市场现况为准。

↑隔热膜贴上之后，窗外的风景还是看得很清楚。

Window

Low-E 玻璃

隔热又透光

建筑常使用的节能材料

想了解环保建筑，希望有效节省空调耗能，你不能不知道 Low-E 玻璃。Low-E 玻璃是种被现代建筑大量运用的节能玻璃，既能阻隔太阳光的红外线和紫外线所产生的热能，又能保持良好透光性，解决采光和隔热的矛盾。唯一不足之处是单价稍高。

追求节能的Low-E玻璃全名为LowEmissivity Glass，是种低辐射镀膜玻璃，做法为通过在线镀膜或脱机镀膜的方式，在玻璃表面镀上单层或多层的金属、合金或金属氧化物。在线镀膜指的是，在玻璃要成形前喷上化学金属镀膜，为化学喷镀法；脱机镀膜指的是，依需要的玻璃尺寸和种类（如胶合或强化），将做好的玻璃送进真空溅镀机里，利用电子流进行真空溅镀。

打火机测优劣及镀膜位置

在玻璃溅镀过程中，表面会形成金属与电介质共同构成的薄膜状金属层，也就是所谓的镀膜层。而Low-E 玻璃的原理，则是利用镀膜来阻隔红外线和紫外线。太阳光能量中，红外线与可见光占约98%的热量，紫外线和其他射线占约2%。Low-E 玻璃可阻挡70%以上的紫外线及70% ~ 80%的红外线，且能让大部分的可见光穿透，透光度高达60% ~ 70%，兼具采光和隔热效果，但阻挡率和透光率视镀膜材质和玻璃组合方式而定。

在亚热带和热带地区，如中国台湾地区，Low-E 镀膜需镀在从室外数来的第二面玻璃。镀膜位置难辨识，简单的方式是使用打火机检测；Low-E 镀膜层的火焰倒影，和其他面的火焰倒影颜色明显不同。另外，此法也可检测厂商安装的 Low-E 玻璃是否为复层，复层玻璃会有 4 个火焰倒影，单片玻璃仅有两个倒影。

太阳热能进到室内时，建筑物外表和室内温度都会上升，进而增加空调耗能。Low-E 玻璃可以达到较好的遮蔽系数（遮蔽日照热能的效率），但价格约为一般外墙玻璃的 3~5 倍，一般住户也可考虑采用其他隔热方式，例如以窗缘较深的内凹窗加强遮阳效果，或者采用双层外墙，以结构中间的空气层降低热传导，亦有节能效果。

遮蔽系数

遮蔽系数（Shading Coefficient）指的是，在同样环境条件下，该玻璃的太阳能因子与0.3厘米厚透明清玻璃的太阳能因子之比值。遮蔽系数的数值越小，代表通过该玻璃的热量越低，也就是说该玻璃对阳光热能有较佳的遮蔽效果。

Low-E **玻璃**比一比

*本书所列价格仅供参考，实际售价请以市场现况为准。

种类	在线镀膜低辐射玻璃	脱机镀膜低辐射玻璃
英文	Hard Coat（硬膜）。	Soft Coat（软膜）。
制作方法	使用特殊气体在锡槽内与玻璃表面反应形成薄膜。	在真空室内以溅镀法在玻璃表面溅镀多层不同材质镀膜，以银膜反射红外线、阻挡热源。
颜色	视采用原板而呈现不同色彩，但色彩较单调。	因镀膜材质不同，会呈现不同色彩，选择种类较多。
隔热效果	无镀银层，单片使用效果差。	有镀银层，隔热效果较好，且皆以复层玻璃形式生产。
使用方式	建议以复层玻璃以达到较好的隔热效果。	复层玻璃为主要使用方式。
价格（每平方米）	320 ~ 400 元（视玻璃种类与组装方式而定）	

↑ 高铁嘉义站大片观景落地窗便是采用 Low-E 玻璃，节省空调耗能又保持足够的采光性。

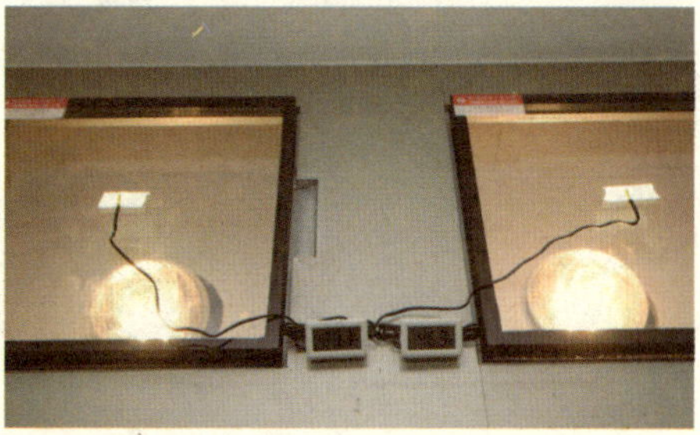

↑ 以同样光源和时间照射单层和复层 Low-E 玻璃，当前者升温至 46.9℃ 时，后者温度约 29.3℃，相差约 18℃。

KNOWLEDGE BUILD UP

环保效益▲安装 Low-E 玻璃电费可减半

Low-E 玻璃如果单片使用，效果不彰；一来镀银层易氧化，二来无法有效阻隔热传导。实验证明，在 200W 的太阳灯泡照射一定时间后，复层 Low-E 玻璃温度约为单片的一半。

复层 Low-E 玻璃中间的气体分为一般空气和氩气，其中，氩气效果较好。一般来说，安装 Low-E 玻璃后，冷气耗能或使用时间可减半，大大降低了耗能，且环保省钱。

Window

中式窗棂

硬木质地防潮佳

走进现代居家，装饰用途多元

“Old is new”，这句话适用于不少老建材，中式窗棂（或称窗花）就是很好的例子。有千年历史的窗棂走进现代居家，不仅是用作壁饰，间隔墙、天花板、拉门、桌面、镜框等都有它的影子。

中式窗棂可用作壁饰、间隔墙、天花板、拉门、桌面、镜框等。

画龙点睛，展现浓烈中国风

中式窗棂，有很浓的中国风，可为居家带来书卷气息，但别以为一定要中国风居家才适用，运用于现代居家也会有画龙点睛之效，不过，只需要小部分装饰，即可带出人文味。若是大面积使用，因窗棂的色调较深，反会有陈旧感。

↑用于小部分装饰，即可带出人文味。

↓中式窗棂运用于现代居家有画龙点睛之效。

若大面积使用窗棂，因其色调较深，会有陈旧感。

留意仿古多新作

中式窗棂因为视线可穿透，最常被用作玄关墙的装饰。和室拉门、间隔屏风也是常见的使用方式，近来则流行把窗棂当做装饰作品来欣赏。窗棂可依出产时间分成老件或现代产品。老件指的是从古建筑上拆下来的门窗窗棂，也可能是上百年历史的古董，以传统吉祥图案为主，如花鸟、蝙蝠、牡丹、龙凤等，若是文字，则多是“囍”、“福”、“寿”字等。但因老件都是当年为房子“量身打造”，无固定尺寸，选购前要先看好自家环境是否合用；另外，由于目前市场上流通的老件量很少且开价高，大多是仿古的新作，所以买卖时要小心。

新作就是以机器制造出来的产品，有时局部也会以手工打造。图案则以几何图案为多，较具现代感。尺寸众多，特殊尺寸也可定做。

中式窗棂以传统吉祥图案为主。

色调与图案才是选购关键

窗棂的材质为原木，硬木品质较好，也较贵，如檀木、酸枝木等，市场上最常见的材质为软木，如榆木、杉木等。硬木质地细密，防潮性佳，也不易变形，但一般窗棂的使用，硬木与软木的差别并不大，色调与图案才是选购的关键。

↑色调与图案才是选购的关键。

KNOWLEDGE BUILD UP

建材须知▲年代决定价格高低

中式窗棂的价格差别很大，年代是最大的决定因素。但做工细致度、图案的复杂度等都会有影响。做工是指收边的圆润度或是木头衔接手法，如是否为卡榫结构等；图案的主题也很重要，有历史底蕴者，如雕的是《西厢记》的故事，价格就会贵点。另外，雕工也分单面雕与双面雕，双面雕窗棂因前后两面都有图案可看，雕工较难，价格也会较贵。

中式窗棂小档案

*本书所列价格仅供参考，实际售价请以市场现况为准。

材质	原木。硬木品质较好，如檀木、酸枝木等；但市场上最常见的材质为软木，像榆木、杉木等。
特点	略带暗红的斑驳花色及金属光泽质感是主要特点。近期逐渐发展出深蓝、米白等色系，但仍保留金属光泽质感及斑驳花纹的特性。
价格	价差大，视材料年代与雕工等方式计算价格。

Window

仿古窗花

延伸视觉、穿透美感

卡榫衔接不用钉，图样兼具吉祥味

中式仿古窗花带来了古意，使空间富有韵味。只是，人人都识得窗花，也知道图纹大多象征吉祥，却不见得了解其中含意。例如，蝙蝠象征福气，五只蝙蝠环绕的图样，代表五福临门；如果有喜鹊、梅花在内，代表喜上眉梢；窗框和图样间的纹路，如果方正，则代表步步高升。

图样多样，吉祥意味浓厚

中式仿古窗花，可把空间装点得古意盎然，手工制作的窗花，以卡榫技巧衔接木块，而不是用钉子钉死，才有热胀冷缩的弹性空间。中式仿古窗花融合现代的社会背景，保留古老元素，也添加许多新意，可依消费者需求，定做喜爱的图样。

雕刻的图样，吉祥意味浓厚，大多取材梅、兰、竹、菊、龙、凤、蝙蝠、喜鹊等。梅、兰、竹、菊代表四君子，象征品德高洁；龙凤代表富贵；蝙蝠代表福气；喜鹊象征喜气。依图样复杂度，价位也有所不同，较复杂的图样是十二生肖，每个生肖图样不同，且图样较小，做工繁复。

↓窗花的使用为空间带来古意。

古老元素增添新意

若喜爱单纯图样，可选用单个古字，比如福、禄、寿来做窗花，造型简单又意味深长，或是“如意纹”，外形四方，中间图纹以“玉”的古字，略带勾边的图样衔接，外形利落又带吉祥意味。

加古铜片有助固定

在窗花上也可以加装古铜片，日久天长，古铜片上会出现锈铜的斑驳，增添了古意，加上手工制窗花，用卡榫衔接木块，加装古铜片，有助固定，一举数得。

这种中式窗花所流露出来的质感，让空间多了一分韵味，加上镂空造型，具穿透感，作为间隔或屏风，都很适合。

蝙蝠式样代表福气。

（左）圆形窗花模样圆润，适合嵌于壁面或间隔墙。（右）十二生肖图样——猴。

加装古铜片有助固定并增添质感。

中式仿古窗花小档案

材质	榆木、杉木、樟木。
图样类型	梅、兰、竹、菊、龙、凤、蝙蝠、喜鹊等象征吉祥的图样，或是福、禄、寿的古字图样。
形状	方形、长方形、圆形、椭圆形、扇形。
价格（每个）	依照图样复杂度，价格不一，几十元至上千元均有。

KNOWLEDGE BUILD UP

建材须知▲定时以精油擦拭保养

中国有很多代表喜气的图样，像福、禄、寿、喜，分别以蝙蝠、鹿、鹤、喜鹊四种动物为象征，装饰在窗花上添加吉祥气息。除了图样有特殊含意，窗框和图样间的格纹，也都有不同意义，以横竖线条穿插的格纹，象征步步高升，颇受欢迎。中式窗花因为材质是原木，建议定时以萃取自树木的精油加以擦拭保养。

厨房是提供家庭温暖最重要的空间。

加强整体质感与实用性是打造好厨房的关键！

选好材质和用心规划，

不管是成套购买还是设计定做，

就让厨房充分展现女主人的姿态吧！

Kitchen ×

厨房建材大观

Chapter 5

- 橱柜 Kitchen Appliances
- 厨房配件 Kitchen Accessories

Kitchen Appliances

橱柜规划

先量尺寸再选台面

依预算决定需求，打造自己的厨房

厨房是大多数家庭最基本的生活空间，选购橱柜时，应该先确定厨房空间的大小，挑选合适的橱柜尺寸，再来挑选橱柜面板及台面，才能呈现完美厨房。市面上的橱柜产品众多，建议依据预算决定需求，慢慢组装出最适合自己的厨房空间。

↓选购橱柜时，应该先确定厨房大小，挑选合适的橱柜尺寸。

与厂家沟通，组装出适合自己的橱柜

橱柜可分为一字形、L形和∏字形三大类。目前最常见的是一字形或是L形的橱柜，因为橱柜大多可以定做，可以依据自身的使用习惯，和厂家充分沟通，组装出适合自己的橱柜。

↑目前市售面板选择多，可依预算及喜好挑选。

质感与保养都须考虑

选购时注意台面高低是否符合自己的需求，可以先预想使用时，最顺手的高度大约在哪里。除此之外，橱柜中必备的炉具、台面和水槽三者间的距离和安装位置，都应该符合使用者的习惯，使用起来才会得心应手。

依照自身习惯决定好橱柜规格后，橱柜的面板和台面，则是另一项思考重点。因为面板是占据厨房视觉感受的主要因素，使用者应该思量自己希望厨房呈现出的感觉来加以选购。一般来说，每套橱柜都可能使用十几年甚至更久，所以，要注意面板的材质是否便于打理，日后保养维护橱柜时是否较轻松。

目前市面上出售的面板主要有美耐板、美心板、实木烤漆、钢琴烤漆、镜面烤漆等种类。美耐板因为便于打理，价格合理，而且随着技术的成熟，美耐板的表面纹路可以呈现的变化越来越多，甚至可以仿照出木质的纹路，不再像以往的单调亮面，这让美耐板面板持续热卖。如果挑选质感佳的材质，比如实木烤漆，虽然整体质感较好，但价格较高昂，且不易维护。

人造石可塑性高

因为烹煮的材料都在台面上处理，所以挑选台面时应该先以材质是否好清理为优先考虑。台面材料大多分为不锈钢、人造石及美耐板。如果要求质感，可以尝试人造石，可塑性高且耐用，使用期限可达10年以上。

水槽部分，因为时常接触水源，并冲洗油腻及有色的酱料，选购时要留意水槽是否容易清洁及是否容易染色等问题。目前常见的材质为塑料和不锈钢，塑料价格低廉却容易变色，而不锈钢虽没有以上问题，视觉上却显得冰冷。新推出的结晶岩材质，不但好清理且色泽温润，是可以参考的新选择。

挑选台面应先以材质是否好清理为优先考虑。

独立电源 以保安全

一般橱柜高度为220～240厘米，下柜则为80～85厘米，其中柜高约70厘米，台面厚约3厘米，柜脚为10～12厘米，但最终还是依厨房使用者身高而定。厨房最好使用独立电源，从电箱单独拉线使用，以保安全。

选购水槽部分时要留意，水槽是否容易清洁及是否容易染色等问题。

厨房最好使用独立电源，从电箱单独拉线使用较为安全。

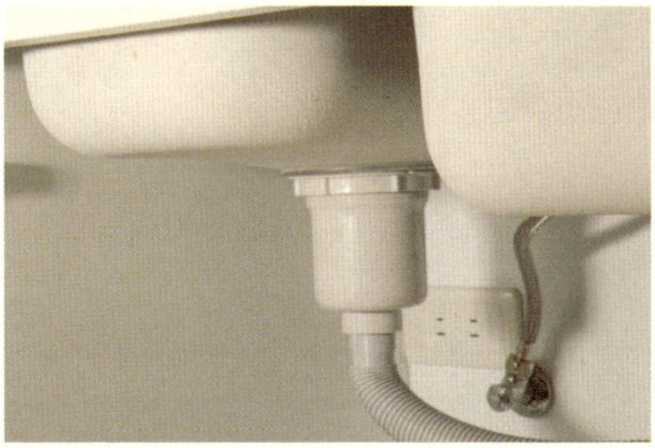

排水管最好不要直角设计，容易泄水。

抽油烟机无论何种形式，双引擎马力较足，且下方不要有窗户，否则启动时抽到的是空气而不是油烟，会降低排油效果。拉风管时最好不要直接穿梁破坏结构，绕梁而过较好；风管也不要拉得太长或绕来绕去。灶位的选择常与风水有关，这也是要先决定好的。另外，要将排水系统纳入规划。

排水管最好不要直角设计，容易泄水，且若有阻塞通管也较容易清理。橱柜和壁面连接处最好先用矽利康填满，再上压条，脏污物及水不太容易渗入，可延长橱柜寿命。

橱柜保养技巧

面板：

1. 一般面板以湿布清洁即可，斑点或污垢可用肥皂水清洗。
2. 实木面板先用含湿气的温皮革布轻轻擦拭，再用干布擦拭。
3. 避免用力敲击或是使用腐蚀性清洁剂，否则会破坏面板表层。

台面：

1. 日常清洁可用一般清洁剂或去污剂。
2. 不宜直接在台面上切割东西，否则容易毁伤台面表层。
3. 若轻微划伤，可用细砂纸轻磨，再用菜瓜布擦拭除去痕迹。

水槽：

1. 定期使用排水口专用清洁剂，以疏通排水口异物。
2. 勿使用质地粗糙的刷子清理水槽，以免将水槽表面划伤。
3. 避免将腐蚀性液体或滚烫热水倒入，否则容易破坏水槽表层。

KNOWLEDGE BUILD UP

建材须知▲新手规划前，要确定风格

消费者在逛橱柜卖场时，第一眼印象多是外观设计，但还要兼顾清洁方便性和整体质感。橱柜位置规划和台面高低则需要使用经验的累积。建议刚开始使用橱柜的消费者，先上网查看橱柜使用说明及网友提供的意见，或多翻阅家居类报道，记录喜欢的风格及想法，在卖场里才能更好地与商家沟通。

橱柜材质小档案

面板类

美耐板材质	镜面烤漆材质	实木烤漆材质

既耐用又价格低廉，适合预算不高的家庭使用。	属于较新材质，视觉美观且较有质感。	色泽温润，质感很好，但是价格较高昂。

台面类

美耐板材质	不锈钢材质	人造石材质

选择花色繁多，不像以前只能挑选亮面的花色。	好清理，但色泽较冷冽。	成本比较高，较有质感，而且方便清理。

水槽类

结晶岩材质	塑胶材质	不锈钢材质

色泽温润且好整理。	成本较低廉，但容易沾染污垢。	虽然色泽冷冽，但是经过特殊设计，可呈现设计感。

Kitchen Appliances

人造石台面

懒人橱柜首选

方便、美观、易清理

现代人在家开伙的机会少，许多小家庭中的厨房，更是常常“备而不用”。如果家中的橱柜平常只用来烧开水、切水果，到了假日才难得开伙一两次，那么，选一套易清理、好照顾的“懒人橱柜”，经济实惠，又省时省力。

⬆若预算充足，最好能将橱柜台面延伸至垂直墙面，以防止液体接触墙面，造成墙面脏污发霉。

延展性佳，可整片造型

橱柜之中，以台面的使用频率最高，因此，选择“懒人橱柜”，台面材质便成为首要考虑。目前市售的橱柜台面，以天然石、人造石与美耐板3种材质的使用最广泛，其中，人造石台面是最符合“懒人橱柜”条件的材质，兼具耐用、不沾污及美观等特点。

人造石台面由于是由石粉与树脂等胶质混合而成，完全无毛细孔，液体不会渗入，相当好清理，且人造石台面延展性较佳，除了无天然石台面容易脆裂的问题外，最大的优点是可以整片造型。

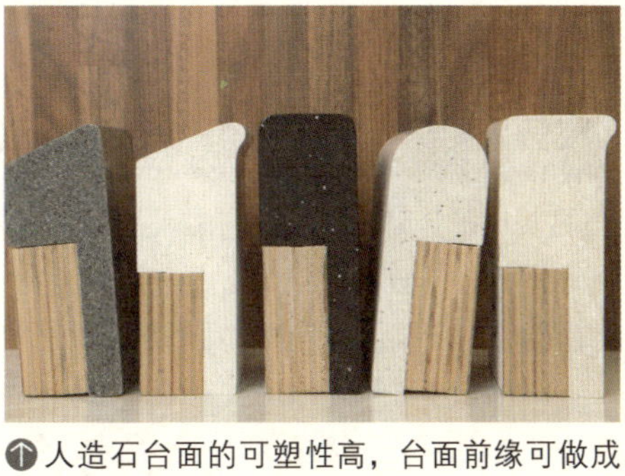

⬆人造石台面的可塑性高，台面前缘可做成各种造型的防水“导角”，避免台面上的液体渗入橱柜或滴落地面。

可与内嵌水槽完整平接

相较于美耐板台面转角接缝处明显的致命缺陷，人造石台面可与内嵌水槽完整平接，水不容易从接口处的隙缝渗入，只需 2 ~ 3 年抛光处理一次即可恢复光泽，而且在一般的使用状况下，人造石台面的使用年限长达 15 年，非常耐用。

一般来说，人造石台面大多为大陆生产的，品质较不稳定，而进口品牌中，Corian（杜邦）、Formica（富美家）较为知名。

价格计算上，人造石台面以“米”为计价单位，多为整体橱柜的延米价格，价位则依花色不同而有所改变。素面的人造石台面最便宜，台面上花色（如圆点）的面积越大或越复杂，价格也越高。

⬆人造石台面内部包覆木芯板（下），美耐板台面则包覆塑合板（上），以木料为核心可增加台面韧性，但必须慎防液体渗入。

容易刮伤避选深色系

人造石台面近年价格大幅下调，与最便宜的美耐板台面相比，整套橱柜台面价格相差不到1000元，而珍珠板台面，已逐渐被市场淘汰。人造石虽是最符合“懒人橱柜”条件的台面材质，但因质地较软，易划伤，基于好照顾的原则，应尽量避免选用深色系台面。

KNOWLEDGE BUILD UP

建材须知▲勿直接接触沸腾热锅

人造石台面是最佳的“懒人橱柜”材质，若能养成良好使用习惯，还可进一步延长台面寿命。一般而言，人造石台面因为容易划伤，最好 2 ~ 3 年抛光处理一次，可改善程度轻微的划痕，目前多数品牌店都提供售后维修服务，但费用各家不一。

然而，不论何种材质的台面，都应尽量避免与沸腾的热锅直接接触，而放置热锅时，最好能以隔热垫隔离锅底与台面，避免因冷热差异过大破坏台面。

橱柜台面小档案

*本书所列价格仅供参考，实际售价请以市场现况为准。

	人造石	美耐板	天然石
种类			
材质	天然矿石粉与树脂按比例混合。	美耐皿加上树脂等化学物质，经过高温、高压制作而成。	纯天然石材。
优点	1. 表面光滑细腻，拥有类似天然石材的质感。 2. 耐高热。 3. 零毛细孔，让油渍不容易渗入。 4. 可依台面尺寸大小与形状定做，台面一体成型，转角处无明显接缝，容易清理。 5. 使用年限长，表面磨损可抛光再生。	1. 价格经济实惠，如有损坏可全部换新。 2. 花色与颜色众多，可依个人喜好挑选。 3. 亮面美耐板质感接近天然石。 4. 容易清理。	1. 硬度高，耐磨损、耐高热。 2. 天然石材拥有独一无二的纹路。 3. 冰凉的触感可增添厨房质感。
缺点	市场上品牌众多，品质良莠不齐，消费者须费心挑选。	1. 各厂商品质落差大。 2. 需利用防水条，做台面与墙面的连接处理。 3. 除一字形台面外，转角处的接痕与隙缝无法避免。	1. 有细孔容易渗色，需小心有色液体滞于台面上。 2. 材质韧性不足，容易产生裂痕。 3. 连接处会产生隙缝，无法一体成型。 4. 有裂痕与划痕无法处理。
价格	单算台面价格 350 ~ 1480 元 / 延米。	整体橱柜价格，2000/ 延米以上。	单算台面价格 600 ~ 2000 元 / 延米。

注：此类建材在中国台湾地区较为多见，目前中国大陆尚未普及。

Kitchen Appliances

SKG 橱柜

材质纳米抗菌

可融入人造石与美耐板，运用多元化

提升抗菌能力，一直是橱柜研发的重点项目。SKG 橱柜，利用纳米灭菌配方，凭着体积比细菌细胞还小的粒子，渗入细菌阻断代谢，达到灭菌效果。目前 SKG 只能融入人造石、美耐板材质，打造流理台面、橱柜柜身与把手等，不过价格较贵，比一般人造石贵近 2 倍。

最初应用于医疗板材，使用安心

能提高橱柜抗菌能力的 SKG，最初应用于医疗板材，如存放医疗器材或药品的柜体。现在则被运用于橱柜。SKG 在产品生成过程中融入，目前可融入人造石及美耐板材质。

例如，人造石是由树脂与石材制成，在搅拌两种材质时加入 SKG，待产品塑形成台面，SKG 已均匀分布其中。SKG 人造石与美耐板材质，可运用于厨房台面、门板、柜身和把手。

含纳米 SKG 抗菌粒子材质的美耐板材，纹理、造型、颜色都有较丰富的选项。

有效期约 10 年

SKG 橱柜抗菌有效期约 10 年，且通过美国食品及药物管理局（FDA）、SGS 国际检验，能有效消灭肺炎杆菌、金黄色葡萄球菌、大肠杆菌、绿脓杆菌、霉菌等病原。此外，SKG 橱柜也经由“口服毒性测试”、“动物皮肤测试”检验，证实为无毒且无碍人体直接接触的配方。

SKG 橱柜是以整组橱柜单位计价，长 1 米的橱柜，含流理台台面、橱柜柜身等，价格约 8000 元。

需要注意的是，SKG 人造石硬度较差，易有划痕，比不上同样具有抗菌功能的赛丽石。其实，赛丽石也算人造石，但石英成分高逾 90%，硬度高便不易产生划痕，还具耐高温、防火功能。

SKG 纳米灭菌粒子小档案

不含 SKG 灭菌粒子　　含 SKG 灭菌粒子

成分	纳米复合硅化物。
功效	灭菌。
抗菌方式	比细菌的原核细胞还小，能直接渗入细菌破坏细胞壁，阻断代谢而限制细菌活动能力。因人类细胞类型和细菌不同，故 SKG 不会损害人体。
运用	厨房人造石台面、美耐板门板、橱柜和把手。
价格	SKG 橱柜是以整个橱柜单位计价，如长 1 米的橱柜，含流理台台面、橱柜柜身等，价格约 8000 元。

*本书所列价格仅供参考，实际售价请以市场现况为准。

含纳米 SKG 抗菌粒子的赛丽石建材。

Kitchen Appliances

实木橱柜

温润质感登堂入室

比照高级家具制作标准，精致典雅

提到厨卫设备，若只想到人造石台面、钢琴烤漆面板等画面，那欧洲新型“家具式”厨卫产品或许可让你眼睛一亮。比照高级家具的制作标准，不仅外观典雅、做工精致，还能让你在白色冷调的厨卫空间里，感受到原木材质的温润触感。

五金配件，做工精细

随着实木防潮技术的成熟，欧美厨卫设备生产商大量采用实木制作产品，质感大幅提升，除了柜体以实木制造外，五金配件也采用皮革、黄铜等高档材质，让厨卫设备向客厅家具的等级看齐。

不仅材质等级提升，造型上也更多变。在卫浴空间上虽以简约洁净的线条为主，但这两年来，家具型产品也发展出禅风、新古典、东南亚等风格，更能搭配整体居家装潢的需求。不过，在价格上，一件“家具式”橱柜或卫浴柜就要上万元，一套完整设备要十几万元，想要风格出众的厨卫空间，代价可不低。

↑使用木质厨卫系列设备，令人眼前一亮。

实木橱柜小档案

材质	木材。
特点	以实木制作卫浴产品，有别于一般材料，具有温暖的原木质感。
价格	偏贵。一般“家具式”橱柜或卫浴柜要上万元，一套完整设备需十几万元。

←看得出这是冰箱吗？上层为冷藏柜，下层是冷冻柜，旁边是制冰盒及蔬果盒，每个把手皆为黄铜制成，质感极佳。

↓实木制作的餐柜抽屉，圆滑收边可防割手，把手为厚实的皮革，搭配黄铜配件。

KNOWLEDGE BUILD UP

建材须知▲气候潮湿地区，橱卫产品多是表面采用木材贴皮

“像家具一样”，是近几年来厨卫产品的设计方向，因木材质感佳，是最常被运用的建材之一。但南方地区气候潮湿，目前木质厨卫产品多是在产品表面采用木材贴皮，精致度难以提升，在外观上也未突破传统造型，所以离“家具”的概念往往有段距离。

Kitchen Accessories

炉具面板

精致、好清理

易变烫，须避免触摸面板

炉具面板款式多样，以玻璃面板质感最好，且易清理，但需要留意事项较多，例如，熄火后5分钟内勿触摸面板，因玻璃导热速度快，且家庭烹饪三菜一汤至少1小时，玻璃面板易变烫，待5分钟退温后再清理即可，并避免敲打玻璃面板，以防爆裂风险。

不锈钢颜色单调却耐久

除玻璃炉具面板之外，市面上还有不锈钢、珐琅及氟素面板，可依装修风格选购，清理时使用抹布即可去除水渍及污垢。

此外，由于面板承载量有限，使用时需留意炉具含烹调物总重量勿超过18千克，炉具直径也不要超过23厘米，因直径太长，火苗往锅沿延伸造成煤气燃烧不全，有外泄危险。

面板材质各有特色，不锈钢炉具面板有耐刷、耐高温及久用不易变形的优点，但颜色单调，难与整套橱柜搭配，表面易留划痕。珐琅炉具面板其实是不锈钢抛光后再上珐琅漆，质感看起来较佳，有易清理、抗污垢、抗弱酸碱的优点，但不能用力碰撞。

氟素面板因分子较小，表面比玻璃光滑，不难清理，但高温燃烧氟素有释出毒物的可能，目前市面少见。价格上以不锈钢及珐琅面板材质最便宜，双口炉具面板约150元起，玻璃面板则要500元起，若面板有微电脑、防空烧及电子点火等功能，价格更高。

↑炉具面板以玻璃面板质感最好，且易清理。

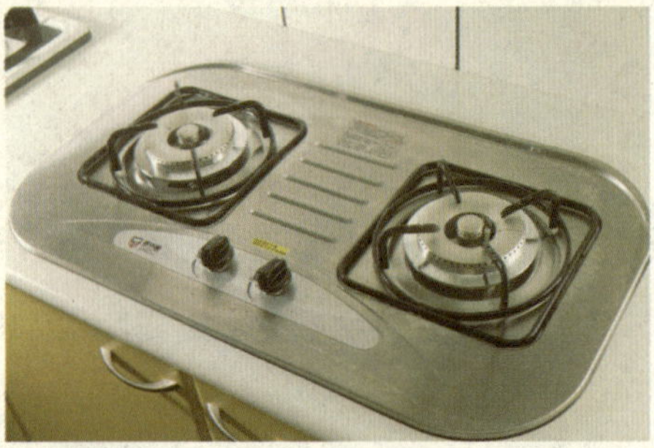

↑不锈钢炉具面板。

↑氟素面板因有安全疑虑，目前市面少见。

选购安全产品

选购炉具面板要留意保修期至少1年，选购玻璃面板，需留意强化玻璃厚度至少要8毫米，面板背面要有海绵或塑胶胶条，还可防止面板进水或滑动。

玻璃面板的底层有白色或黑色布面（也有塑胶面），其实是防爆保护板。玻璃瞬间爆裂呈龟裂状，玻璃不会到处飞溅，以降低伤害。最靠近面板及铁架中间，有圆形黑色胶条，有固定容器及防止汤水跑到面板下的双重功能。

玻璃面板的底层有防爆保护板，当玻璃爆裂时可降低伤害。

靠近面板及铁架中间的圆形黑色胶条，有固定容器及防止汤水跑到面板下的双重功能。

KNOWLEDGE BUILD UP

建材须知▲钢盖半年清理一次

炉具使用细节多，若使用不慎恐有火灾等意外，建议观察炉具火苗，如炉火日渐变小，表示出火孔受堵塞，燃烧不全、燃气易外泄，可卸下外环钢盖及小母火钢盖，取牙签或发夹清理洞孔。就算家里平时只烧水，因水中矿物质可能顺水蒸气残留在钢盖上，所以最少也要半年清理一次。

炉具面板小档案

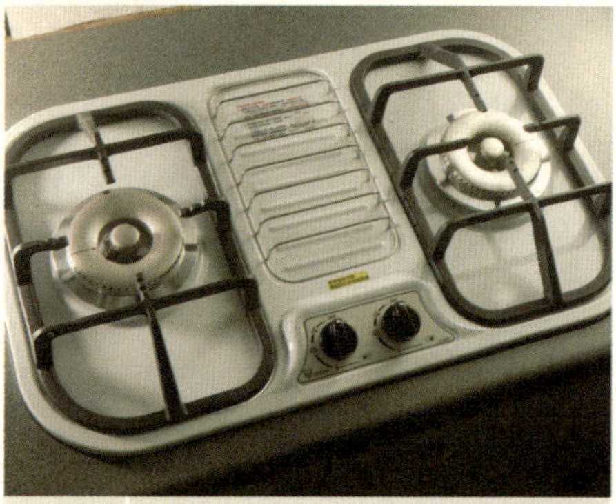

材质	玻璃、不锈钢、珐琅及氟素面板等。
特点	1. **玻璃**：质感最好、易清理。但因玻璃导热速度快，故熄火后5分钟内勿触摸面板，待退温再清理即可；另外要避免敲打玻璃面板，以防爆裂风险。 2. **不锈钢**：有耐刷、耐高温及用久不易变形的优点。但颜色单调，难与整套橱柜搭配，表面易留划痕。 3. **珐琅**：以不锈钢抛光后、再上珐琅漆，质感看起来较佳，易清理、抗污垢、抗弱酸碱，但怕用力碰撞。 4. **氟素**：表面比玻璃光滑，不难清理，但因高温燃烧氟素有释出毒物的可能，目前市面少见。
价格	不锈钢及珐琅面板材质最便宜，双口炉具面板含安装约150元起，玻璃面板则要500元起，若面板有其他电子功能，价格更高。

*本书所列价格仅供参考，实际售价请以市场现况为准。

Kitchen Accessories

烤漆玻璃

不透光、原料单纯

常见厨房壁面，好清洁

烤漆玻璃经喷漆上色处理，具不透光的特性，可当轻间隔，但居家空间最常见的做法是将其贴附于厨房流理台前壁面，方便清洁油污。烤漆玻璃本身单价不高，每平方米260 ~ 380元，但当壁材使用时，修边处理及预留插座孔等得另外计价，连工带料每平方米价格300 ~ 450元。

先强化后上色，色彩选择多元

烤漆玻璃的原料很单纯，先将普通清玻璃送进强化炉后，再送烤漆工厂喷漆上色，最后进烤炉定色，表面光滑易清理、色彩选择多元，是成品最鲜明的特色。烤漆玻璃多经强化处理，使用安全性提高，其实未强化的材料，每平方米也只便宜30元左右而已，价格差异不大。

➔烤漆玻璃有两种修边形式，粗边A（上方）不另计费，但不够美观，通常安排在上下端，转角会看到的侧边采光边B（侧边）处理，每平方米几元钱。

↑素色烤漆玻璃，不论是哪种颜色价格皆同，连工带料每平方米（5毫米厚）约300元（修边、钻洞工钱另计）。

↑喷漆时添加银粉，烤漆玻璃便有淡淡的光泽感，每平方米300 ~ 340元。

↑添加金粉的烤漆玻璃，外观更显华丽，单价也最高。每平方米350 ~ 400元。

壁面 地面 顶面 门窗 厨房 卫浴

壁面厚度首选 5 毫米

居家环境中烤漆玻璃用于厨房或浴室壁面，清理、整平水泥墙面后，就直接用玻璃专用双面胶、矽利康贴附，普遍厚度为 5 毫米，同样的做法也适用于衣柜外侧门板。但若想做轻间隔或定做餐桌桌面，则建议选 8 ~ 10 毫米厚的烤漆玻璃。

另有在四角钻孔、靠五金组件固定挂上墙面的工法，但这适合单纯当小黑板使用，不建议在油烟、水汽重的厨房或浴室内使用，因为这样玻璃和背墙之间，一定会有缝隙，日后更不容易清洁。

KNOWLEDGE BUILD UP

建材须知▲强化程序前预留开孔

烤漆玻璃若要预留开孔或修边，一定要在强化程序之前完成，因玻璃强化后，无法再完整切出开口，记得在定做前向工厂确认细节。

↑烤漆玻璃还能当小黑板使用，可记事、美化壁面。

烤漆玻璃在水龙头、水管或插座出口，都要预留开口。

维修管线须整片敲除

配件更多的浴室壁面，贴满烤漆玻璃有利有弊。烤漆玻璃不像镜子会因受潮而掉水银、褪色，耐用度高，也方便清理；缺点是粘上后，日后想加钉毛巾架等配件，或维修墙体内管线，得敲除整片玻璃才能施工。

除了施工前确认所有管线出口、配件位置，预留孔洞外，也建议先分区设定分割线：马桶、洗手台、淋浴区等，各为独立单位；或以水龙头为界线，上方无水管出口的壁面，可规划较大片的烤漆玻璃，下方则小面积切割、贴组壁材。

或者，在较常加挂毛巾、置物架高度的 140 ~ 160 厘米位置，切割出 20 厘米带状烤漆玻璃，将来敲除时，就不必破坏大块面材，在此区域也可改贴能直接钻孔的美耐板，是种变通手法。

烤漆玻璃小档案

成分	强化玻璃、喷漆。
表面效果	表面平坦光滑，可紧密拼贴营造无缝效果，色彩多元。
运用	壁面为主，也可贴附在柜门门板上，或当轻间隔、桌面面材。
特点	不易有刮痕、不易掉色、不透光、耐高温、易清洁。
价格（每平方米）	260 ~ 380 元

*本书所列价格仅供参考，实际售价请以市场现况为准。

Kitchen Accessories

悬空橱柜＋踢脚抽屉＋风扇

小细节大便利 打造实用派厨房

看看新流行的橱柜建材与设计，可发现“懒人橱柜”大行其道。极易清油污的烤漆玻璃已成新欢，不少设计都采用玻璃材质的橱柜壁面与煤气炉的搭配；另外，踢脚抽屉、自动除臭系统等，也让烹饪更得心应手。

强化玻璃耐高温

传统橱柜主壁面的材质为瓷砖，因为瓷砖沟缝多，易藏油污，却不易清洁，常须用力刷洗。市面上也有采用不锈钢及人造石当壁材，虽然都很好清洁，但两者都有易划伤的缺点，且人造石单价也贵。

烤漆强化玻璃不但好清油污，造价又不高，透明的质感更掳获了不少家庭主妇的心，未来可望成主流材质。橱柜壁面使用的烤漆玻璃一定要是强化玻璃，壁面玻璃厚度在5毫米以上，燃气炉面玻璃则最少要8毫米，可耐高温又不易破裂。

尺寸方面，理论上都没有限制，不过，问题出在搬迁的过程中，若需经电梯或楼梯者，要看长度能不能进得去，若长度超过3米，可能就需拼接。有的厂商会以矽利康粘接，但因矽利康会有清洁与发霉的问题，以铝合金收边条衔接，则可免去矽利康的缺点。烤漆玻璃在安装上可采用干式工法，就是不用拆瓷砖，也不用黏着剂，以收边条固定在壁面上，安装相当便利。

↑烤漆强化玻璃好清理，造价又不高，可望成主流材质。

装风扇自动除臭

之前玻璃壁面因为玻璃不能钻孔，所以无法悬挂五金挂杆，但现在已经可以解决了。利用类似滑轨的金属轨道锁在上层，即可加挂S钩、刀架组、碗筷架等五金配件。除此之外，柜体中可加装排气系统，利用引擎风扇达到排气除臭、调节湿度的功能，因此一些根茎类蔬菜，就可放在排气柜中。

另一个设计方向，就是让人能尽可能少弯腰。歌德橱柜新设计的踢脚抽屉，在底层抽屉下的踢脚板处加装弹簧片，只要往底层抽屉一踢，抽屉就会自动打开，节省取物时间。

⬆橱柜中加装排气系统，可调节湿度。

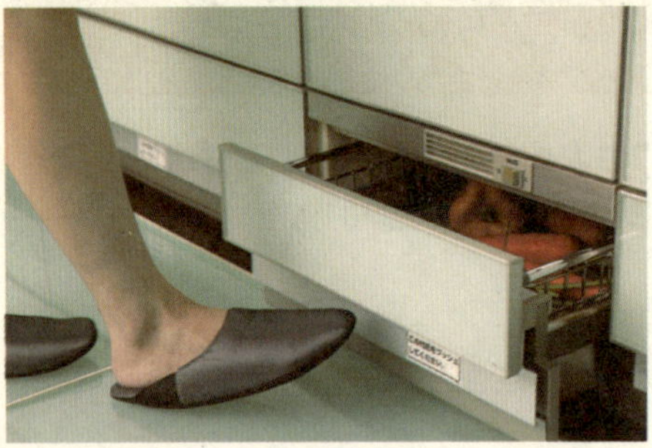

⬆往底层抽屉一踢，抽屉就会自动打开，节省取物时间。

悬空橱柜防蟑螂

橱柜在防蟑功能上，除了加装微电流克蟑系统外，悬空橱柜也是常用的工法。悬空是指橱柜距地面 10 ~ 14 厘米，因没有踢脚板与支撑脚架的设计，少了藏污纳垢的地方，蟑螂不易藏身。而悬空式橱柜底部最好加灯，如此在晚上开灯时，除了可驱蟑，还能兼具干燥的功能，橱柜不易生霉。排水管也要从地板排水改成壁面排水，让橱柜底部完全净空。

⬆悬空式橱柜底部最好加灯，可驱蟑还兼具干燥的功能。

依身高调整洗菜槽高度，下厨更轻松

另外，由于一般橱柜高度通常为 84 厘米，所以身高超过 160 厘米的使用者，就要弯腰洗菜。而符合人体力学的设计，是依身高调整洗菜槽高度，通常会比燃气灶台高 4 ~ 5 厘米。因为考虑到洗菜槽与燃气灶下的橱柜抽屉要平高，所以通常是直接加高洗菜槽的台面部分，如此洗菜、炒菜都能更轻松。

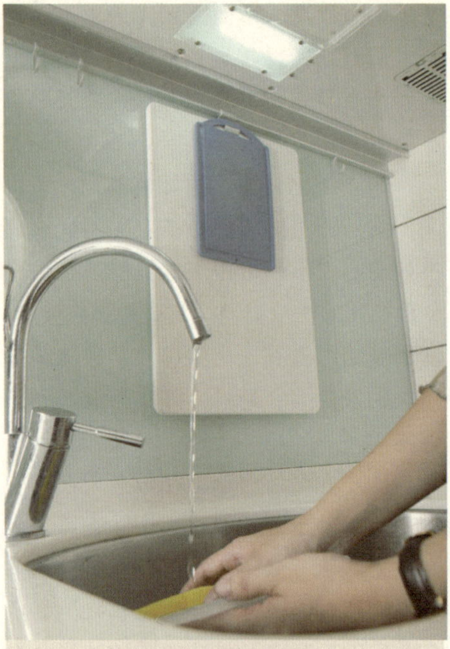

身高 / 洗菜槽高度参考

- 150 ~ 155 厘米 /86 厘米
- 155 ~ 160 厘米 /88 厘米
- 160 ~ 165 厘米 /90 厘米
- 165 ~ 170 厘米 /92 厘米
- 170 ~ 175 厘米 /94 厘米

KNOWLEDGE BUILD UP

建材须知▲洗菜槽与燃气灶高度差 8 厘米最合适

橱柜设计高度主要是考虑洗菜槽部分，依使用者身高调整高度，让人不必弯腰洗东西。洗菜槽与燃气灶的高度差最好是 7 ~ 8 厘米，但因为现在多是固定尺寸的组合式抽屉，又考虑到美观问题，燃气灶高度多定在 84 厘米左右，所以与洗菜槽的高低差为 4 ~ 5 厘米。

橱柜材质比一比

*本书所列价格仅供参考，实际售价请以市场现况为准。

种类	玻璃	人造石	不锈钢	瓷砖
清洁	易	易	易	不易
划伤	不易	易	易	不易
拼接接缝	有	无	无	有
颜色款式	多	中	少	多
价格（每平方米）	500 元起	300 ~ 500 元	150 元起	100 元起

注：连工带料的价格，会依所用材料等级而加减。

经过一日的辛苦奔波，

就用泡澡来安慰心灵吧！

除了浴缸马桶的选择外，

最重要的，还是要注重防滑功能，

守护家人安全的同时，

享受平凡的幸福时光。

Bathroom

×

卫浴建材大观

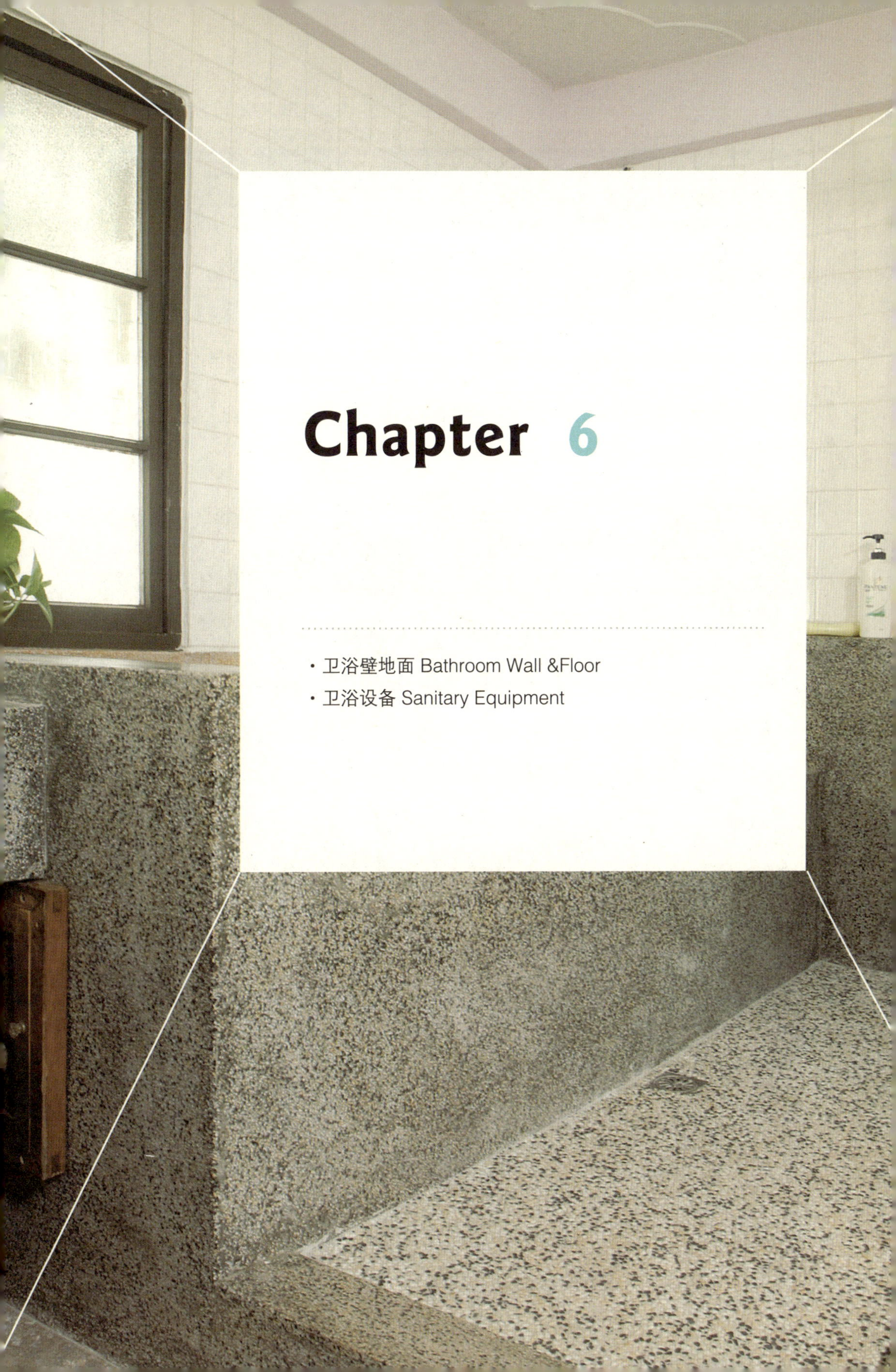

Chapter 6

- 卫浴壁地面 Bathroom Wall &Floor
- 卫浴设备 Sanitary Equipment

Bathroom Wall & Floor

抿石子

无接缝、可防滑

无面积限制，无修边问题

抿石子混合了石粒和泥料，能涂抹于壁面和地板，适用于室内外空间，且施工时无面积尺寸限制，没有修边问题。能掺入琉璃或宝石增添色泽和亮度，但若用于浴室地面，考虑到防滑安全性，建议仅采用天然石铺设。施工价位因用料等级、施工队专业程度而有差异。

⬆抿石子最基本的颗粒来源是天然石，质地粗犷且防滑性高，尤其适用于浴室。

便宜耐用限制少

抿石子工程属泥工类，主材料为打碎的天然石，以及黏着颗粒和壁面的抿石粉浆料，以重量2:1的比例调配搅拌。抿石子的浆料成分为抿石粉，是掺了白水泥、树脂粉和石粉的黏着剂，因抿石子表面要可摸到小石子，所以抿石子所需石材量较多；而同样材料涂抹在墙上，经打磨处理后，即成磨石子。比起传统抿石子，磨石子使用现场调配的水泥拌水砂浆，品质更稳定，且不易发霉、龟裂。

不像瓷砖需要切割，对齐拼贴，涂抹抿石子没有尺寸和曲面限制，即使是圆形地面或弧墙也能施工。墙面或地面涂上黏着剂后再抹抿石子，静待1～2小时让石粒固定位置后，用湿海绵擦拭表面，刮出石材颗粒的凹凸纹理。待隔日石子和泥材干燥后，再用水清洗，直到洗净石子表面残留的泥浆。

大部分泥工师傅都会做抿石子，但专业施工团队，在抹上抿石子后，会用镘刀抹平、压紧材料。多了这道整平工序，将来抿石子才不容易裂开、剥落，能使用20～30年之久。

⬅抿石子无尺寸限制，能填补不规则的平面空间，如浴缸边缘、不规则壁面。

适用于外墙

翻修老房子外墙，抿石子是非常耐用、便宜的建材，能快速且大幅翻新外观。此外，无接合边缝的特性，也不像瓷砖容易破裂、渗水，能保护室内免于雨水渗漏。

除了风味质朴的天然石粒，抿石子也可添琉璃或宝石类原料，增加色彩变化和整体光泽，甚至能请专业师傅拼出想要的花样，比瓷砖和马赛克更多元。定做特殊图样，每平方米增加几十元施工费用。但想在浴室地面或浴缸上铺抿石子，最好只采用天然石，提高表面防滑性，使用起来更安全。若要增加防水性，并防止抿石子龟裂，可在搅拌水泥过程中，添入玻璃纤维，石子会与水泥结合得更紧密，防水能力更强，很适合砌浴缸。

↑掺入琉璃的天然石抿石子，色彩更丰富，且提高光泽度。

↑添入宝石的抿石子，因多为玛瑙或玉剩料，最贵。

无孔隙可用于浴室

抿石子的外观会因选择的石头颗粒大小、颜色有别，呈现出不同的质感与风格。施工时要注意，水泥与石子搅拌完后，要马上涂上墙面，用镘刀抹平水泥，要抹得均匀平整才可以。

抿石子与磨石子工程完成后，接下来会有不同的工法，抿石子在抹平水泥后2小时，以海绵轻轻擦拭表面水泥，每隔20 ~ 30分钟擦拭一次，共需三次，即完成抿石子工程；而磨石子则在用镘刀抹平水泥后，再用机器磨平，最后以砂纸精细打磨。

虽然石子墙面因其无接缝、防水的特性，适用于浴池、洗手台、水池等区域，

↓不论是磨石子还是抿石子，表面都不易滋生细菌，最适合应用于浴室。

但由于磨石子易滑倒，有幼童或老者的住家较不适用，且以往磨石子边缘都磨得较方正锐利，使用者易碰撞受伤，应提醒施工者，侧边、转角磨成圆弧状，较为安全。

粗蜡处理防变色

为避免石子墙面、地面日后变色或遭雨水冲刷，施工于浴室地、壁面的抿石子，传统上会上层俗称金油的粗蜡，桶装粗蜡每升约200元，可完成6～10平方米空间，但是传统粗蜡颗粒较大，平均3年后，墙面就会出现水渍，建议3～5年重漆一次。

若觉得麻烦，也可使用德国出产的保护漆，颗粒较细，会渗入石头，形成保护膜，容易清洗，正常使用下10年内均不会有水渍，只是价格贵很多，同样6～10平方米空间，约需上千元工程费。

KNOWLEDGE BUILD UP

建材须知▲太小的石粒，不宜当地材

抿石子整体厚度约1厘米，其中颗粒直径尺寸0.3毫米～2厘米皆有。1.2厘米以上的抿石子，多为庭园造景之用；颗粒太小的抿石子，如0.3毫米的，不建议铺于地面，不但防滑性低，也容易因鞋跟或物品锐角敲击而剥落，而抿石子又无法局部卸除再填补，将影响整体美观。

抿石子小档案

成分	天然石颗粒＋抿石粉，也可掺入琉璃或宝石增添色彩。
运用	天花板、壁面、地面和室内外空间均可。
特点	无接缝、附着力强，不易破裂、发霉、变色，使用寿命达20～30年。
缺点	表面非光滑平整的触感，虽防水但抿石粉不抗酸碱。
价格	石子40元一盒，10千克左右。平铺面积因师傅手法不同而有差异，工费另算。

Bathroom Wall & Floor

改良式抿石子

不怕有死角

灵活性更高，浴室最常见

近几年泡澡盛行，公共浴池利用洗石或抿石工法砌成的浴缸，弥漫着质朴自然的风味。不少人在装修新居时，希望将公共浴池的休闲风复制回家，因此，抿石子跃升为装修的热门建材，以浴室最常见。此外，客厅主墙面、庭院、露台等都可见其踪影。

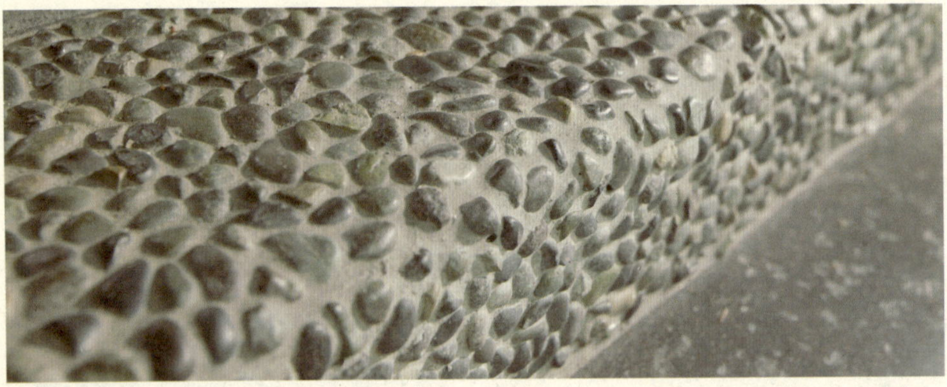

↑新式抿石子具灵活度，可在楼梯转角处运用。

日式风情，洗石子容易掉落

有些消费者会主动要求浴室使用抿石子工法。想要复制日式浴池的居家，不可或缺的就是抿石子浴缸，而后延伸至阶梯、墙壁等，并以珊瑚石、贝壳石作为点缀，以求营造度假一般的放松气氛。

不过，要让细石融入居家当中，施工方法略有差异，各有优缺点。常见的传统工法包括洗石子与抿石子，两者都是先将细石与水泥以一定比例搅拌，再粉刷墙面。差别在于后续工法，洗石子是以细水柱将表面泥浆冲刷掉，凸显细石30% ~ 60%的体积，保有表面凹凸的立体感，缺点是冲刷下来的泥浆废水，不易处理，且因为细石与泥浆的附着面积不大，时间一久，容易局部掉落。

抿石子则是用海绵蘸水将表面泥浆拭去，突出表面的石子体积仅20% ~ 30%，无法凸显细石的质感，但优点是石子不易掉落。

表现粗犷美感

为了改善传统工法的缺点，不少建材行推出改良式抿石子。改良式抿石又称为裁贴式抿石，将筛选好的细石固定在网上，由于网子可以折曲，因此灵活性更高，一般常使用于墙角、墙壁饰带或是阶梯转角处，尤其是瓷砖无法铺完整的地方，更常见其应用。

➊新式有网子的抿石子（左）、传统抿石子（右）。

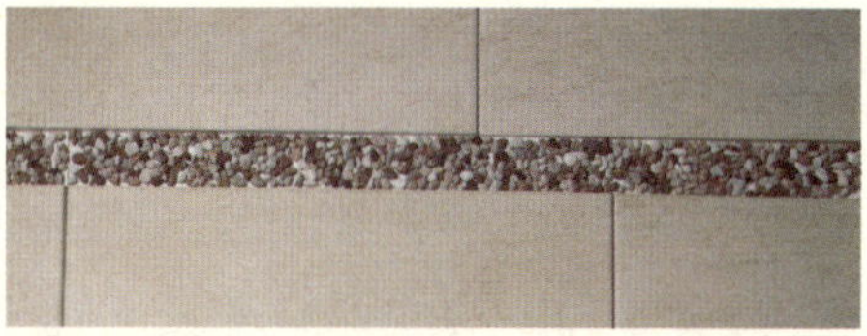

➊抿石子用于瓷砖饰带。

改良式抿石子的另一个优点，就是可以使用直径较大的石子，一般来说，石子最大直径可以到达 1.5 厘米，可表现更为粗犷的美感。不过，改良式抿石子为片状接合，有时候施工完毕，会出现接合的轮廓，失去整片石墙的美感，因此改良式抿石以局部使用为佳。

清洁 DIY 重点

1. 干燥后的抿石平面，一定要漆上防护漆，以阻绝脏空气及湿气。
2. 做好防护措施，日常清洁以拧干的海绵洗刷擦拭即可。

改良式抿石子小档案

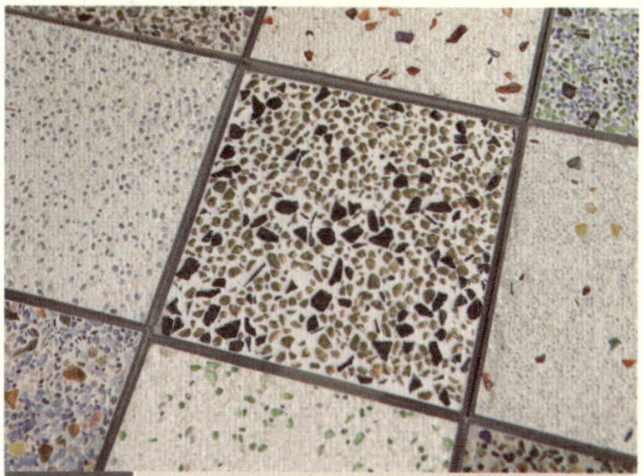

材质	石头
特点	将筛选好的细石固定在网上，由于网子可以折曲，因此灵活性更高，一般常用于墙角、墙壁饰带，或是阶梯转角处，尤其是瓷砖无法铺完整的地方，更常见其应用。另外，可以使用直径较大的石子，表现更为粗犷的美感。
缺点	改良式抿石子为片状接合，有时候施工完毕，会出现接合的轮廓，失去整片石墙的美感，因此改良式抿石以局部使用为佳。
价格（每平方米）	连工带料约 260 元。

* 本书所列价格仅供参考，实际售价请以市场现况为准。

Knowledge Build Up

建材须知▲选用抑菌填缝剂

细石原本就是天然材料，保养起来颇为方便，但混凝土空隙偶尔长霉，主要与施工时选用的素材与工法有关。首先，石子细缝之间的填缝剂，一定要选择抑菌的；填缝完全干燥后，一定要再上一层防护漆，把石头与填缝之间的孔隙完全阻绝，日后发霉概率会大为降低。只要第一道防护措施做得好，保养方式非常简单，以清水刷洗即可。

Bathroom Wall & Floor

石英砖

浴室首选最防潮

表面凹凸起伏大，防滑力较佳

瓷砖是浴室最常见的壁地材，但湿气往往会导致瓷砖变形或发霉，影响美观和瓷砖使用寿命。因此选购浴室瓷砖时，须注意吸水率，其中石英砖吸水率最低，只有1% ~ 3%，防潮能力最好。专家也提醒，最好挑表面凹凸起伏较大者，防滑力较佳。

吸水率低，坚硬耐用

吸水率越低的瓷砖，越不会吸附湿气，各式瓷砖中，陶质吸水率在6%以上，石质瓷砖最高，在10% ~ 13%，相较下，石英砖吸水率是1% ~ 3%，吸水率最低。

石英砖通常以1200℃烧制，烧制越久，水分越少，细孔也越小，硬度越高，不但吸水率低，且更加坚硬耐磨，使用寿命较长，不易破裂，适合用作浴室墙面或地板材质。

石英砖坯体由石英细颗粒或粉末制成，依表面材质又可分为不同种类，如板岩砖、金属砖及复古砖、抛光石英砖等。其中板岩砖可营造古朴设计感，越来越受市场欢迎。依表面处理方式，又可分为抛光、半抛、雾面和凿面四种，其中抛光石英砖采用抛光方式，金属砖常用半抛或是雾面，复古砖多为雾面方式，板岩砖则用凿面，因此有凹凸不平感觉。

↑板岩砖表面如岩石般的凹凸不平的质感可以防滑。

↑金属砖风格时尚，可以营造奢华感。

KNOWLEDGE BUILD UP

建材须知▲瓷砖种类影响风格

瓷砖的种类会影响浴室的风格，比如，板岩砖表面凹凸不平，适合喜欢现代自然风格的屋主；金属砖会带点古典气息，表面的反射光可以让原有设计变得有质感；复古砖则是以雾面为主，粗犷的表面则适合向往自然或是复古风格的屋主。

表面凹凸，防滑力佳

选择浴室瓷砖时，首先应考虑防滑度。瓷砖表面若是凹凸不平，防滑能力就较好，反之，抛光石英砖等，会比较滑。但有些消费者为将浴室营造出豪华质感，仍坚持选用抛光石英砖，建议最好采用干湿分离设计，干的空间使用抛光砖会较安全。

清理方面，瓷砖本身不容易脏，但接缝处容易藏污纳垢，可先用牙刷蘸少许去污膏来擦拭，最后在缝隙处刷上一道防水剂即可，这样不仅能防渗水且能防霉。但建议最好还是维持浴室通风并保持干燥，可在浴室安装通风扇。

➔使用抛光石英砖最好采取干湿分离设计，因防滑度低，不适合幼童或老者使用。

浴室石英砖小档案

*本书所列价格仅供参考，实际售价请以市场现况为准。

	板岩砖	金属砖	复古砖	抛光石英砖
特点	颜色多元，但以灰色或者米白色最受欢迎。	半抛光或雾面为主，以古铜色或青色金属色最受欢迎。	雾面为主，营造复古感。	抛光过程影响质感，有些工序达二十几道，有些只有两三道，品质落差大。
优点	可营造浴池特色，防滑度佳，当壁材或地材皆可。	看起来时尚有质感。	仿旧风格，呈现较自然氛围。	光面感觉奢华大气。
缺点	表面凹凸不平，易卡污垢。	表面不易保养，有可能褪色。	多未修边，周围较不平整。	表面光滑易滑倒，抛光工序不够者，瓷砖容易长斑。
价格（每平方米）	100 元起	180 元起	100 元起	90 ~ 430 元

Bathroom Wall & Floor

瓷质瓷砖

装点卫浴最速配

吸水率低、硬度高，耐磨不易变形

卫浴空间因为容易接触到水源，湿气较重，所以，卫浴瓷砖必须选择吸水率低的材质，以防砖体热胀冷缩，造成瓷砖龟裂脱落，影响视觉美观，且修护不易。一般来说，瓷质瓷砖因为吸水率低且耐磨损，加上抗污性佳，好保养又不易变形，是卫浴最常使用的材质。

耐磨抗污，卫浴空间最佳选择

随着生活水准的提升，居家环境越来越重视品质和细节，瓷砖是装修时普遍使用的建材之一，若是用于湿气较重的卫浴空间，应该慎选吸水率高的砖体，以防吸水过多，造成砖体内部热胀冷缩，日久天长将引发砖体龟裂脱落，带来修护不易的烦恼。

一般来说，瓷砖材质普遍分为陶质、石质以及瓷质（包含常见的石英砖）三大类。陶砖在600 ~ 800℃高温的环境中制成，低透光度，质感朴实，但是高透水性的特性却不适合用于卫浴内。石质砖烧制温度在800 ~ 1000℃间，硬度大于陶质，吸水率又低于陶质，但石质瓷砖已非市场主流，所以货源不多，花色较少。至于瓷质砖，其烧制温度高达1000℃以上，吸水率低，硬度高且表面印花釉经过高温烧成，材质耐磨又不易变形，已逐渐成为卫浴瓷砖的最佳选择。

在瓷砖选购上可以先观察瓷砖表面平整度，并用手敲击瓷砖表层，听听声音，如果声音清亮即表示砖体密度高，烧结状况好，反之，代表砖体内部可能有裂痕。虽然此般检测只能做粗浅分析，却已能大致判定砖体好坏。

↑倒水于瓷砖背面，可看瓷砖的吸水率。湿气较重的卫浴空间，应慎选砖体。

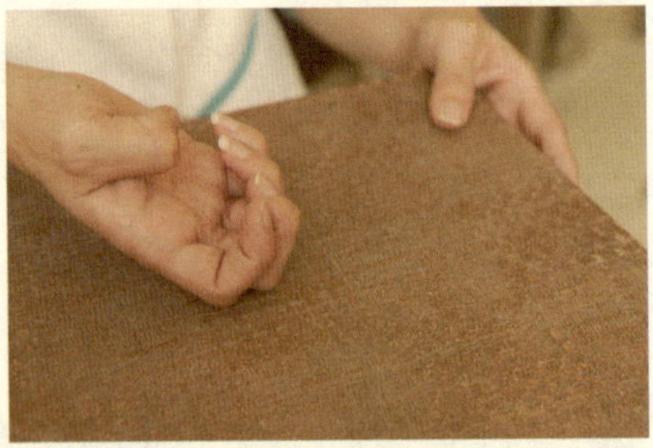

↑挑选瓷砖时，左手从底部托起，用右手敲打瓷砖听声音，即可大致辨识材质好坏。

选砖四部曲

虽然瓷砖的种类、花色众多，但是，只要掌握挑选的技巧，就能自行判定瓷砖的好坏。从“瞧一瞧”、“敲一敲”、“测一测”、“量一量”四个动作着手，就能简易判断瓷砖的优劣。

1. **敲一敲：**左手从底部托起，右手轻敲正面，声音清亮代表密度高、烧结好，声音沉闷代表内部有裂纹。
2. **测一测：**准备一杯水，将水滴在瓷砖背面，若水滴迅速被吸收，表示瓷砖的吸水率高。
3. **量一量：**硬度高的石质瓷砖，要经过加工修边、倒角等，才能准确壁地对缝。
4. **瞧一瞧：**左手持瓷砖，用右眼观察瓷砖表面的平整度及侧面的垂直度，上凸或内凹的状况。

KNOWLEDGE BUILD UP

建材须知▲宜选吸水率低的瓷砖

挑选到美丽又耐用的瓷砖，可以增添居家空间的美感且方便修护。在卫浴部分，因为卫浴本身空间湿气较重，所以在瓷砖挑选上必须选择吸水率低的砖体。瓷质瓷砖硬度够、吸水率低且花色丰富，可有较多选择。如果要测试瓷砖的吸水率高低，可以在瓷砖背面滴上几滴水，如果水快速被吸收即表示砖体吸水率高，不适合用于卫浴空间。

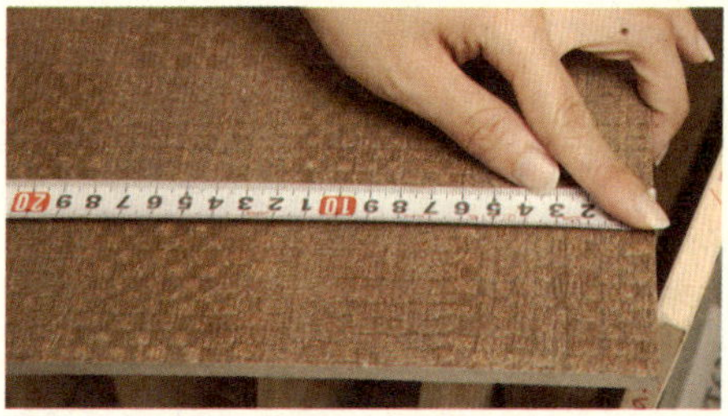

↑用卷尺测量瓷质瓷砖，要能准确壁地对缝。

各式材质瓷砖比一比

*本书所列价格仅供参考，实际售价请以市场现况为准。

	陶质	石质	瓷质
优点	材质质朴温厚，能够营造自然空间质感。	质感厚重沉稳，适合塑造宁静空间氛围，吸水率适中。	花色繁多，选择性多，吸水率低。
缺点	吸水率高，不适合潮湿的空间使用。	已非市场主流，商品选择性低且花色少。	材质触感较冰冷。
价格（每平方米）	约 85 元	约 110 元	约 100 元

Bathroom Wall & Floor

卫浴地砖

吸水率低于0.5%、防水渗透

留3毫米沟缝避龟裂，添加金刚砂可防滑

挑选卫浴地砖，除应考虑防滑外，亦需坯底吸水率低于0.5%，否则易造成水分反渗。此外，施工时宜保留约3毫米的沟缝，避免地砖因热胀冷缩而龟裂。

安全第一，确认吸水率

一般而言，选择卫浴用地砖应偏重安全考虑，但吸水率的高低同样重要。吸水率低于0.5%的瓷砖均适合铺于卫浴地面，可防止水分反渗造成地砖龟裂。

为了加强防滑效果，有些瓷砖表面添加金刚砂，或施加立体压模，均可提高表面摩擦力。若想铺设大面积地砖，可选择板岩面瓷砖，或其他仿石材纹路的瓷砖，加强防滑效果。以质感来看，进口卫浴地砖相较于大陆产的地砖，确实精致又防滑，但价格也较高，大陆产的地砖每平方米85～140元，进口地砖每平方米则要超过200元，甚至上千元，比大陆产的地砖贵几倍。

慎选填缝剂防发霉

一般复古砖是不规则的裁边，若想自行铺设，建议要留约3毫米宽的沟缝，避免地砖因热胀冷缩而龟裂。由于一般卫浴空间易发霉滋生细菌的位置就是吸水率高达20%的沟缝，因此挑选好的填缝剂很重要，如日本产TOTO纳米填缝剂，可降低吸水率至2%。

欲将沟缝宽度降至最低，可考虑水刀切割的瓷砖，因水裁边光滑平整，不仅能将沟缝缩减1～1.5毫米，提高保养简易度，甚至可拼组60厘米×60厘米之大块瓷砖于卫浴间，维持壁面及地面的视觉统一性。

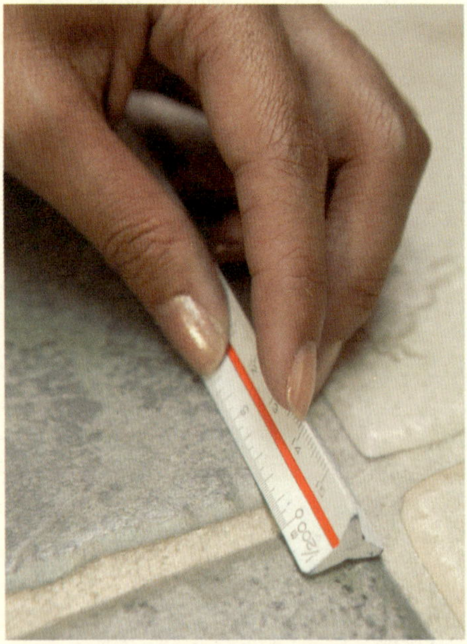

↑自行铺设时，建议沟缝要留约3毫米宽。

KNOWLEDGE BUILD UP

建材须知▲施釉砖耐脏不易划伤

因卫浴地砖多以凹凸表面增强摩擦力，较容易卡脏东西，若希望好打理，建议选用施釉砖，因表层已无毛细孔，水分及脏污均难渗透附着于砖体，轻轻刷洗即可除却污垢，亦不易划伤受损。

卫浴地砖小档案

*本书所列价格仅供参考，实际售价请以市场现况为准。

种类		吸水率	适用风格	价格（每平方米）
雾面仿木纹		0.5% 以下	东南亚风	约 110 元
金刚砂颗粒		0.5% 以下	乡村风	约 120 元
仿板岩马赛克		0.5% 以下	复古风	约 220 元
金属压模花纹		0.3% 以下	科技风	约 140 元
金刚砂仿锈铜颗粒		0.5% 以下	Loft 风	约 110 元

炭化木

无药剂残留，室内可用

环保防腐木材，不易变形，耐潮湿，稳定性高

炭化木属环保防腐木材，以 185 ~ 215℃高温热风，去除内部水分及破坏供养微生物的细胞养料。水分和养料不残留，失去腐朽因素，于是具备防腐特性，不易变形，耐潮湿，稳定性高，室内外皆可使用。

↑炭化木无化学药剂污染，室内也可使用，适合气候潮湿的地区。

抗腐耐潮，不含化学药剂

经炭化处理的炭化木，以高温改变木材特性，不含化学药剂，属新型环保防腐木材。传统做法是将化学药剂注入木材内部，虽具防腐效果，但药剂残留在内，易对人体造成伤害，相较之下，炭化木较安全且环保。

制成炭化木的树种，一般是云杉、红橡木、柞木、南方松和Merpauh等，以云杉为主。因为炭化过程会破坏木质纤维，所以高级木材，如桧木、柚木、檀木等，并不会拿来进行炭化处理。

日久天长不会褪色

木材腐朽的因素有温度、湿度、空气和养料。当木材变干燥，自然就会降低腐朽概率。而炭化木是将木材放进高温185～215℃的烤箱内，以热风循环方式烘烤木材，去除内部湿气和养料，消除木材腐朽条件，因此具有不易腐朽，稳定性高，不易变形，硬度高等优点。

目前炭化技术，只能让厚度5厘米以下的木材达到炭化效果。且因为经过炭化处理，由内而外的颜色，都比原本色泽略深，不会因时间增长而褪色，并且保留原木温厚的触感。

一般人以为防腐木材只能用于户外，那是因为里头残留化学药剂，会对人体造成伤害，所以不适合用于室内。但炭化木无化学药剂污染，室内也可使用，包括容易残留湿气的卫浴，适合气候潮湿的地区。

KNOWLEDGE BUILD UP

建材须知▲涂护木漆，可抗老化

防腐木材并非永远不会腐朽，其实，防腐处理只是让木材不容易腐朽，或是说腐朽速度比较慢。炭化木如果用在室内，不常接触水分，的确不易腐朽，若使用在户外，因大量接触雨水，还是要先上一层护木漆，增强防水效果且能阻隔紫外线，避免木材老化。最好每3年就上一次护木漆，方能延长炭化木的使用寿命。

碳化木小档案

种类	云杉	南方松	柞木	红橡木	Merpauh
特点	云杉和南方松是生长在寒带的针叶树种，多为人工林，40～50年就可砍伐，供应稳定。		柞木、红橡木和Merpauh是生长在温带或寒带的阔叶林树种，大多属天然林，无法量产，且生长速度缓慢。		
价格	每米5～13.5元	每米5～38元	每平方米350元	每平方米400元	每平方米350元左右

Bathroom Wall & Floor

炭化合板

耐潮不变形

高温炭化抗虫蛀，浴室内外墙皆适用

炭化合板是炭化薄木片经由高压压制而成，因木料通过高温碳化，丧失木材糖分，因此不易受虫蛀，且靠热塑性聚合树脂黏合，异于传统合板采用的含水黏胶，更抗潮且不易变形。不过，价位略高，每张（122 厘米 ×244 厘米）100 ~ 500 元（视厚度而定），平均比传统合板贵 1 倍以上。

多用于柜体或装修底材

炭化合板多用于柜体或装修底材，取材多来自柳桉木，在干燥室静待 45 ~ 90 天蒸散水气后，送入热处理机炭化，通过热辐射原理或电热模式，烤干木材水分。在 250℃高温下，不但杀除木料内藏的细菌、霉菌、虫卵，同时去除木头糖分、淀粉，剩下无养分且带点木炭气味的木质，日后就算环境有虫，也不会蛀啃碳化后的木料。

↑炭化过的木料（上方）颜色比原木浅，且硬度、抗湿度强，内部不含糖分及淀粉，无虫蛀问题。

特殊树脂黏合耐用

炭化合板与一般板材类环保建材相比，耐久性更强。为降低甲醛量，制作过程会尽量减少黏合各层的用胶量，或不掺催化干燥、牢固黏合的甲醛，如此一来黏合稳定度就会降低，一旦环境潮湿或温度变化，则容易脱胶、变形。同时，少了刺鼻甲醛气味，虫害易袭木料，更降低合板耐用性。

但炭化合板本身已具抗虫功效，炭化后的木料属性也会降低吸湿量，不易因受潮而翘曲，开裂。且黏合剂改为受热融化的特殊树脂，经高温高压黏着定型后，干燥了就不再因空气温度或湿度影响黏力，大幅提升环保建材耐久性。

表面仍需加装饰材

目前炭化合板运用范围广，但因表面无细腻处理程序，故仍需配合装饰材。炭化合板、木芯板可配合木工做柜体，炭化合板也能当室内间隔材，或当遮掩线路的天花板、壁板，但表层仍要加涂漆料、烤漆或其他面材包覆，避免木屑落尘或粗糙表面刺伤手。此外，炭化合板也能当垫高地板的底材，如和室地面等，因其具有抗湿功效，当浴室天花板也不怕变形。

Knowledge Build Up

建材须知▲柜体板材厚须逾 9 毫米

炭化合板的厚度选项多，可用于室内、室外当底材，若想用合板做柜体，建议选厚度 9 毫米以上的板材，支撑力较好，不易因敲钉而裂开。

炭化合板与一般合板比一比

种类	炭化合板	一般合板
甲醛含量	无甲醛。	含量不定。
合板用胶	热塑性聚合树脂。	水性胶，或掺有甲醛催化干燥、黏合。
抗湿性	不易因受潮而翘曲、开裂。黏合剂为特殊树脂，干燥了就不再因空气温度或湿度影响黏力。	木材本身吸水度低，黏胶不因气温、湿度变化而变质。
价格（每张）	100 ~ 500 元	80 ~ 200 元

注：价格以每张 122 厘米 ×244 厘米为单位计价，视厚度不同价格有异。

Sanitary Equipment

瓷器面盆

不留水渍好清理

依预算及面积挑选合适面盆

为增加卫浴空间的使用趣味，不少人选用样式精巧及颜色鲜艳的瓷器面盆，不但水渍容易清理，更能建构出丰富的卫浴空间。市场上面盆的类型，依外形大致分为台面式、台面下嵌浴柜、半柱脚及全柱脚等四种，选购时可依照预算及面积挑选合适面盆。

琳琅满目价差大

市场上的面盆从材质、大小、款式到颜色，琳琅满目，建议挑选时不妨依照卫浴大小、预算限制及家中是否有老人及小孩等条件选购；若家中有小孩，应选择深度且宽度足够的面盆，避免因使用太浅的面盆而水花四溅。

市场面盆价位从数百元到数万元皆有，决定因素为出产国、材质、大小及款式等。知名品牌因品质及售后服务佳，售价会更高，相对有保障，同时面盆爆裂概率低。

复古瓷洗手台，样式特别。

挑选时，应考虑居家空间、预算及家中成员在使用上的便利性。

面盆依材质划分大致有人造石、瓷器、玻璃、不锈钢及铸铁等5种，人造石及瓷材质的清理相当简单，用清水及抹布擦拭即可。家里有小孩应避免使用玻璃面盆，以免长期重压而破碎；不锈钢及铸铁面盆容易留水渍且怕划伤，不易清洁。

除了不锈钢及玻璃面盆最好用海绵外，几乎所有的面盆都可以用菜瓜布清洁。一般来说，除非沾上油污或不易清理的染剂，否则，不建议使用清洁剂；若有水渍痕迹可利用亮光剂去除，使用时留意侵蚀皮肤的问题，建议清理时戴上手套；而材质较特殊的产品如琉璃面盆，可用酒精清洗，待酒精自然挥发即可。

虽然面盆材质五花八门，不过仍以瓷盆最适用，因为瓷盆釉面以1800℃窑烧，可耐酸碱也抗磨损，是目前最受欢迎的面盆。大理石盆会渗水、吃色，虽然质感也不错，但用的人不多。

↑玻璃面盆色彩多，可凸显卫浴自有特色。

玻璃面盆为浴室添色

玻璃面盆在国外已是常见的卫浴设备，国外名牌的玻璃面盆价格由几千元至几万元均有，日常使用维护也很容易。在色彩选择上，国内主要玻璃原料供应的颜色为绿、蓝、透明，也有其他再经加工的颜色，如棕色、红色，甚至还有碎花图案；样式方面，除一般的碗状，还有难度较高的台面与面盆一体成型。

↑目前坊间面盆造型琳琅满目，这只科勒铸铁面盆，两旁琥珀垂帘造型奇巧。

丈量空间且亲自试用

为创造有趣的卫浴空间，不少人对碗式面盆大感兴趣，为了避免购买后无法安装或大小不符的窘境，建议在购买前，要先丈量卫浴空间大小。另外，安装面盆时，应留意高度的设定，避免使用不便，依中国人身高比例，一般都设定在75 ~ 85厘米之间，高度差不多到腰部即可。选购时也应亲自前往店家试用，若店内无陈设商品，尽量请店家提供可现场使用的服务，降低安装后期望的落差。

购买碗式面盆，须先丈量卫浴空间大小后再决定。

选对面盆，空间变宽敞

目前安装面盆的方式，大概分为下嵌式、上嵌式与独立盆3种，安装费皆在300元左右，但单就面盆的造型、尺寸与材质，加上台面的材质与规格，设备预算从500元到几万元不等，整体价差非常大。但选对合适的安装法，就有拓宽空间的效果。

传统洗手台面盆最常见为“独立盆”的工法，也是使空间规划弹性最大的工法，因面盆完全裸露，可置放在造型台面上，或直接挂在壁面上，使用矽利康的范围最少也最不显眼，少有发霉、发黑的问题。

“下嵌式”做法即是将面盆完全没入平坦台面下，此方式方便清理，将台面水渍扫入面盆。下嵌式面盆安装时，应将矽利康涂在面盆背面，与台面接合，切勿放入面盆后，在边缘涂上矽利康，不但面盆与台面衔接处有缝隙，矽利康也易发霉。另种“上嵌式”安装法是将面盆置于台面上，仅需挖好安装面盆的正确口径，置入后在边缘涂上些许矽利康即可。上嵌式的做法，台面可内缩至43厘米，让浴室空间看起来更宽敞，或采用壁挂式独立盆，舍弃台架，搭配直接从墙面出水的水龙头，整体深度可控制在40厘米以下。

浴室空间狭窄，却又想有台面放置杂物时，建议采用上嵌式，可将台面内缩至43厘米。

↑独立盆装修方式多元，面盆可单独挂墙节省空间，或以造型面盆搭配吊柜抽屉，具收纳功能。

面盆小档案

材质	人造石、瓷器、玻璃、不锈钢及铸铁等 5 种。
特点	人造石及瓷器：材质清理简单，用清水及抹布擦拭即可。玻璃的色彩、形状选择较为丰富。不锈钢及铸铁：容易留水渍且怕划伤，不易清洁。
价格	依材质不同，价格从数百元向上起跳。

约占卫浴三成预算

一般家庭及装修公司是购买卫浴设备的主要客户，一般家庭改装卫浴预算为几千元，大部分都花在浴缸及淋浴间设备上，而用于面盆的预算比例还不到三成，装修公司采购卫浴的预算就更少了，通常一两千元就可以购买到全套卫浴设备。

以 2000 元的面盆预算来看，最好选择传统脚柱式或盆加柜现成品，再视需求添购毛巾杆或更换个性化面盆，若是想要针对个人需求设计，甚至大幅更动卫浴空间，恐怕就得多些预算。

⬆用支架固定独立盆于墙上，省略台面，最节省空间。下方可搭配脚架遮掩排水管。

KNOWLEDGE BUILD UP

建材须知▲面盆有裂痕随即更换

近几年面盆爆裂事件频发，主要因使用年限过期或使用不当造成；面盆使用期限为 5 ~ 10 年，依材质不同而略有调整，若面盆出现裂痕，为了居家安全，建议马上更换。另外，面盆使用应尽量避免摆设瓶瓶罐罐，减少不当施压、残留水渍及污垢。

Sanitary Equipment

马桶

如厕更舒适

省水静音不可少，暖座温水乐无穷

马桶与人的关系相当亲密，每天人们都会和它坦诚相对好几次，但是大多数人都不了解如何选购一个好马桶。马桶的价位由几百元到数万元不等，除了特殊功能的马桶外，马桶价格的差异在于外观设计及品牌，配合整体卫浴设计，可呈现古典、现代等风格，如果是名设计师作品，价格更是三级跳，甚至达10万元以上。

马桶施工， 注意排粪管距

依照施工方式的不同，马桶可分为落地式及壁挂式两类。安装落地式马桶时最重要的是先确定管距，也就是地板排水道（粪管中心点）与墙面距离，除了部分30年以上的老房子会采用40厘米的管距外，一般建筑都是以30厘米为基准，要增加管距或移动马桶位置，可加高地面15厘米后重新配管，确定家中管距后再选购合适的马桶。

地板加高后至天花板的距离，建议不要低于220 ~ 230厘米，更改管路需注意排水是否顺畅及地板防水状况，如将尺寸由美国规格改为欧洲规格，只要在马桶后加盖矮墙，缩短管距即可。

↑一个好的马桶不只给卫浴空间加分，有时候甚至会跃升为主角，成为空间里的焦点。

首重冲水力大小及省水功能

马桶依外形可分为水箱隐藏式马桶及水箱非隐藏式马桶，依照装置方式可细分为壁挂式、落地式、一体成型或分体式马桶。选购马桶时，除了外观外，最需重视的是冲水力大小及省水能力，水力不足无法清除脏污，过大易使水溅起，会让使用者感到不适，而这些都与内部构造有关，与外观造型无关。

壁挂式马桶没有管距的问题，因为安装在墙面上，所以施工重点是水箱及器具的安装，施工时会将钢架隐藏在墙内，然后将水箱、管道及马桶座便依序锁定，最后再装饰墙面。落地式马桶还可分成单体及分体式马桶。单体马桶采一体成型设计，水箱与马桶底座合为一体，分体式马桶则是拥有独立水箱，从外观上很容易就能区分。另外，在选购马桶时也要留意不同的冲水方式，目前，市售马桶主要的冲水方式有：落差式、吹拂式、虹吸式、喷射虹吸式及旋涡虹吸式等5种，不同的冲水方式搭配不同的马桶设计，当然洁净力、静音度的表现也不一样。

马桶施工时必须注意排粪管距。

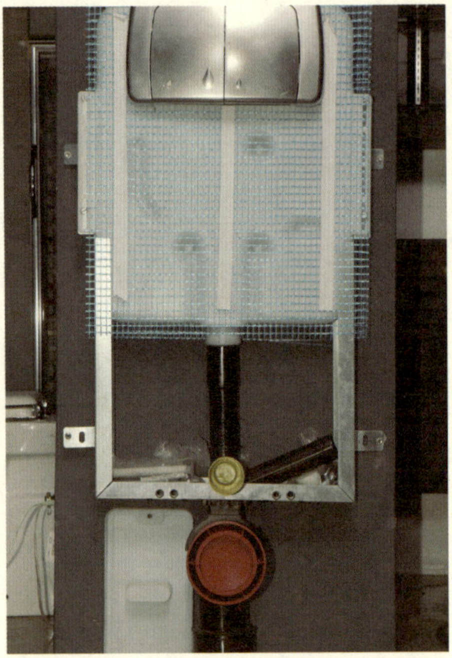

壁挂式马桶的水箱结构，隐藏在墙壁内。

壁挂式马桶，看不到水箱

看得到马桶却看不到水箱是壁挂式马桶的最大特点，因为水箱隐藏在墙壁内，马桶则悬挂在墙面上，通常这类马桶都拥有简洁的造型，而且因为座便不落地，日常清洁维护也很容易。

一般来说，壁挂式马桶的水箱厚度约10厘米，由于须装设在墙壁内，所以管线要拉上墙，再用螺丝锁在水箱钢架上，然后再铺上墙面瓷砖，完工后的墙面厚度大约12厘米，与一般室内间隔墙相同。目前市面上的壁挂式马桶每组价位200元以上，还可搭配不同的按压键。

两段式冲水，节省用水量

早期强调静音功能的马桶，设计就是将水箱降低，以减少冲水时的声音，不过也因为水箱低、冲水力不够，无法实现一次冲净，所以现在也开始走向半高水箱马桶设计，能够同时达到静音与洁净的要求。

想要节省马桶用水，还可以选择装设节水功能的马桶，将冲水量分成两种模式：一种为小便时使用，每次冲水量2升，另一种则是大便时使用，冲水量6升，可选择不同的按压键来达到省水目的。

专家透露，消费者为了节水常利用塑料瓶装水放在水箱内，以降低冲水量，其实旧式马桶的设计规划，就是需要这么多水量，降低出水量易使马桶冲不干净，导致马桶堵塞，想节水，最好直接更换节水型的马桶。

↑壁挂式马桶水箱隐藏于墙壁内，通常拥有简洁造型，且维护容易。

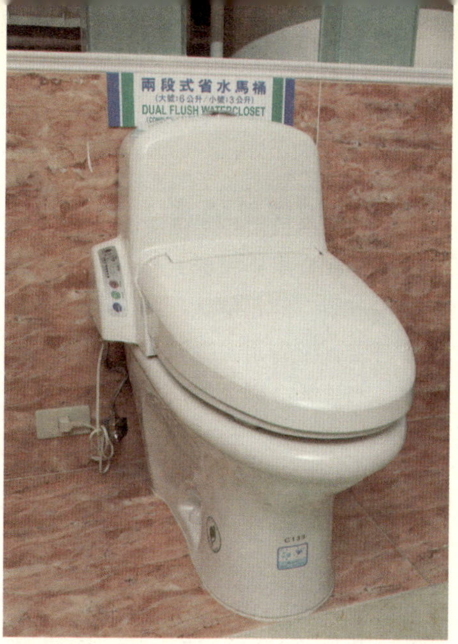

↑单体马桶一体成型，是唯一可以不靠墙的马桶。

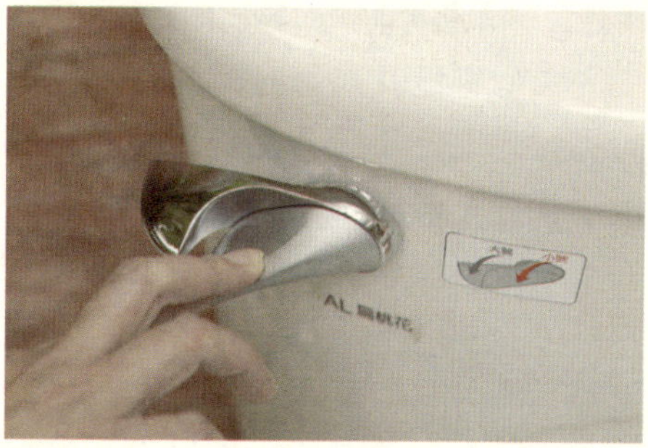

↑两段式节水按钮，可选择不同按键达到节水目的。

单体与分体式马桶，渐成主流

单体马桶因为一体成型，主要结构为马桶、马桶盖及水箱零件，是唯一可以不靠墙的马桶。而且因为造型变化多，已逐渐成为马桶市场的主流产品，价位为几百至几千元。

分体式马桶则属于传统式造型，结构可分为马桶、水箱、马桶盖及水箱零件，由于是落地式，加上造型死角多，比单体马桶更易藏污纳垢，不过因为价位低，是建商最常采用的马桶类型。一般来说，中国大陆产品价格都在2000元以下；进口产品则因为强调设计师风格，每组价格2000元起。

妇洗器与智能马桶盖

想要在自家浴室添置妇洗器，首先要确定卫浴空间足够大，而且最好是在装修时就预留管道，在选购时则建议连马桶一起选购。因为妇洗器的设计都是跟着马桶形式走，价格通常比马桶价格便宜一些。

而智能马桶盖又称为卫洗丽等，具有冲洗及烘干等功能，家中马桶如欲升级为智能马桶，只要选择形状、大小相符的智能马桶盖以及电源插座即可。无须考虑卫浴空间，可从舒适度及洁净力考虑，且在购买前须实际操作。

若是想提升如厕时的舒适度，还可以选用缓降闭盖马桶盖或是加装智能马桶盖，前者是使用马桶后会自动将马桶盖降下，以维护浴厕卫生及方便他人使用。后者现在已经普及，智能马桶盖具有自动洗净、暖座、暖风、温水等功能，让上厕所也成为一种享受。由于产品等级差异颇大，每组价格从几百至上万元不等，拥有基本暖座与温水功能的智能马桶盖，大概 2000 元就能买到。

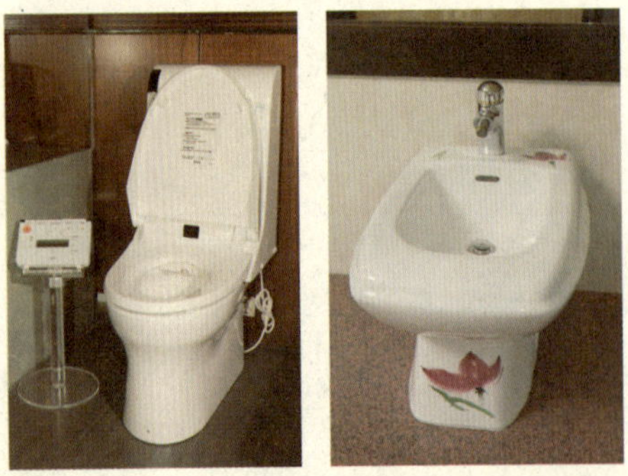

（左）家中马桶只要选择尺寸相符的智能马桶盖，即可安装，但须有电源。（右）妇洗器的设计都是跟着马桶形式走，价格通常比马桶便宜。

小便器，国内尚不普及

小便器在国内卫浴市场中还不普及，最常选购的客户大多为电子新贵、家中男子成员较多者或较重视卫浴品质者，小便器的价位依照产地国及品牌不同，单品价位在 180 ~ 1000 元之间。

小便器的冲水方式可分为感应式及按压式两种。运用在公共空间的多属感应式，利用电子感应冲水，可以免除身体接触按键的机会，若是运用在居家使用时，建议可以衡量本身预算，选择最适合的冲水方式。

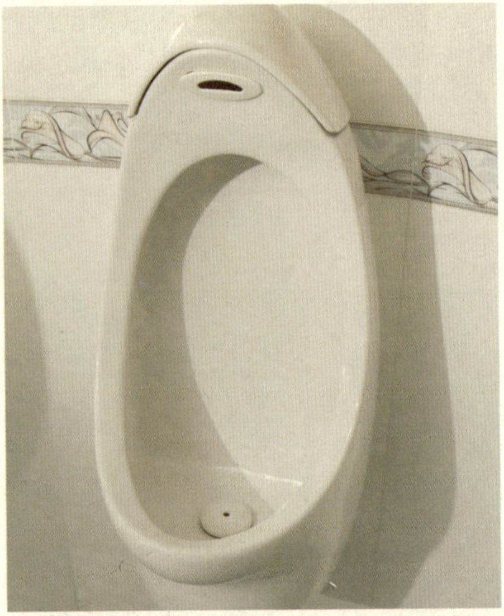

小便器在国内卫浴市场中尚未普及。

干式施工较好

装置马桶的施工方式分为湿式及干式两种，湿式是用水泥砂浆将马桶与排粪管连接，为传统的做法；干式则使用油泥。当马桶堵塞，利用吸盘或大量冲水皆无法处理，要将马桶拆除检查时，干式可简单地将马桶拆除，湿式则会破坏地板瓷砖，必须注意。

KNOWLEDGE BUILD UP

建材须知▲水箱加清洁剂，有损零件

在使用马桶时，应该平稳坐在马桶座上，切勿采取蹲姿或不当使力。马桶为釉面陶瓷产品，可使用中性清洁剂搭配海绵清洁；烈性磨蚀性清洁剂会损伤马桶表面，使马桶暗淡无光，造成脏污的错觉。清洁后可用软布擦干马桶，需注意许多人喜爱将清洁剂加入水箱，认为每次冲洗都用清洁剂清洁会较干净，其实将清洁剂放置于水箱内，容易造成冲水阀及其他零件的损坏，清洁剂还是更适合用于马桶的表面。

另外，一般卷筒卫生纸，因为纸质可溶解，所以能直接丢入马桶冲水；若是使用面纸类，因纸张纤维质较长，无法溶解于水，易造成马桶堵塞，所以最好不要丢入。

马桶小档案

*本书所列价格仅供参考，实际售价请以市场现况为准。

	水箱隐藏式马桶	水箱非隐藏式马桶	
	壁挂式／落地式马桶	一体成型、单体马桶（one-piece 马桶）	分体式马桶（two-piece）
特点			
	水箱零件埋藏于墙壁里面，马桶悬挂在壁面，落地式马桶坐落在地板上。	水箱与马桶一体成型。	水箱与马桶分离。
优点	1. 可节省浴室空间。 2. 无清洁死角，地面好清理。 3. 可连续冲水，缩短和前位使用者之间的等待时间。 4. 落地式马桶可省下钢架的成本。	1. 无需特殊施工技巧。 2. 冲水箱较低，空间压迫感比分体式马桶小。 3. 造型较好看。	1. 平均价格最便宜。 2. 无须特殊施工技巧。
缺点	1. 需配合工地现场，预埋水箱支撑钢架。 2. 需注意工地现场的预埋尺寸（瓷砖或大理石的施工都影响马桶施工尺寸。） 3. 落地式马桶节省浴室空间效果不如壁挂式马桶。	无节省浴室空间效果。	易藏污纳垢。
价格	200 元以上。	几百元到几千元不等。	

Sanitary Equipment

浴缸

享受泡澡乐趣

亚克力款须装防滑垫，铸铁款最保温

可以尽情享受泡澡乐趣的浴缸，是浴室中不可忽略的单品。浴缸材质种类众多，但以质轻耐用的亚克力浴缸为主流。不过亚克力浴缸视厚度及造型不同，价格落差大，且内部最好加上防滑垫，以免滑倒，清洁保养时要留意划伤。

↑亚克力浴缸具有保温效果佳、质地轻盈及易清洗等优点，颇受大众喜爱，中国大陆的产品每个2000元以上。

亚克力浴缸，视厚度决定价格

常见浴缸缸体材质可分为塑料类、钢铁类和石材类。不同材质浴缸拥有不同的硬度、形状和使用寿命。塑料类常见材质又分为亚克力、塑钢。其中亚克力最常见，因为加工简单，重量轻，价格也很亲民，几千元就可买到，同时亚克力非常方便塑形，造型多元，按摩浴缸就多使用亚克力材质。亚克力浴缸会因厚度不同，价格落差很大，一般从2000元到上万元不等。

厚度仅有3～5毫米的亚克力浴缸，与石英亚克力浴缸相比，质地较不稳，易变形，且使用久了，表面有水渍、水痕，甚至黑斑。建议挑选亚克力浴缸时，基本上材质越厚越好，光泽度亦越佳。加入石英材质的亚克力浴缸，硬度够，质感也不错，因为材质的关系，用手敲打时声音较为厚重。

亚克力浴缸剖面厚度为3～5毫米，因此硬度略逊于厚度至少1厘米的石英亚克力浴缸，背面有玻璃纤维，可强化硬度。

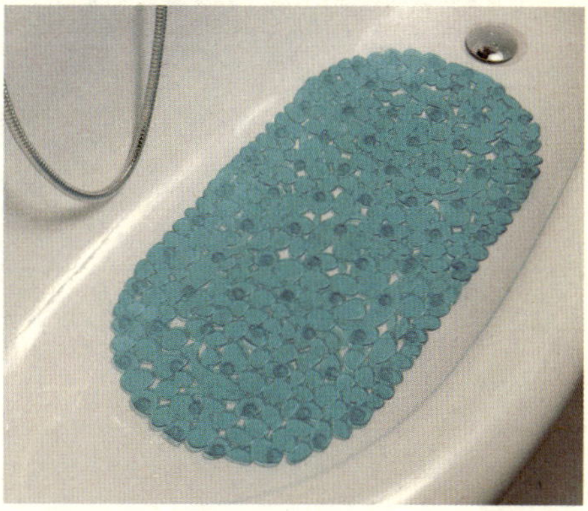

亚克力浴缸无防滑设计，建议在底部铺防滑垫。

亚克力表面易划伤

亚克力浴缸虽然质轻耐用又方便保养，但是缺点是硬度不高，表面易划伤，有时运送途中表面就会受损。而且还要注意防滑的问题，其他材质的浴缸内部都有防滑的设计，唯独亚克力没有，因此要注意在浴缸内部加上防滑垫，以免滑倒。

塑钢类浴缸较便宜，可一次成型，但是缸体较薄，容易破裂，目前较少人用。钢铁类可分为铸铁和钢板珐琅，通常表面会再加层搪瓷，也就是俗称的珐琅，让表面光滑。铸铁浴缸的保温效果最好，使用期也长，甚至可以50年不坏，不过价格较贵，单价5500元以上。

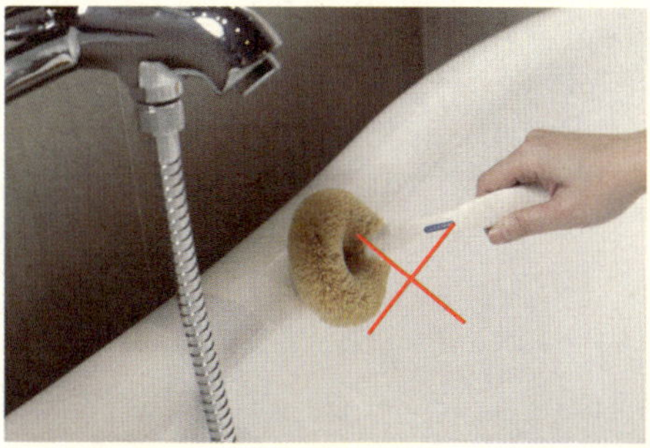

亚克力浴缸表面易划伤，故清洁时勿使用尖硬刷子或去污粉。

⬆可享受上万个香槟气泡接触到皮肤的酥麻感及浸泡感的进口按摩浴缸，价格超过 2 万元。

美国品牌的双人按摩浴缸，有肩部水流按摩功能。

按摩浴缸材质要紧

除了一般的浴缸之外，由于现代人对生活品质越来越讲究，按摩浴缸俨然已成为选购卫浴的标准配备之一。选购时除价格因素需考虑外，由于目前按摩浴缸众多，所以最好先丈量自家空间，再到店里亲身体验，了解尺寸、功能是否符合需求，避免日后产生问题。

过去消费者比较重视按摩浴缸的水流强度，但现在则较讲求"让压力真正地释放"，像造型有透明感，以香槟气泡取代强劲水流，超音波、视听嗅觉兼具的浴缸，都很受欢迎。

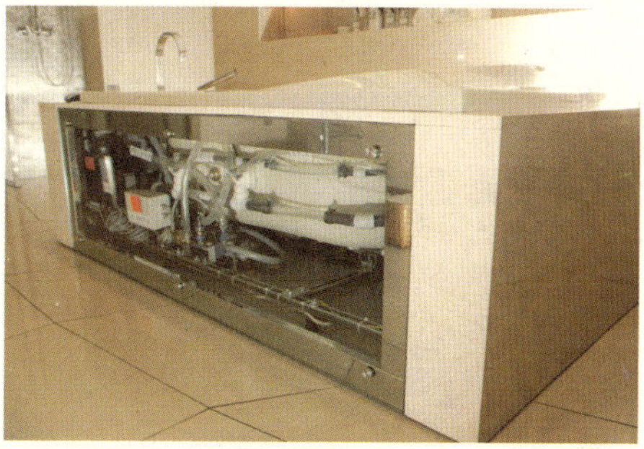

可看出按摩浴缸品质，进口高级按摩浴缸，具有自动冲洗管路功能。

预留水电管线配置

挑选按摩浴缸时，除考虑预算外，首先要衡量浴室空间够不够大，因为按摩浴缸比普通浴缸体积大，若当初设计未留设水电管线，就必须重新配置，整体费用提高不少。另外，安装浴缸时，浴缸与墙面间须留至少2毫米间隙，在垂直方向至少留4毫米，以防止震动时表面破裂。浴缸边缘四角，可以添加有防霉功能的矽利康，强化底座支撑力。

若预算不足，可挑选中国大陆地区产的按摩浴缸，每组价格5000～7000元，具有水循环和喷孔喷出气泡的按摩功能，部分品牌还装置LED灯。更高等级的按摩浴缸，大多为国外进口品牌，美国、意大利、德国等国家品牌较受消费者欢迎。

高级浴缸符合人体工学

高级进口按摩浴缸，除材质较国产浴缸讲究外，功能五花八门，通过电脑面板控制，可让水温保持恒温并调整水流按摩力道大小，每个喷头位置、角度皆精密计算，符合人体工学设计。

除此之外，对于消费者最在乎的卫生问题，目前高级进口按摩浴缸都有特殊设计，通过自动清洗管路功能，可让消费者安心使用。不过提醒消费者，在享受按摩浴缸时，忌讳搭配精油和药草等一同使用，虽然添加精油来放松身体十分流行，但因油性添加物会附着在管路上，日积月累，除管路难清洗外，还容易滋生细菌。

↑浴缸的喷口位置经过精密计算，以符合人体工学。

可用牙膏擦拭清洗

清洗浴缸时，建议使用软布和中性清洁剂，不要用酸碱性太强的化学清洁剂洗，避免伤害浴缸表面如釉料等，恐造成凹凸不平，有剐伤皮肤或渗水风险。用中性清洁剂加干布擦拭，即可去除表面水渍等污垢，或也可用汽车表面研磨剂或是抛光蜡反复转圈擦拭，甚至可使用牙膏清洁。若表面有裂痕，最好马上更换，也可以请浴缸美容师傅来修复。

KNOWLEDGE BUILD UP

建材须知▲同品牌易争取折扣价

若购买了附带浴缸的精装房，消费者可选择不要按摩浴缸或更换品牌。需要注意的是一定要提前告知房地产公司，但各公司的标准不一，有些会照进货成本价全额退费，但不少公司会收取手续费后再退费。

最划算的方式是直接依照房地产公司提供的按摩浴缸来升级，价格会有折扣，但仅限于同品牌按摩浴缸。若想从国产按摩浴缸升级到进口按摩浴缸，难以争取价格优惠，还需负担额外的施工费用。

常见浴缸比一比

＊本书所列价格仅供参考，实际售价请以市场现况为准。

		特点	价格
亚克力浴缸		缸体厚度 0.5 ~ 3 厘米，越厚质感越好，表面光滑，色泽亮丽，质轻。	2000 元以上
大理石浴缸		外观气派，耐撞。	5000 元以上
铸铁浴缸		保温效果好，使用年限长，约可使用 50 年。	5600 元以上
钢板珐琅浴缸		一体成型钢板、表面为珐琅层，容易清洁，不易褪色，光泽持久。	5000 元以上
按摩浴缸		有水循环和喷孔喷出气泡功能，并有恒温、选择喷水方式和方向的功能，具备自动清洗管路设计。	5000 以上

Sanitary Equipment

木澡桶

柏木、柚木较耐用

先丈量自家浴室尺寸再定做

忙碌生活中，沐浴是释放压力、恢复精神的重要时刻。木澡桶，是现代居家卫浴中常见的设备，拥有芬芳的气味和自然温润的触感，可以带来舒适的泡澡体验；但缺点是若使用耐水性及稳定性差的木材，易有受潮、变形问题。

柏木和柚木是首选

常见的木澡桶有台湾桧木、柏木、香柏木、柚木等材质。提到澡桶，一般人多会想到“桧木澡桶”，但目前市售的桧木澡桶材料多为台湾桧木，而台湾桧木澡桶稳定性不佳、易变形，且水气浸润后会长黑斑，台桧仅适合制作小型器具如泡脚桶。而柏木、香柏木、柚木等耐水性较好、不易发霉，稳定性也好，均适合作澡桶。

如果想自行在卫浴安装木澡桶，须先丈量好空间尺寸及形状，再向店家定做。且木澡桶很怕脏，须等浴室其他部分都施工完再进场安装，定做时要留意木澡桶的大小是否可搬进浴室中。

勿用铁钢刷清洗

使用传统钢圈式木澡桶，须经常保持木桶湿度（饱水度）。建议经常泡澡，至少每周泡澡一次，以保持桶身湿度，让木头发胀，以免热胀冷缩造成钢圈脱落。若长时间不用，可将干了的木澡桶用塑料套封存，隔绝空气以保持干燥，预防木桶龟裂或钢圈松脱。

KNOWLEDGE BUILD UP

建材须知▲装上桶脚降低吸水率

传统木澡桶多使用钢圈将木材一片片组合起来，长期热胀冷缩，钢圈即会松脱，木片间易出现裂缝。新型改良式澡桶则利用卡榫结构组装，不需使用钢圈，并装上桶脚，和地面保持距离以降低木桶吸收水分的概率。

↑无钢圈的新型木澡桶，利用卡榫结构组装，可依卫浴尺寸量身定做。较好的木澡桶有柏木、香柏木、柚木等材质，触感温润。

澡桶若脏污，请以天然肥皂和细致洗碗布清洗，勿用铁刷、钢刷和塑料刷子刷洗，以免刷出划痕。天然木澡桶未上漆，不建议使用化学清洁剂，以免木头毛细孔吸附化学成分。

木澡桶比一比

＊本书所列价格仅供参考，实际售价请以市场现况为准。

	柚木	香柏木	柏木
主要来源	缅甸	老挝	阿拉斯加
用途	船甲板	日本神社建材	屋瓦、电线杆、造船料、室内建材
颜色	暗褐色	色泽偏白黄，光泽略呈金色	白色、赤色、桃褐色、暗褐色
优点	硬度高、收缩率小、耐水性佳、耐磨性佳、稳定性佳。	浸水后会散发淡雅香气、耐磨性佳、稳定性佳、保温效果佳、不易因潮湿而产生黑斑。	价格相对便宜、稳定性佳、重量较轻。
缺点	重量较重，价格较高。	受当地政局影响，材料来源不稳定。	色泽淡，不均匀。
价格	约 4500 元	1800~3000 元	800~1800 元

↑台湾桧木作为澡桶其实稳定性不佳、易变形，较适合做小型的泡脚桶。

↑香柏木澡桶只要注入清水，就会释放出香气。

↑柚木色泽稳重典雅，椭圆形澡桶加上木制桶脚带来舒适的视觉效果。

↑柚木为质量良好的硬木，富含丰富油脂，稳定性高，不易热胀冷缩，为良好的澡桶材质。

↑传统钢圈式木桶，随着木板热胀冷缩，钢圈易松脱。

↑柏木澡桶价格相对较低、质轻、稳定性佳，是不错的选择。

↑阶梯状的澡桶内座，让人泡澡后起身有地方扶助，特别适合老年人。

↑人造大理石材质的方形桶脚避免澡桶和地板直接接触，大幅降低澡桶吸收水分的概率。

Sanitary Equipment

软质浴缸

保温性好、久躺不痛

安全舒适又节能，但价格高

浴缸不一定是硬的。现在有一种软质浴缸，踩进去就像踩在软垫上，具有弹性。泡澡时久躺不痛，而且保温性很好，可延长温暖的幸福时光。但价格不菲，要价 2 万元以上。

市面常见的塑料或亚克力浴缸，总让人觉得坚硬冰冷、水温不易保持。软质浴缸里面的触感是软的，不易滑倒，而且水温每 20 分钟才降 1℃，可以节省能源。

有划痕可换色抛光

这种浴缸的中间层为厚达 3 ~ 5 厘米的聚氨酯发泡塑料，缸内表面使用了美国康奈尔大学参与研发的专利涂料，延展性好，而且一共涂了 10 ~ 15 层，100 千克的重物从 1 米高的地方落下，浴缸也未破裂损伤。用久了之后，还可以磨掉有划痕的表面，重漆涂料，换色抛光。

虽然软质浴缸可添加进温泉剂与精油，但是不适用于硫黄温泉，容易造成染色。不能用洗碗布清洗，否则表面会划伤，最好用软性清洁剂和海绵。

软质浴缸除了 FRP 玻璃纤维外壳可以自动压模，聚氨酯加工与涂料上色都要靠手工，很花时间。接单后平均要 45 天才能交货，但是尺寸与形状可以定制，能做成按摩浴缸或微纳米气泡缸，颜色也有好几种可以选。

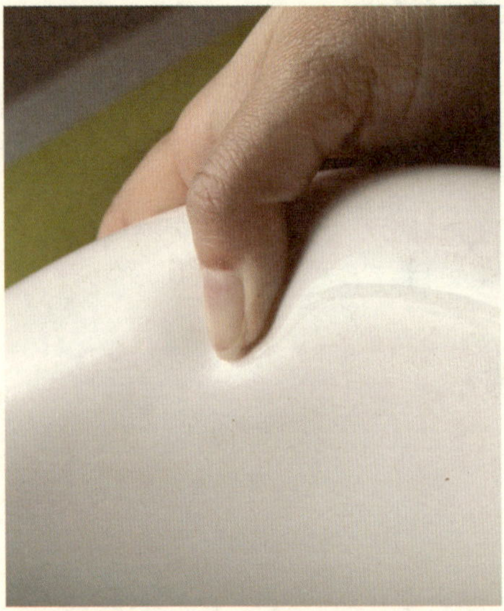

↑软质浴缸可以轻易地用手指按压。

↑ SOFT Barco 软质浴缸。钻石切面般的外表利落有型，曾获得 2011 年德国 iF 设计奖。

⬆ SOFT S-710 软质按摩浴缸。软质浴缸摆脱一般人对浴缸硬邦邦的印象，且保温性好，20 分钟才降 1℃。

⬆ SOFT Bella 软质浴缸。圆弧造型典雅耐看，黑色的内缸可换颜色，也可以做成嵌入式浴缸。

Sanitary Equipment

淋浴拉门

让浴室不再湿漉漉

干湿分离成趋势，产品走向多功能

许多人都曾为家里浴室地面总是湿漉漉的而烦恼，尤其是淋浴过后，覆有洗发精、护发素、沐浴乳泡沫及落发的湿滑地面，让人担心有滑倒的危险。其实解决的方法很简单，装个干湿分离的拉门就 OK 了。

完全不受地形限制

创造干湿分离的卫浴空间很简单，甚至可说是完全没有什么限制，不用考虑空间大小，也不受限于地形，以现在的技术水准而言，只要拉起一道门，就可以将水珠有效隔绝。如装有浴缸的浴室，淋浴门可以装设在浴缸的边缘，几乎不占多余的空间，而淋浴空间与其他地面原本就有落差的浴室，则可以利用两者的高低差，制作各式的淋浴拉门，连门槛都不需要；基本上，干湿分离已走入为消费者量身定做的境界。

抛开空间的限制，干湿分离拉门的发展重点已聚焦在造型设计与实用性、功能性结合等议题上。

⬆即使地面有高低差，也可制作无门槛淋浴门。

形式众多，依个人喜好选择

淋浴拉门的形式，大致可以分成一字形、L 形、五角形、圆弧形与 T 字形等，而依边框的有无，又可分为有框、无边框与简框三种。市面上多无边框种类，加上无边框设计具穿透视觉，整体有较佳的质感。淋浴拉门虽然有干湿分离的优点，但是门板间的缝隙容易产生污垢，平常使用后可以清水冲洗，或是以菜瓜布加清洁剂刷洗，避免藏污纳垢，滋生细菌。

无边框拉门，兼顾实用与美观

无边框造型的淋浴拉门，既无有形框架阻碍视线，又可以有效阻绝水珠的“入侵”，可说是兼顾实用与美观的干湿分离产品。然而没有了框架的包覆，厚重的强化玻璃就少了足以撑起重量的支点，难免让人有种不安全感。

为了加强无边框淋浴门的稳定性，减少强化玻璃因开启关闭，或人为碰撞所造成的晃动，目前有 3 种加强固定的方式，可供消费者选择。

⬆有框的一字型拉门省钱又省事，搭配 3 厘米 PS 门板。

3 种固定方式

减力杆式为早期无边框拉门最常使用的固定方式，造型上虽然全无框架的限制，不过由于一片玻璃的着力点只有一个，因此稳固性最差，且选用门板的宽度也不能太大。第二种方式为嵌入式，门板上方以固定片完整嵌在沟槽内，稳固性最佳，但相对而言，碍于横在上方的扁长形沟槽，使造型上受限不少。介于两者之间的固定方式为悬吊式，它采用连接在墙壁两侧、一体成型的不锈钢固定杆，以数个施力点“扣住”门板，稳固性较减力杆更佳，同时也可塑造成多种形状。

无边框拉门虽然在施工上没什么太大的限制，但需注意的是，如果卫浴的墙壁是轻间隔墙，那么就要注意墙壁内，至少要灌入泡沫水泥，才能确保使用安全，因为一般无边框门铰链的承载重量以 36 千克为上限，墙壁结构性的强弱，也是选用无边框拉门时考虑的重要因素之一。

嵌入式固定最稳固，但扁长的沟槽设计较死板。

留意排水孔位置

另外，在装置淋浴拉门前，需请专业师傅留意冲水孔位置及地面高低差，或提供水电管线平面图，避免淋浴空间无法正常集水、排水。

由于曾经有不少屋主打掉浴缸后，面临无法置入淋浴拉门的窘境，主因是排水孔的位置太远，无法与淋浴拉门内的排水处配合，需另外打出排水孔的位置，徒增二次施工费用；再加上地面的高低差未做好处理，造成无法有效集水，淋浴拉门反而失去原来干湿分离的意义。

留缝隙避免缺氧

市面上淋浴拉门依照边框、门板及拉门的材质及数量，每平方米价格 680 ~ 880 元，选购时应留意制造商的品质认证，避免高温或水柱力量过强而发生爆裂的危险。淋浴拉门的门面有玻璃及塑胶两种，目前玻璃厚度为 0.4 ~ 0.8 厘米，如果担心 0.4 厘米厚度不足，可在门板与门板间加装边框，增加稳固性。

装置淋浴拉门时，应请师傅在淋浴拉门板的上方，预留 0.5 ~ 1 厘米的缝隙，避免淋浴时缺氧；另外建议以拉式或滚轮式门板取代推式门板，万一使用者昏迷，可在第一时间开启门板抢救。

KNOWLEDGE BUILD UP

建材须知▲培林轮负重性佳

目前市面上的门板滑轨材质，有塑胶轮及培林轮两种。培林轮是以铁质材质加上钢珠的轨轴设计，负载能力比塑胶滑轮更强。另外由于居家按摩风气渐盛，不少卫浴空间常搭配淋浴柱等按摩设备，建议淋浴柱的出水孔不要超过 6 个，或另外添购加压设备，以免水压不足。

淋浴拉门比一比

*本书所列价格仅供参考，实际售价请以市场现况为准。

种类		特点	缺点	价格
一字形		使用最普遍也最便宜，适合空间较小的浴室。	造型简单、变化少。	连工带料每平方米 680 ～ 880 元。
L形	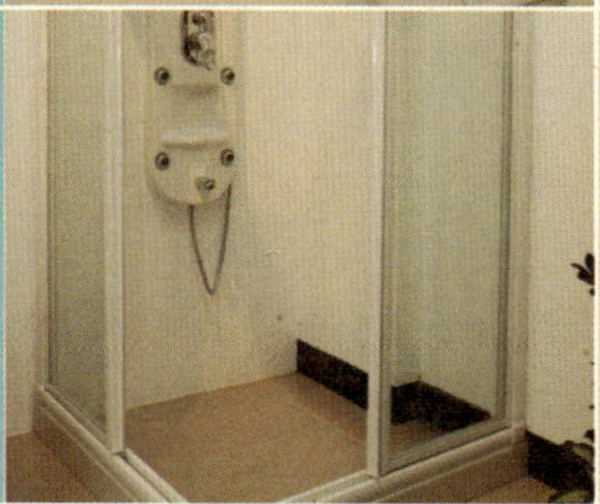	淋浴间内可使用空间最大。	转折处呈 90° 的直角容易与门口相对，为一般注重风水家庭所忌。	
五角形		外观佳，且可节省淋浴间以外的空间，适合较狭窄的浴室。	淋浴间内部的使用空间较小。	
圆弧形		适合角落空间的利用，流线型的造型比较美观。	价格较昂贵。	
T字形		造型前卫，可满足两人同时如厕与淋浴的需求。	所需空间较大。	

Sanitary Equipment

淋浴柱

装置水压需 2 千克

水压不够须装加压水泵

许多人想在浴室装个淋浴柱，好好享受 SPA。不过，若家里水压不足，淋浴柱是无法发挥功效的，一般水压要 2 千克以上（视产品不同而有增减），若水压不够，需安装加压水泵，才能发挥功效。（编者按：水压的单位为“千克/平方厘米”，商家多以“千克”为简称）。

铝合金面板适合小面积浴室

目前淋浴柱市场价差极大，从几千元到几万元都有，主因是产地不同，价格在 2000 元以下的，以中国大陆品牌为主，进口品牌则多在 2000 元以上。价格的差异除了产地、品牌外，面板材质与喷嘴形式也有影响。面板可大致分为亚克力板、金属质（铝合金或铜镀铬）、强化玻璃等 3 大类，虽然面板材质并不影响功能，但因铝合金面板质感佳，面板体积也小，较适合面积比较小的浴室，所以目前以铝合金面板为主流。

喷嘴的设计则会影响水流形式，喷嘴可分成直喷水柱式（单孔型）及喷雾状水流式（多孔型），可兼具两者功能的喷嘴价格较高，另外，喷嘴上出水口越多，水雾效果也越好。

↑（左）淋浴柱莲蓬头的喷嘴（SPA 用），单个出水孔可制造直喷型水柱，冲击力较大。（右）淋浴柱莲蓬头的喷嘴，出水口多、水雾效果好。

每 3 层楼，水压多计 1 千克

喷嘴数量越多，可喷到的范围越大，加上微调功能，可针对个人所需，锁定固定位置，如背部、腰部等处冲击，但相对而言，在固定水压下，喷嘴越多，每个喷嘴分到的压力就越少，SPA 效果会受影响。除了喷嘴形式外，影响淋浴柱效果最大的是水压。常见的淋浴柱问题有水流太小、忽冷忽热等，有时是冷热水管被堵塞造成的，但大多都是因为水压不足。

每个淋浴柱都有其所需基本水压，大多为 2 ~ 3.5 千克，简易的计算原则是每 3 层楼，水压算 1 千克，但旧公寓及一般大楼的水压都不够，所以要装淋浴柱，尤其是要再加装恒温系统者，最好连加压水泵一起装，SPA 效果才好。市售加压水泵价格为几百元，恒压变频式水泵更贵一些。

安装时则要注意，淋浴柱的高度与进水管的管距是否与自家浴室空间相合。进口的产品，淋浴柱长度较长，楼层高较矮的空间无法安装；进水管管距也视产品不同而变化，一般在15厘米左右，若自家浴室的冷热水管管距超过15厘米，则无法安装。

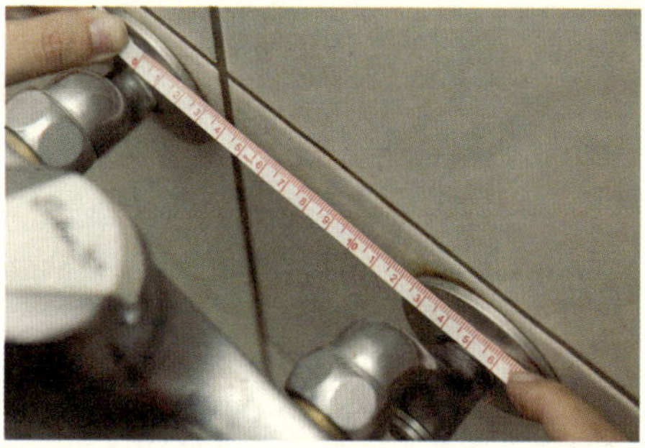

↑装设淋浴柱前，须先用量尺量冷、热水龙头的水管管距。

KNOWLEDGE BUILD UP

建材须知▲老屋装加压水泵，水管漏水概率增加

水压，是决定淋浴柱效果的主因，购买前，一定要问产品所需水压为多少，不然，淋浴柱装了也没效果。消费者可先检视自家水压为多少。简易的计算原则是每3层楼，水压算1千克，顶楼水压约为0.8千克，距顶楼越远者，水压越大，如15层楼大楼的10楼，与顶楼距离为6层，因此水压为2千克，加0.8公斤基水水压，即可得2.8千克。

更保险的方法，是在安装前请师傅来量水压。总体来讲，5层楼以下的公寓及7层楼以下的住户水压都不足，要装淋浴柱都要加装加压水泵，但屋龄超过15年的老房子要注意，因水管较老旧，加压水泵安装后，水管漏水的概率会提高很多。

淋浴柱比一比

*本书所列价格仅供参考，实际售价请以市场现况为准。

	铝合金面板淋浴柱	亚克力面板淋浴柱	强化玻璃面板淋浴柱
		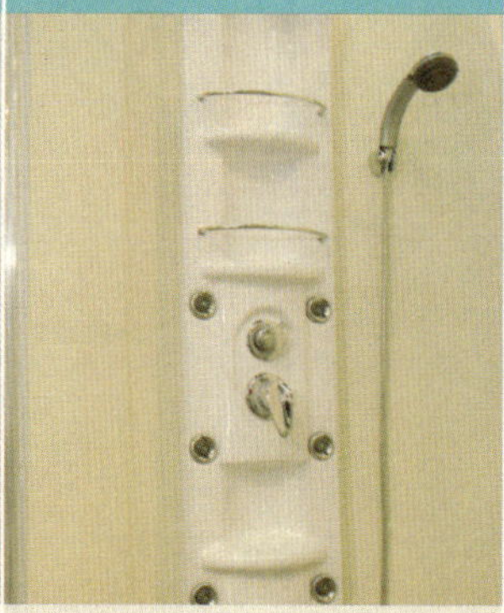	
价格	2300 ~ 3000元	400元左右	100 ~ 1800元
优缺点	外观质感好，较能凸显科技感，但市场价格差异极大。	面板厚度较薄，质感较差，价格便宜。	外观质感佳，但体积较大，量产少，可选择性不多。

Sanitary Equipment

花洒

搞定水压快意冲澡

高层住户须装加压水泵

淋浴时搭配花洒使用，让寒夜冲澡变为快意享受，但最怕水压不足，造成花洒出水时忽大忽小；一般来说，花洒面积越大，需要水压就越大，高层住户常会水压不足，导致出水过小，除非安装加压水泵增加水压，否则不建议安装花洒。

15 年老屋不适加压水泵

淋浴需要的水压至少 2 千克以上，花洒面积越大，需要的水压就越大；水压的计算方式，1 米高要 0.1 千克水压，每层楼以 3 米高计算，1 层楼就要 0.3 千克，也就是 3 层楼需要约 1 千克的水压。

建议楼层较高的住户安装加压水泵，解决水压不足的难题。若不知如何算水压，也可请水电师傅来判断。

平时水压不足的住户，不建议安装花洒。除非是加装加压水泵解决水压不足的问题，不过，若屋龄超过 15 年的老旧住家，不建议装设加压水泵，因管线老旧，一旦加压水泵启动后对管线施压，易有渗漏水风险。

↑外挂式花洒，不用担心壁面拆除问题，使用时不要用力拉扯淋浴柱，避免摇晃危险。

埋壁式镶嵌入墙

花洒种类分埋壁式及外挂式两种，埋壁式指水路管线埋藏于壁面或天花板，埋壁式花洒的优点是卫浴空间有整体美，花洒从壁面或天花板出水，视觉上较气派，但提醒想装设埋壁式花洒者，最好在装修前与设计师或建设公司先沟通，避免墙面已完成，却面临埋壁式花洒需拆除墙面的窘境。此外，因外挂式花洒不涉及拆除工程，普及率高于埋壁式。

购买之前先测试

价格差异以产地、品牌为主，通常连同淋浴柱一同购买，也会依淋浴柱功能如按摩或红外线等功能调整，普遍在千元左右，有特殊喷头或功能则价格更高。花洒面积一般分 6 寸及 8 寸，出水也有柱状、雾状及针状之分。购买时最好到展示中心亲自测试，除了确定花洒面积大小、出水情况，最重要的还是观察花洒关水后的止水状况，若测试时水从花洒里滴个不停，则不建议选购。

KNOWLEDGE BUILD UP

建材须知▲取出滤网排水，去沉积物

使用花洒最担心出水不足问题，有可能是安装前，水电师傅关闭水路，再次开启后，因瞬间出水造成水管震动，水管内沉积物或泥沙浮起，冲刷到居家淋浴管线，因此让水龙头或花洒出现出水不顺畅的情况。有经验的水电师傅会在安装完成后，先取出龙头出水滤网，让沉积物连同水一起排出去，2 ~ 3 分钟后关闭龙头将滤网装好，就可维持正常出水。

花洒小档案

种类	埋壁式及外挂式。
面积	分 6 寸及 8 寸。
出水方式	柱状、雾状及针状。
水压	1. 至少要 2 千克。 2. 花洒面积越大，需要水压越大。 3. 平时水压不足的住户不建议安装。
价格	400 元起，多在千元左右。

Sanitary Equipment

水龙头

品牌影响售价

单枪水龙头，省预算超耐用

市面上水龙头多是铜制或不锈钢材质，价格高低视产地、材质及设计造型三项因素而定，中国大陆制造的最便宜，依序为中国台湾地区及进口，此外，有品牌加持，价格则越贵。

不锈钢制以专用液保养

市售水龙头材质多为铜合金及不锈钢，前者常在表面电镀铬来防锈，后者材质则不易生锈。想让水龙头保持光亮，对于铜合金制，可每月以牙膏或牙膏粉刷洗一次，较不易留下水渍。至于不锈钢水龙头则可视脏污情况，以不锈钢专用清洁液擦拭，在家居卖场、五金店可买到。

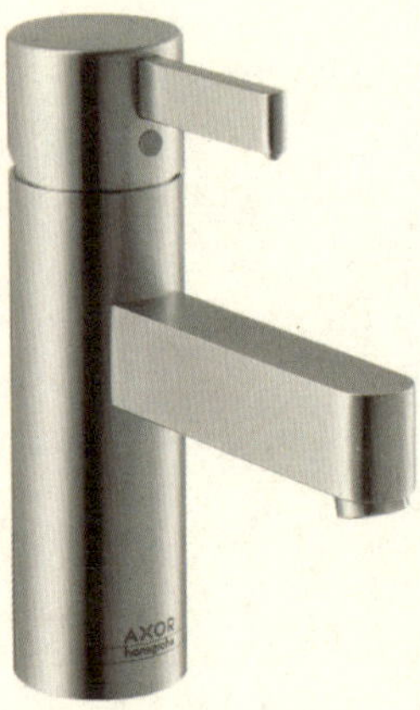

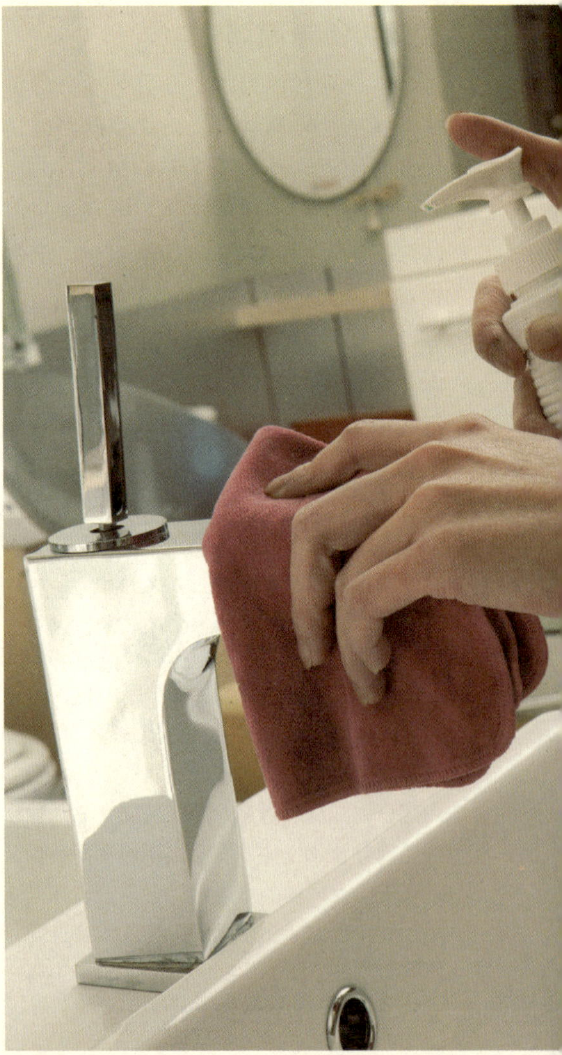

↑每月定期保养水龙头时，搭配软布及专用保养液擦拭，避免表面磨损，维持亮泽度。

陶瓷芯可用 15 年

价格上不锈钢比铜制贵，以中国大陆的产品来说，单只不锈钢制 90 ~ 1000 元，铜制则 60 ~ 860 元，若为欧美进口水龙头，两者皆要价千元以上，知名设计师设计的会更贵。想要维持水龙头正常使用年限，选购前不妨询问店家，水龙内部面有分塑料芯或陶瓷芯，前者顶多 3 年，陶瓷芯可用到 15 年左右，但价格贵上三至五成。更换水龙头可直接到市场选购，但留意并非所有安装方式皆可自行处理，例如近几年流行的埋壁式水龙头，与居家装修做整体结合，有美化效果。但这类埋壁式水龙头的墙面瓷砖及龙头管线须重新配置，建议装修前告知设计师，以协调施工配图，避免两次工程耗财又耗时。

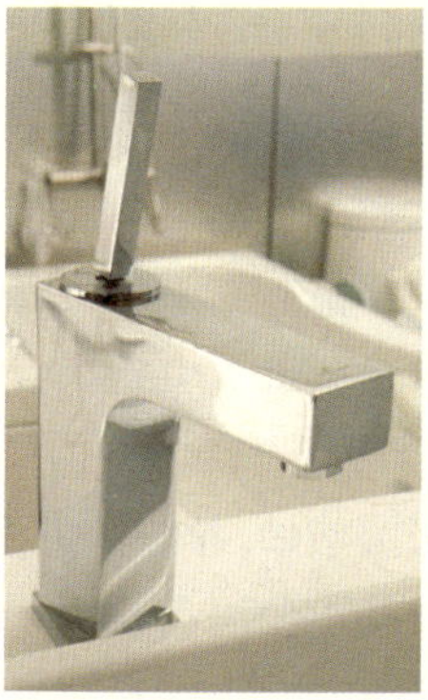

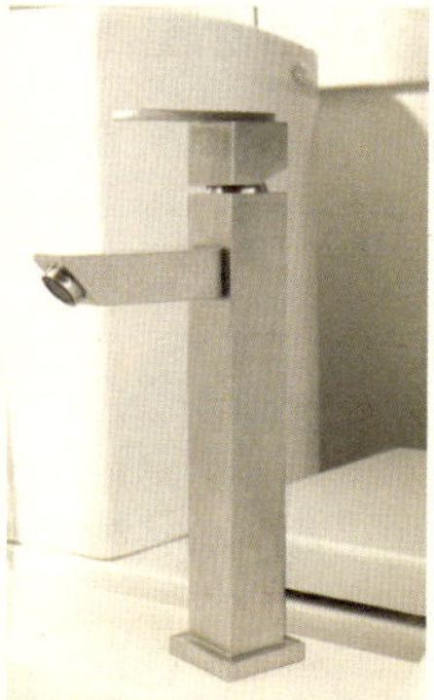

↑（左）铜制水龙头的价格以中国大陆制造的最便宜，每个 60~860 元，进口则要千元以上。（右）中国大陆产不锈钢水龙头，每个 90 ~ 1000 元，进口则要价千元以上。

↓水龙头的造型设计会影响价格，品牌产品价格更贵。

单枪水龙头，可自行更换受损轴心

传统扭转开关的水龙头属于传统升降轴心，常因为弹性疲乏，橡胶垫片磨损，开关无法紧密，产生漏水现象，必须自行更换橡胶止水垫。至于单枪混合龙头以上下拨动控制杆来决定水量大小，属于陶瓷轴心，精密度与耐用程度都比传统水龙头来得好，基本使用次数都在10万次以上，5年以上没问题，若轴心受损，也可自行更换，所以单枪混合龙头算是最经济实用的选择。

但单枪混合龙头也会因品牌、产地而有质量差异。部分廉价、无品牌的单枪龙头，可能会有出水量较小的问题，拨杆使用1～2年后甚至会断裂，就必须整组更新，建议还是选择有品牌的比较好。

双孔型的单枪水龙头，底座所占体积较大。

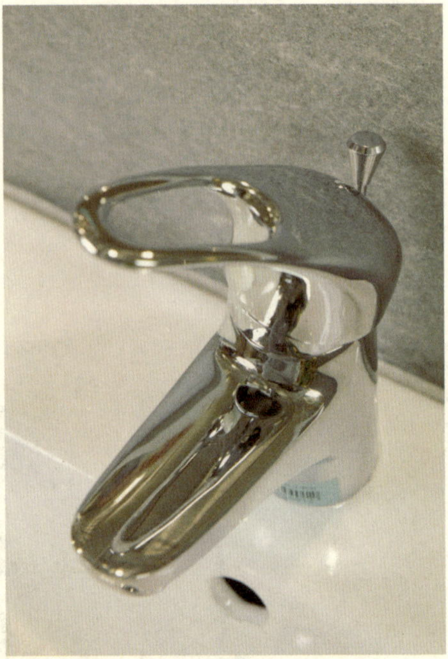

单孔型的单枪水龙头，造型简洁。

KNOWLEDGE BUILD UP

建材须知▲确定入水孔再挑款式

若预算较少，其实可以自己到建材市场挑选水龙头，并自行动手更换。要提醒消费者，购买之前先在家里察看面盆，看原有水龙头的入水孔是属于单孔还是双孔，以免买错回家无法安装。确定之后，再来选择样式。

更换陶瓷轴心 DIY

发现陶瓷轴心塞住，中期水量明显变少，水量会变成一边大、一边小，此时只要更换轴心即可。在更换之前记得将家中水阀关掉。

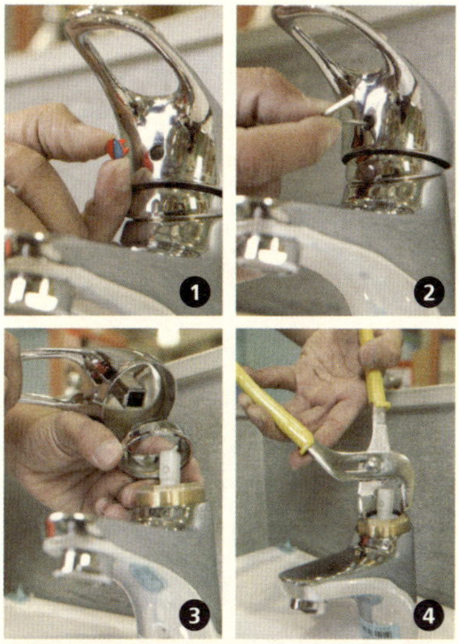

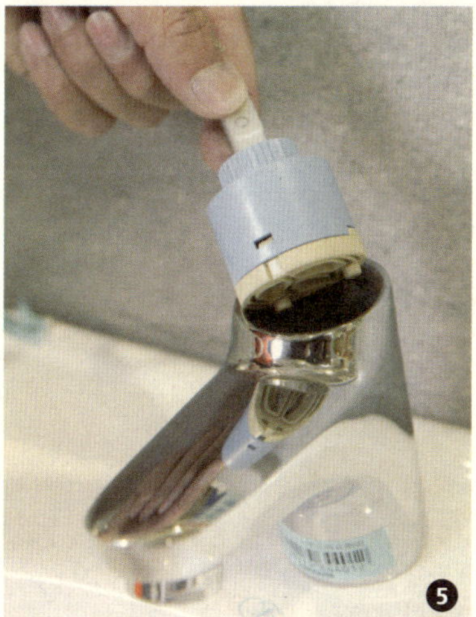

1. 拆下龙头把手下的螺孔饰盖。
2. 以六角扳手将内部螺丝松开。
3. 直接将把手上拉拔起。
4. 将半球型轴心固定盖旋开拆除。
5. 将轴心拉起更换，再按前步骤返回装上即可。

水龙头小档案

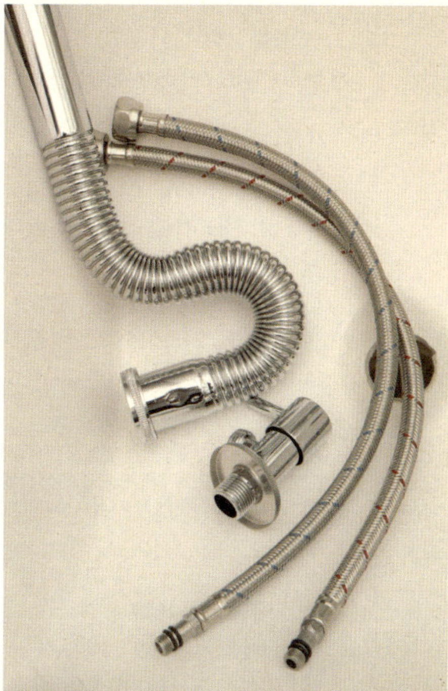

材质	1. 铜制 2. 不锈钢制
产地	中国大陆、中国台湾地区及进口。
价格（每个）	1. 中国大陆产不锈钢制 90~1000 元； 2. 中国大陆产铜制 60~860 元； 3. 欧美进口不锈钢制及铜制都要要价千元以上。
注意事项	1. 龙头内分塑料芯及陶瓷芯，前者使用期限短，约 3 年，后者 15 年左右，但价格要贵三至五成。 2. 埋壁式水龙头，墙面瓷砖及龙头管线须重新配置。

*本书所列价格仅供参考，实际售价请以市场现况为准。

图书在版编目（CIP）数据

家庭装修建材选购大全 / 苹果日报地产中心著．
—南昌：江西科学技术出版社，2015.8
ISBN 978-7-5390-5381-3

I. ①家… II. ①苹… III. ①住宅－室内装修－装修
材料－基本知识 IV. ① TU56
中国版本图书馆 CIP 数据核字 (2015) 第 190118 号

国际互联网（Internet）地址：http://www.jxkjcbs.com
选题序号：ZK2015162　　图书代码：D15071-101
版权登记号：14-2015-201

丛书主编 / 黄利　监制 / 万夏
责任编辑 / 孙开颜
特约编辑 / 宣佳丽　何春燕
项目创意 / 设计制作 / 紫图图书 ZITO®
纠错热线 /010-64360026-103

家庭装修建材选购大全　　苹果日报地产中心 / 著

出版发行	江西科学技术出版社
社　　址	南昌市蓼洲街 2 号附 1 号　邮编 330009 电话：(0791) 86623491　86639342（传真）
印　　刷	北京尚唐印刷包装有限公司
经　　销	各地新华书店
开　　本	787 毫米 × 1092 毫米 1/16
印　　张	23
字　　数	290 千
版　　次	2015 年 9 月第 1 版 2015 年 9 月第 1 次印刷
书　　号	ISBN 978-7-5390-5381-3
定　　价	69.90 元

紫图·家装馆　这样装修不后悔

ISBN 978-7-5502-3641-7

出版社：北京联合出版公司
定价：69.9 元　开本：16 开
出版日期：2014-10

《拒当菜鸟 我的第一本装修计划书》

近 200 条业主的经验之谈，20 位来自室内设计师、结构技师、灯光、工程等不同领域专家的顾问支持，让你迅速脱离菜鸟，成为装修达人。

本书囊括了 100 种装修事件，是国内第一本教你全程掌握细节、零失败的装修计划书。全书将装修问题归纳为 24 个过程，如：预算、找设计师、改结构、绘设计图、签合同、监工、隔间、风格、色彩、收纳、建材、家具、设备、卫浴、预防 ...... 并对这些过程进行完整解读。翻开本书，你将获得全方位的装修知识。

ISBN 978-7-5502-3848-0

出版社：北京联合出版公司
定价：69.9 元　开本：16 开
出版日期：2014-11

《设计师教你这样装修不抱怨 没争吵 更耐用》

装修过程中最容易出错的 350 个关键，1000 张实景图直击破解；有十多年资历的专业设计师张德良累积百件设计案所得之经验，手把手教您打造完美的家！

本书整理出常见装修工程专有名词，汇整工序、施工方法、监工、验收等关键环节，让你轻松学会装修工程该注意的问题。拥有十多年资历的专业设计师张德良，累积经手百件设计案所得之经验，将一般人认为繁复又难懂的工程细则逐一拆解，让您安心做装修！

紫图·家装馆　这样装修不后悔

ISBN 978-7-5112-6657-6

出版社：光明日报出版社
定价：58 元　开本：16 开
出版日期：2014-7

《这不是饭店，是我家》

作家詹仁雄先生开口说装修，15 年从全球 100 家酒店挖来的家装心得，不是让你住进房子，而是住进梦想，花小钱、不返工、不落俗！

台湾著名文化人，"康熙来了"制片人詹仁雄先生，花了 15 年时间，遍访全球各地顶级饭店，从大堂、地板、灯具，到房门把手、卫生间的吹风机收纳法，事无巨细，拍照存档。深挖、记录顶级设计师们造梦的秘密和细节，最终活学活用于自己的设计案，一时口碑如潮。此次詹先生出书公开自己从顶级饭店"学艺"的心法，总结了一套人人都学得到的"精省美"装修法，呈现给读者，希望大家省钱省心打造自己的梦想之家！

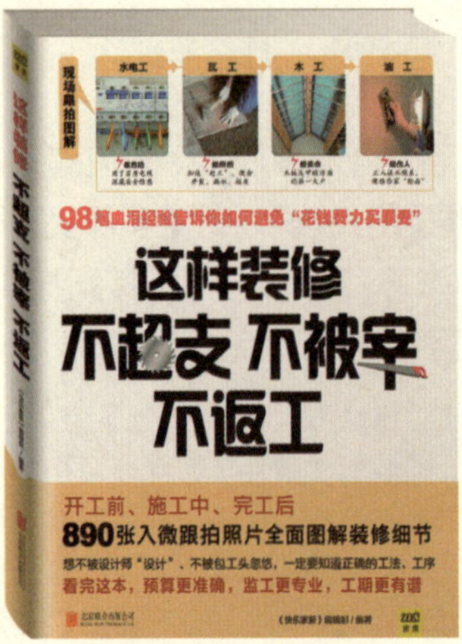

ISBN 978-7-5502-3125-2

出版社：北京联合出版公司
定价：69.9 元　开本：16 开
出版日期：2014-7

《这样装修不超支、不被宰、不返工》

开工前、施工中、完工后，890 张入微跟拍照片全面图解装修细节，98 笔血泪经验告诉你如何避免"花钱费力买罪受"，想不被设计师"设计"，不被包工头忽悠，一定要知道正确的工法、工序。

本书从装修从最开始的水电工程，到最后面的打扫卫生，详细记录了每个具体环节的流程、方法。这些类似于录像的组图，将告诉你各个装修环节怎么做是正确的，哪些做法是错误的，以便让你家的装修少走一些弯路。本书还搜集了 98 个真实的装修小案例，这些前人的惨痛经历或许能让你少走一些弯路。